Die andere deutsche Marine

Hans Mehl · Knut Schäfer

DIE ANDERE DEUTSCHE

MARINE

Besonderen Dank schulden die Autoren Herrn Wolfgang Kramer für das Anfertigen der akkuraten Schiffsrisse

Abbildungen

Einband, Vorderseite:	MLR-Schiffe des Typs »Krake« auf dem Marsch
Einband, Rückseite:	U-Jagdschiffe des Typs »Hai« beim Verbandsfahren
Haupttitel:	KTS-Boot Projekt »131«, Versuchsboot »131.4«
Eröffnung S. 7:	Raketenschnellboot Projekt »151« mit ursprünglich geplanter Ausrüstung
Eröffnung S. 29:	Mittleres Landungsschiff Projekt »108« (Frosch I)
Eröffnung S. 141:	Werfersystem A-215 auf Landungsschiff Projekt »108«

ISBN 3-613-01675-3

2. Auflage 1995

Ein Unternehmen der Paul Pietsch Verlage GmbH + Co.

Druck: Rems-Druck, Schwäbisch Gmünd.
Bindung: E. Riethmüller, Stuttgart.
Printed in Germany.

Inhalt

Vorwort

Nach Abschluß einer rund 40jährigen Entwicklungsgeschichte der Seestreitkräfte der ehemaligen DDR wird mit dem vorliegenden Titel erstmalig der Versuch unternommen, ein vollständiges Bild der technischen Ausrüstung und Bewaffnung dieser Flotte darzustellen. Aufbauend auf bisherigen Veröffentlichungen, bei denen Tabu-Themen und waffentechnische Einzelinformationen ausgeklammert werden mußten, konnte nun nach Öffnung der Archive das Vollständigkeitsprinzip insbesondere bei den Schiffstypen, ihren Modifikationen und ihrer Anzahl angestrebt werden. Darüber hinaus werden dem interessierten Leser erstmalig auch Informationen über Entwicklungsstudien und Projekte dargeboten, die jedoch aus unterschiedlichen Gründen nicht realisiert wurden. Zu einem umfassenden Bild der ehemaligen NVA-Volksmarine gehören zwangsläufig auch Wertungen über die Innere Führung mittels der Politorgane und der Parteistrukturen, militär-politische Zielstellungen sowie die Einbindung dieser Flotte in Konzepte des Warschauer Vertragsbündnisses. Dies soll jedoch kompetenteren Autoren vorbehalten bleiben. Auf früher vorgeschriebene »Zäsurkapitel zu Periodisierung der militär-politischen Entwicklung der NVA« einschließlich der Berücksichtigung jeder »wichtigen Parteikonferenz«, jeder Wettbewerbsinitiative beziehungsweise von Treuebekenntnissen konnte nunmehr verzichtet werden.

Um den Charakter einer marine-technischen Darstellung nicht zu sprengen, erfolgen Angaben über die operative Führung, die Aus- und Weiterbildung sowie die logistische Sicherstellung nur in dem Maße, wie es der Zusammenhang erfordert. Für weniger mit den Projekten und Typen der Volksmarine vertraute Leser werden in Klammern auch die NATO-Codenamen genannt. Fahrzeuge der »Grenzbrigade-Küste« werden – soweit es sich nicht um spezielle Entwicklungen handelt – im Rahmen ihrer ursprünglichen Typserie mit vorgestellt. Obwohl der Führung der Marine unterstellt, werden die schwimmenden Einheiten des Seehydrographischen Dienstes ausgeklammert. Auch hier wäre für interessierte Leser eine separate Publikation denkbar.

Die Darstellung der »anderen deutschen Marine« schließt mit dem Tag der Vereinigung Deutschlands am 3. Oktober 1990. Der Verbleib der Schiffe und Boote – soweit bei Redaktionsschluß bekannt – wird in der Schiffsliste nachgewiesen. Bedauerlicherweise konnten einige wenige Lebenslaufdaten, wie Stapellauf und Indienststellung, nicht mehr vollständig ermittelt werden. Deshalb blieb nur der Mut zur »Lücke«.

Die vorliegende Publikation unterstützten uneigennützig viele Freunde und Kameraden der Marine-Offizier-Messe Rostock sowie Mitarbeiter der Werft- und Zulieferindustrie. Besonderen Dank schulden wir den Herren Konteradmiral a. D. Dr. Friedrich Elchlepp, Kapitän zur See a. D. Prof. Dr. Ing. Wolfgang Eckardt, Kapitän zur See a. D. Dipl. Ing. Erwin Kittelmann, Kapitän zur See a. D. Dipl. Ing. Eckehart Schröter, Kapitän zur See a. D. Dr. Fritz Minow, Kapitän zur See a. D. Dipl. Ing. Manfred Röseberg, Fregattenkapitän a. D. Ing. Günter Hübsch, Fregattenkapitän a. D. Ing. Rolf Schrekkenbach, Korvettenkapitän a. D. Bernd Fischer, Dipl. Ing. Hartmut Ehlers, Dipl. Ing. Reinhard Kramer, Ing. Gerhard Schmidt, Ing. Georg Sebranthe, Ing. Ralf Weichelt, Claus Kunath und weiteren Helfern.

Möge dieses Buch Lücken in den Archiven von Marinefreunden und »shiplovers« schließen helfen und den gedienten Besatzungen trotz des Kommandos »Hol nieder Flagge« eine freundliche Erinnerung sein.

Rostock, im April 1991 Die Autoren.

Vorwort zur 2. Auflage

Seit dem Erscheinen der ersten Auflage vollzog sich im Anschluß an die Vereinigung Deutschlands ein Integrations- bzw. Auflösungsprozeß der ehemaligen Volksmarine der DDR. Während 1990 noch ein Teil der Schiffe und Boote zeitweilig unter neuen Bordnummern bei der Bundesmarine in Dienst gestellt wurden, kam ab 1991 schrittweise der größte Teil des Bestandes zum Verkauf, bzw. zur Abgabe auf der Grundlage von Regierungsverträgen. Die zu NATO – Standards nicht kompatible technische Ausrüstung der Kampfschiffe – Bewaffnung und funkelektronische Anlagen stammten zu 100% aus sowjetischen Lieferungen – waren ein verständlicher Grund zu Abgabe an interessierte ausländische Flotten. Somit sind heute ehemalige Schiffe der Volksmarine auf fast allen Meeren und Ozeanen unseres Erdballs anzutreffen. Der Verbleib aller 1990 im Bestand befindlichen Einheiten wurde in Tab. 2 aktualisiert.

Viele Leser der ersten Auflage gaben wertvolle Hinweise zur Präzisierung historischer Fakten und Daten. Darüber hinaus konnte neues, den Autoren bisher nicht bekanntes Quellenmaterial erschlossen werden.

Für die hilfreiche Unterstützung bei der ersten Überarbeitung gilt ein besonderer Dank den Herren H. Bechert, Berlin, E. Popp, Kiel, W. Globke, Kaiserslautern, Dr. F. Elchlepp, Rostock, W. Kramer, Rostock, K. Fleischmann, Rostock, A. Jenak, Wolgast und weiteren Persönlichkeiten. Dem Motorbuch Verlag gebührt der Dank für die sorgfältige verlagstechnische Überarbeitung.

Rostock, im Mai 1994 Die Autoren.

Die technische Entwicklung der Volksmarine

Aufbauphase, Planung und Projekte

Werft- und Zulieferindustrie

Studien und Projekte

U-Bootsplanung der DDR

Klassifizierung, Typen und Bordnummern

Zwischenspiel und Epilog

Aufbauphase, Planung und Projekte

Mit der Gründung der DDR am 7. Oktober 1949, die damals als »Wendepunkt der deutschen Geschichte« proklamiert wurde, erfolgten zugleich vorbereitende Schritte für den Aufbau militärischer Führungsorgane sowie für die Aufstellung von Truppenteilen der Land-, Luft- und Seestreitkräfte. Neben der noch im Oktober 1949 gebildeten Hauptverwaltung Ausbildung (HVA) im Ministerium des Innern, wurde bereits am 28. Februar 1950 eine »Hauptabteilung z. b. V.« mit der Zielstellung formiert, die organisatorischen Vorbereitungen zur Aufstellung einer »Seepolizei« zu koordinieren.

Materiell-technische Maßnahmen zur Ausrüstung geplanter Marineeinheiten wurden allerdings schon früher eingeleitet. So wurde z.B. bereits im März 1949 der damaligen Deutschen Wirtschaftskommision (DWK) von der Sowjetischen Militäradministration in Deutschland (SMAD) der Befehl zum Bau von 20 Küstenschutzbooten mit dem Tarnnamen »Seekutter« erteilt (s. Typenteil KS-Boote). Auch die Vorbesprechungen zur Übernahme von sechs ehemaligen Räumbooten der deutschen Kriegsmarine von der Sowjetischen Flotte fanden lange vor der offiziellen Bildung der Hauptverwaltung Seepolizei (HVS) am 15. Juni 1950 statt.

Nach außen hin war man über viele Jahre bemüht, den formierten militärischen Einheiten einen »Polizeicharakter« zu bescheinigen. Obwohl in allen Dokumenten dieser Zeit nur vom »zentralen Stab der Marine«, vom »Marinelager« und von »Flottenbasen« die Rede ist, war es praktisch bis Ende der 80er Jahre strikt untersagt, bei der Schilderung der »Anfangsjahre des militärischen Schutzes der DDR zur See« diese Begriffe in der Öffentlichkeit zu verwenden. Interne wissenschaftliche Untersuchungen zur Entwicklung der NVA wurden in jedem Fall als »Geheime Verschlußsache« eingestuft. Die auf Beschluß des Ministerrates der DDR mit Wirkung vom 1. Juli 1952 erfolgte Umbildung der HVA in die Kasernierte Volkspolizei (KVP) und der HVS in die Volkspolizei-See (VP-See) änderte nach außen wenig am erwünschten »Polizei-Alibi«. So kam es dann z.B. zu solchen Kuriositäten, daß VP-See-Einheiten gemäß Befehl Nr. 62/53 des Ministers des Innern »das Minenlegen von einzelnen Schiffen aus, das Minensuchen bei Nacht, die U-Bootjagd und U-Boot-Abwehr bei Einsatz hydroakustischer Geräte« zu erlernen hatten.

Mit dieser Verschleierungstaktik verfolgte die politische Führung der DDR offensichtlich zwei wesentliche Ziele. Einerseits sollten bis zum Aufbau einer regulären Armee (die dann 1956 mit der Gründung der Nationalen Volksarmee – NVA – erfolgte) jegliche außenpolitischen Vorwürfe zur Nichteinhaltung des Potsdamer Abkommens entkräftet werden. Zum anderen war Anfang der 50er Jahre durchaus noch mit einem Widerstand in gewissen Bevölkerungsteilen zu rechnen, zumal Kommunisten und Sozialdemokraten nach 1945 die damals populäre Losung, »nie wieder ein Gewehr in die Hand« zu nehmen, ausgegeben hatten. Um diesen Fakt zu erhärten, sei hier kurz erwähnt, daß es bei der im Juni 1951 in der Peene-Werft Wolgast begonnenen Bewaffnung der ersten Boote mit leichten Artilleriegeschützen zu heftigen Diskussionen unter der Belegschaft kam. Erst eine Erklärung des damaligen Generalinspekteurs der Seepolizei auf einer Betriebsversammlung, in der er die Notwendigkeit dieser Waffen zum Abschießen von geräumten und aufgeschwommenen Minen begründete und zusätzlich versicherte, daß diese Waffen »niemals gegen die Arbeiterklasse gerichtet werden«, beruhigte die erhitzten Gemüter.

Ohne hier näher auf Probleme der Inneren Führung sowie der politischen Agitation und Propaganda einzugehen, sei zum Gesamtverständnis dieser Entwicklungsetappe die Bemerkung erlaubt, daß sich die jungen Besatzungen der ersten schwimmenden Einheiten wenig um den »Polizeicharakter« ihrer Truppe kümmerten. Sie verstanden sich von Anbeginn als Marineangehörige und versahen ihren oftmals nicht leichten Dienst mit Freude und Stolz. Unter ihnen nicht wenige Angehörige der ehemaligen deutschen Kriegsmarine, die, teilweise als Ausbilder fungierend, hohe seemännisch-technische Leistungen abverlangten, maritime Traditionen und auch Kameradschaftsgeist vermittelten. Politische Ziele des militärischen Auftrages, wie beispielsweise der »Aufbau einer antifaschistisch-demokratischen Ordnung«, wurden anerkannt. Losungen wie »Arbeit, Brot und Frieden« oder »Schützen, was des Volkes Hände schaffen« standen damals nicht im Widerspruch zu persönlichen Auffassungen zum Militärdienst. Erst die sich Jahre später stets wiederholenden Aufforderungen zum »Haß auf den Klassengegner und seine imperialistischen Söldner«, die rigorose »Durchsetzung der führenden Rolle der Partei in den Streitkräften«, die ständige Aufforderung zum Vollbringen von »Höchstleistungen« sowie auch zunehmend erkennbare Widersprüche bei der ökonomischen Entwicklung des »Sozialismus in den Farben der DDR« nährten auch unter den Marineangehörigen erste Zweifel am System.

Einen direkten Einfluß auf frühe Planungen zum Aufbau maritimer Formationen übten verschiedene sowjetische Dienststellen der SMAD aus. So wurde in Berlin bereits 1946 – unter sowjetischer Regie und auf dem Gelände des späteren Funkwerkes Köpenick – ein technisch-wissenschaftliches Büro gebildet, zu dem ein Konstruktionsbereich Schiffbau gehörte. Sowohl in diesem als auch in weiteren für den zivilen Schiffbau zuständigen Konstuktionsbüros arbeiteten überwiegend Projektierungs- und Konstruktionsingenieure ehemaliger deutscher Werften aus Danzig, Königsberg und Stettin, die zuvor kurzzeitig auch in der Sowjetunion tätig gewesen waren. Das Köpenicker Büro erhielt von sowjetischer Seite bereits 1948 den Auftrag zur Erarbeitung einer Studie für ein Küstenwachboot, das spätere KS-Boot. Ab 1. April 1949 wurde dieser Konstruktionsbereich dann der neu gebildeten Yachtwerft Berlin angeschlossen.

Neben diesen konstruktiven Vorarbeiten waren vom Beginn der ersten Planung auch sowjetische Marineberater im Einsatz. Diese über einige Jahre bis auf Flottillenebene eingesetzten sowjetischen Marineoffiziere gewährleisteten eine unmittelbare Anleitung beim Aufbau von Ausbildungsbasen (z.B. der Offiziersschule beziehungsweise der Flottenschule Parow) und koordinierten im Stab der Seepolizei/Volkspolizei-See materiell-technische Zuführungen sowie Schiffsübergaben. Entgegen früheren Behauptungen wurden vom Schiffsmaterial der ehemaligen deutsche Kriegsmarine jedoch lediglich die bereits erwähnten sechs fahrbereiten R-Boote übergeben, wogegen das mehrmals in Warnemünde Anfang der 50er Jahre unter deutscher Flagge auslaufend fotografierte Torpedoboot T 17 (Typ 35) hier lediglich seine Werftprobefahrten (nach einer Hauptinstandsetzung auf der Neptun Werft Rostock) für die sowjetische Flotte absolvierte (s.a. E. Gröner: Die Schiffe der deutschen Kriegsmarine und Luftwaffe 1939–45 und ihr Verbleib, 8. Aufl., S. 21). Die Übergabe der R-Boote stand auch im engen Zusammenhang mit der Beseitigung der Kriegsfolgen, denn in der Ostsee hatten sich deutsche Besatzungen am Minenräumdienst zu beteiligen.

Bei den anderen, ebenfalls von der SMAD übergebenen Fahrzeugen, darunter vier ehemaligen Einheiten der Königlichen Marine Dänemarks, handelte es sich um Wracktonnage beziehungsweise um nicht fahrbereite Schiffe, die sich nach Kriegsende in Häfen beziehungsweise Küstengewässern der damaligen sowjetischen Besatzungszone befanden. Der dänischen Marine wurde die Rückführung ihrer ehemaligen Schiffe angeboten. Auf Grund des schlechten technischen Zustandes und des hohen Alters dieser Fahrzeuge verzichtete diese jedoch darauf. Neben dieser Hilfe stellte die Sowjetunion auch Waffen und Munition, Minenräumgeräte, Taucherausrüstungen u.v.a.m. bereit. Mit Stand vom 31. Dezember 1950 waren neben Handfeuerwaffen u.a. bereits 63 20-mm- und drei 37-mm-Geschütze übergeben worden (s. Artilleriebewaffnung).

Bereits nach Baubeginn und teilweiser Indienststellung der ersten auf landeseigenen Werften gefertigten Schiffe und Boote wurde 1954 ein »Plan für den Aufbau der Volkspolizei-See bis Ende des II. Fünfjahrplanes 1960« erarbeitet (Auszug GVS-Nr. D60410). Für insgesamt sieben Jahre war hierin der geplante jährliche Zulauf der verschiedenen Typen von Kampf- und Hilfsschiffen festgelegt. Dabei setzte man voraus, daß die sich in der Entwicklung befindlichen Schiffstypen, wie Küstenschutzschiffe des Projekts »Falke«, große U-Bootjäger und 70-t-Schnellboote, ab 1956 zulaufen würden (TS-Boot Nullserie bereits Ende 1954). Nach der »Zusammenfassung der op. Einheiten Ende 1960« sollte die VP-See folgenden Bestand aufweisen:

- 1 Flagg-Schiff Ernst Thälmann
- 1 Räum-Brigade mit vier R-Divisionen = 48 Boote, und vier MLR-Divisonen = 24 Boote
- 1 S-Boots-Brigade mit drei S-Boots-Divisionen = 36 Boote
- 1 U-Jagd-Brigade mit drei U-Jagd-Divisionen = 27 Boote
- 1 KS-Schiffs-Brigade mit drei KS-Schiffs-Divisionen = 8 Schiffe und eine KS-Boots-Division = 20 Boote
- 1 Schulbootsdivision = 22 Boote
- 1 Hilfsschiffsabteilung = 16 Schiffe
- 4 Hafen- und Reedeschutzkommandos = 12 Boote
- der Bergungs- und Rettungsdienst 10 Schiffe und Boote.

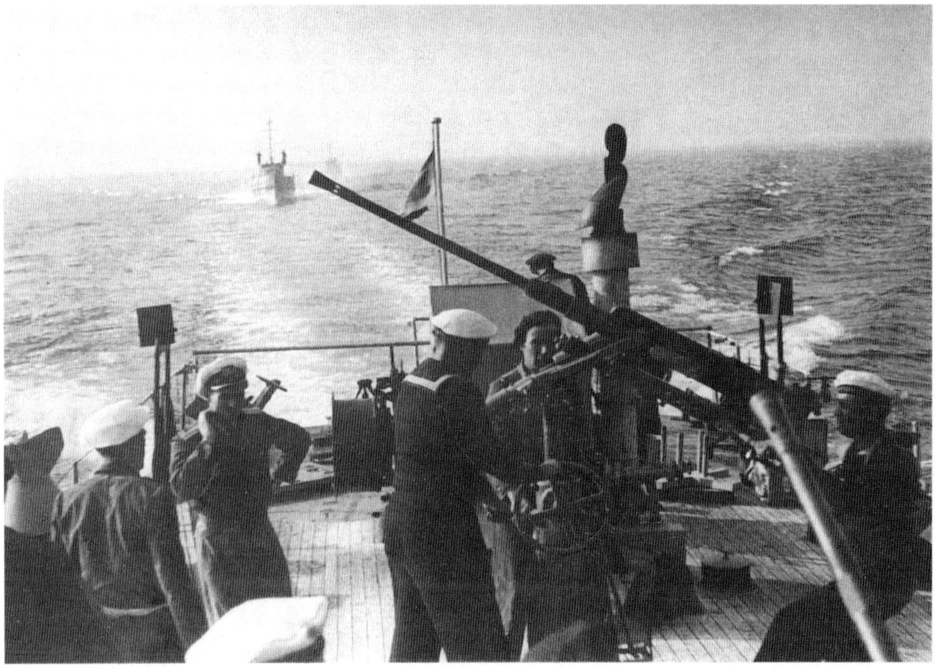

Geschützexerzieren auf einem R-Boot der VP-See, 1952.

Das Wrack des dänischen Fischereischutzschiffes Hvidbjörnen in der Warnow-Werft Warnemünde, 1949.

Wie noch gezeigt wird, konnte dieser Plan nur teilweise realisiert werden. Statt des geplanten Eigenbaus von KS-Schiffen, U-Jägern und TS-Booten wurden ab 1956 entsprechende Typen durch sowjetische Importe übernommen und dabei die geplante Anzahl reduziert. Lediglich von den geplanten 36 TS-Booten des Projekts »Forelle« wurden drei Versuchsfahrzeuge fertiggestellt, der Serienbau jedoch ebenfalls abgebrochen. Auch was die Schiffsklassen anbelangt, wurde dieser Plan bereits frühzeitig geändert und ergänzt. Ab 1955 wurde z. B. die Entwicklung von Landungsbooten ausgelöst, denen unmittelbar eine Serie von mittleren Landungsschiffen folgte. Insgesamt läßt diese frühe Planung jedoch erkennen, daß die Hauptkräfte einer DDR-Marine aus eigenem Aufkommen gestellt werden sollten. Erst die sich einstellenden Entwicklungs- und Produktionsschwierigkeiten sowie neue operative Planungen in Abstimmung mit dem Vereinten Oberkommando der Warschauer Vertragsstaaten führten zu einer schiffbaulich »gemischten« Flotte, wie sie die Volksmarine in den sechziger und siebziger Jahren darstellte.

Werft- und Zulieferindustrie

Der Auf- beziehungsweise Ausbau einer relativ umfangreichen Werftindustrie sowohl an der Ostseeküste als auch im Binnenland der Sowjetischen Besatzungszone stand im unmittelbaren Zusammenhang mit den lt. Potsdamer Abkommen zu erbringenden Reparationsleistungen für die UdSSR. Gemäß Befehl Nr. 173 der SMAD vom 18. Dezember 1945 über den »Wiederaufbau der Werften zunächst für Schiffsreparaturen und Instandsetzung der Flotte« sowie dem späteren Befehl 103 vom 7. Juni 1948 über die »Errichtung von Werften zum Bau von Schiffen für die Fischereiflotte der UdSSR« wurden innerhalb kurzer Zeit 17 kleinere und mittlere Werftbetriebe arbeitsfähig gemacht. Anfänglicher Schwerpunkt waren Generalreparaturen und Umbauten. Allein in der Neptun-Werft Rostock, der damals leistungsfähigsten Seewerft im Territorium, wurden im Zeitraum von 1945 bis Dezember 1953 insgesamt 345 Schiffe instandgesetzt, umgebaut beziehungsweise aus Wracks neu aufgebaut. Auch die schrittweise ausgebauten beziehungsweise neu errichteten Werften in Wismar und Warnemünde waren an umfangreichen Reparaturen und Umbauten beteiligt. In beiden Werften wurden 74 Objekte, meist größere, ehemalige deutsche Hochseeschiffe generalüberholt. Etwa zeitgleich lief die Serienproduktion von Fischereischiffen unterschiedlicher Größe und Typen in fast allen arbeitsfähigen Werften an. Bis zum 31. Dezember 1953 wurden 1170 Neubauobjekte mit einer Vermessungstonnage von ca. 1,5 Millionen BRT für die sowjetischen Fischereiflotten abgeliefert.

Diese Bautätigkeit, verbunden mit der Erweiterung einiger Werften für den Serienbau von Fracht-, Fahrgast- und Spezialschiffen, schuf eine Reihe wesentlicher Voraussetzungen, auch erste bescheidene Reparaturen sowie Um- und Neubauten für militärische Zwecke auszuführen. Typisch für diese ersten Schritte ist es u. a., daß sowohl schiffstechnische Ausrüstungen allgemein verwendbarer Art, wie Antriebsmotoren, Diesel-Generatorsätze, Winden, Spills und Ankerausrüstungen, aus dem laufenden Programm der Zulieferindustrie bereitgestellt als auch komplette Fahrzeuge mit geringfügigen Modifikationen, wie Logger, Leichter und Schlepper, der Seepolizei zugeführt wurden.

Zur bedeutendsten Werft für den militärischen Schiffbau entwickelte sich schrittweise die *Peene-Werft* in Wolgast. Auf der Grundlage des bereits erwähnten Befehls Nr. 103 erfolgte die offizielle Gründung am 20. Juni 1948 auf dem Gelände des früheren, demontierten Bikormik-Kombinats am Peenestrom. Anfänglich war sie nur für den Endausbau von durch Binnenwerften angelieferten Loggern und Seinern vorgesehen. Ab 1950 wurde sie dann zu einer Vollwerft mit Entwurfs-, Projektierungs- und Konstruktionsabteilungen ausgebaut und 1951 als »Betrieb der Landesverteidigung« eingestuft. Erste größere Aufträge waren u. a. die Generalreparatur beziehungsweise der Umbau der bereits erwähnten vier ehemaligen dänischen Marinefahrzeuge sowie der ab 1951 begonnene Bau von sechs KS-Booten. Neben dem Aufbau weiterer Montage- und Schiffbauhallen wurde 1951 auch ein für damalige Verhältnisse modernes Hebewerk (Absenkanlage) konzipiert, das dann am 16. Juli 1954 mit dem Absenken des ersten MLR-Schiffes der Peene-Werft (»Habicht« 2007) offiziell eingeweiht wurde. Dieses Hebewerk war u. a. auch für den geplanten Bau der Küstenschutzschiffe des Projekts »Falke« konzipiert, über die im weiteren noch informiert wird.

Insgesamt bewältigte die Peene-Werft in den 43 Jahren ihres Bestehens den mit Abstand größten Teil der Marine-

Lageplan der Peene-Werft Wolgast 1990.
1 Projektierungs- und Konstruktionsbüro
2 Technische Büros
3 Lehrwerkstatt und Bauleitung
4 Reparaturhalle
5 Zuschnitt, Alu-Bau und Schnürboden
6 Schiffsbauhalle
7 Reparaturhelling
8 Neubauhelling
9 Ausrüstungshallen
I, II, III Reparaturpiers
IV, V Ausrüstungspiers, Neubau

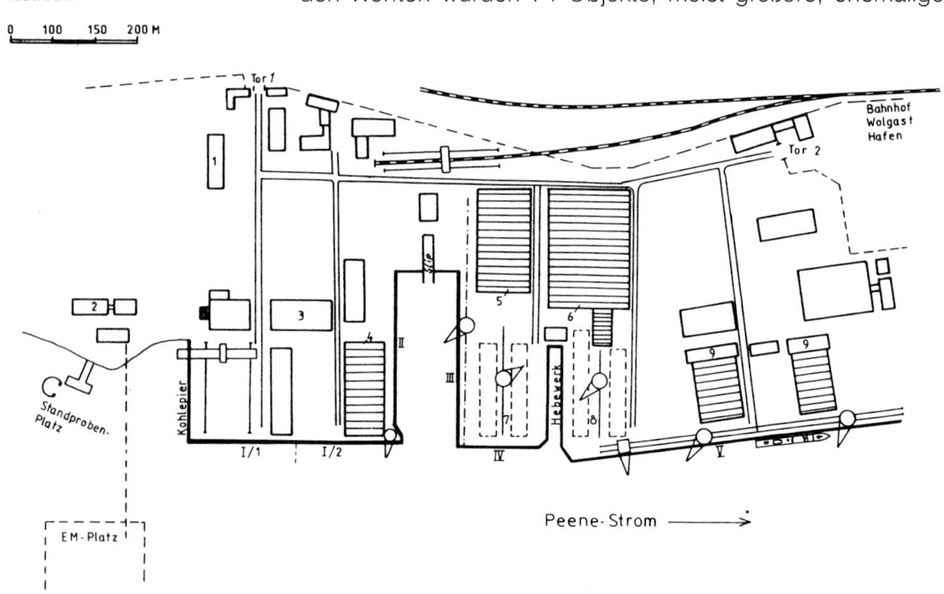

Bau des MLR-Schiffes »Habicht 2006« auf der Volkswerft Stralsund.

Neubauprogramme. Die Palette reichte dabei von den relativ einfach konzipierten KS-Booten über U-Bootjäger, Landungsschiffe, Minenräumfahrzeuge, diverse Hilfsschiffe (44) bis zum Kleinen Raketenschiff des Projekts »151«, dem 207. Kampfschiff der Werft für die Volksmarine. Im Rahmen dieser Bauprogramme mußten eine Reihe technisch-technologischer Anforderungen bewältigt werden, die zwar nach internationalem Standard vielfach nichts Außergewöhnliches darstellten, aber unter den Bedingungen der »Störfreimachung«, des Verbots des Einsatzes von »NSW-Importen« (NSW Nicht Sozialistisches Wirtschaftsgebiet), der »Abgrenzung« und des kommerziellen wie privaten »Kontaktverbotes« schon außergewöhnliche Leistungen waren. Natürlich gab es zeitweilig auch eine Zusammenarbeit mit sowjetischen und polnischen Einrichtungen des militärischen Schiffbaus, wie Werften und Schiffbauinstituten; jedoch konnten dabei nur Erfahrungen in dem Umfang genutzt werden, wie man dort Einblick zu geben bereit war. Mit internationalen Anforderungen weitestgehend Schritt haltend, haben sich einige Bereiche dieser Werft auf den Einsatz besonderer Werkstoffe (seewasserbeständige Leichtmetallegierungen, CuNiFe-Metall und Titan) sowie bei der Anwendung des extremen Leichtbaues spezialisiert. Was nicht heißt, daß diese Werft immer eine glückliche Hand beim Entwurf bestimmter Anlagen und Systeme hatte. Jedoch hing dieser Umstand auch damit zusammen, daß gerade bei den moderneren Typen der überwiegende Teil schiffstechnischer Ausrüstungen, wie Antriebsmotoren, funkelektronische Anlagen (Funkmeß und Waffenleit) und natürlich die Bewaffnung, ausschließlich aus sowjetischen Lieferungen bestand. Hier hatte man in der Regel keine allzu große Auswahl (s. a. Typenbeschreibungen).

Der Ausbauzustand 1990 gestattete in der Peene-Werft den Bau von Schiffen mit einer Länge über Alles von 105 Metern, einer Breite von 13,5 Metern und einem Tiefgang von 5 Metern, wobei Breite und Tiefgang hauptsächlich vom Fahrwasser des Peenestroms abhängig waren (Brückendurchfahrt in Wolgast). Das hydraulische Hebewerk bewältigt Hublasten bis 2100 Tonnen. Zusätzlich steht eine Slipanlage für Fahrzeuge mit L/B = 50/13 Metern und einer Masse von 400 Tonnen zur Verfügung. Nach Verlängerung der Schiffbauhalle auf 180 Meter konnte hier auf drei Taktplätzen mit je ca. 50 Metern eine moderne Serienproduktion aufgenommen werden. Ein werfteigener Standprobenplatz mit einer elektrischen Belastungsanlage sowie ein Areal für elektromagnetische Vermessungen und Behandlungen komplettierte die technologischen Produktionslinien. Insgesamt wurden von der Peene-Werft 351 Neubauten abgeliefert, darunter auch einige Küstenmotorschiffe, Z-Trawler und Bagger für zivile Verwendung.

Eine in der Anfangsphase ebenfalls bedeutende Rolle im militärischen Schiffbau spielte die *Yachtwerft* in Berlin. Hervorgegangen aus der ehemaligen »Claus-Engelbrecht-Werft«, 1945 beschlagnahmt und vorerst in Treuhand verwaltet, erfolgte nach der Angliederung weiterer Kleinwerften, wie z. B. der »Brumm-Werft«, am 1. April 1949 ihre »Überführung in Volkseigentum«. Vorerst hauptsächlich im Programm für sowjetische Fischereifahrzeuge eingebunden (152 abgelieferte 17-m-Kutter), begann hier ab 1949 gemäß einem SMAD-Befehl der Bau der ersten Küstenschutzboote nach dem Projekt »26-m-Seekutter«. Ähnlich wie auf der Neptun-Werft in Rostock verfügten auch in dieser Werft einige Belegschaftsmitglieder bereits über Erfahrungen im Marine-Kleinschiffbau. Während der Kriegsjahre waren auf der Engelbrecht-Werft bereits LS-Boote, Sprengboote und Sturmboote gebaut worden. Auf diese Erfahrungen griff man nochmals zurück, als ab 1958 mit dem Bau der Leichten Torpedoschnellboote (LTS-Boote) des Typs »Hydra« begonnen wurde. Zwischenzeitlich hatten diese Werft auch die beiden Serien von Reedeschutzbooten der Typen »Delphin« und »Tümmler« verlassen. Später erfolgte durch die Yachtwerft hauptsächlich der Bau von Marinebarkassen, Schleppbooten, Feuerlöschbooten und der Reedeschlepper des Projekts »414« mit dem Typschiff ZANDER.

Die *Volkswerft* Stralsund, einst der bootsbauende Betrieb »Ingenieurbau GmbH Stralsund«, wurde seit ihrer offiziellen Gründung am 15. Juni 1948 zur Hauptwerft für den Fischereifahrzeugbau entwickelt. Lediglich in der Anfangsphase erhielt diese Werft den Bauauftrag für die ersten sechs MLR-Schiffe des Typs »Habicht«, der aber teilweise schon in enger Zusammenarbeit mit der Peene-Werft Wolgast realisiert wurde (Endausbau). Vereinzelt erfolgten hier später Umbauten und Modernisierungen von Hilfsschiffen sowie das Dokken von vollausgerüsteten Landungsschiffen des Projekts »108«. Auch bei Havarieinstandsetzungen an Marineschiffen sprang die Werft hin und wieder ein.

Die *Neptun-Werft* Rostock, die im Kriegsschiffbau wohl erfahrenste Werft der damaligen sowjetischen Besatzungszone (bis 1945: M-Boote, U-Boote, Begleitschiffe und HANSA-A-Schiffe), wurde wegen sowjetischer Interessen nicht in den Umbau von Marineschiffen für die Seepolizei beziehungsweise die VP-See einbezogen. Ursprünglich zur vollständigen Demontage vorgesehen, wurden diese Arbeiten jedoch im Oktober 1945 gestoppt und die Werft gemäß einem SMAD-Befehl für Mecklenburg-Vorpommern vom 28. Oktober 1946 auf »Rechnung der Reparationen Deutschlands als Sowjetische Aktiengesellschaft (SAG) in das Eigentum der UdSSR überführt«. Schwerpunkte des Werftgeschehens waren aus diesem Grund umfangreiche Generalreparaturen sowie erste Neubauserien für den sowjetischen Auftraggeber. Zunehmend wurden jedoch auch Werftinstandsetzungen für Marineschiffe der DDR-Seestreitkräfte ausgeführt, wobei »August Neptun« – so wurde die Werft im Marinejargon genannt – ab 1956 zur Hauptwerft für die Instandsetzung der dampfgetriebenen Küstenschutzschiffe des sowjetischen Projekts »50« (Riga-Klasse) avancierte. Eine größere Bedeutung erlangte dagegen die ehemalige *Rohde-Werft* in Rostock-Gehlsdorf, die, als späterer Betriebsteil IV der Neptun-Werft, umfangreiche Instandsetzungen und teilweise auch Umbauten und Modernisierungen von Marinefahrzeugen übernahm. Unter anderem wurde in diesem Werftteil ab 1957 jährlich eine TS-Bootsabteilung (neun Boote, Projekt »183«) mit der Slipanlage zur »Überwinterung« aufgenommen. Gleichzeitig konnten dabei die hölzernen Bootskörper und schiffbautechnischen Anlagen instandgesetzt werden. Als eigentliche Neubauten für Marineverwendung baute die Neptun-Werft ab 1981 lediglich die Hochseeversorger des Projekts »602« (Darss-Klasse) und als Modifikation das Aufklärungsschiff JASMUND. Vollständigkeitshalber sei erwähnt, daß auf der Neptun-Werft ab Mitte der 80er Jahre noch der Bau von großen Flottenversorgern des Projekts »181« in Anlehnung an die sowjetische Berezina-Klasse geplant war. Nach umfangreichen konstruktiven Vorleistungen, einschließlich des Beginns von Einzelteilfertigungen, kam ein Liefervertrag wegen nicht akzeptierbarer Preisvorstellung seitens des sowjetischen Auftraggebers jedoch nicht zustande. Der Auftrag wurde mit erheblichen Verlusten für die Neptun-Werft und andere Zulieferbetriebe annulliert.

Auch die bekannte Binnenwerft »Gebr. *Wiemann*« in Brandenburg an der Havel wurde in den frühen Marine-Schiffbau einbezogen. Bis 1947 noch als Privatunternehmen betrieben, wurde auch diese Werft am 2. Februar 1948 durch Enteignung in »Volkseigentum« überführt und erhielt den Namen »Volkswerft Ernst Thälmann«. Im Rahmen der Reparationsleistungen entstanden neben 103 Fischereifahrzeugen und 12 Schleppern ab 1950 weit über 100 Schubboote für den Pionierdienst der Sowjetarmee. Gemäß Regierungsauftrag wurden auf dieser Werft ab 1953 die ersten Räumpinassen (RPi) des Typs »Schwalbe« sowie einige modifizierte Typen, wie Seinerschlepper, Trocken- und Tankleichter aus dem laufenden Programm sowjetischer Auftraggeber, für die VP-See geliefert.

Ein besonderes Interesse sowohl für sowjetische Aktivitäten als auch für spätere Vorhaben der DDR-Seestreitkräfte fand nach Kriegsende die *Binnenwerft Sachsenberg AG* in Roßlau an der Elbe. Neben dem Wiederaufbau der teilweise zerstörten Werft wurde hier am 1. September 1945 auch ein unter sowjetischer Regie arbeitendes Konstruktionsbüro eröffnet, in dem ehemalige Mitarbeiter der Sachsenberg-Werft Erfahrungen beim Bau von Tragflügelbooten verwerteten. Auch Konstruktionsarbeiten für zerlegbare Boote nach Sachsenbergprojekten wurden im sowjetischen Auftrag fortgeführt. Sicher bemerkenswert und bisher wenig bekannt ist, daß man hier noch bis 1947 zwei Folgebauten der bekannten Tragflügelboote nach dem Schertel-Sachsenberg-Patent für die sowjetische Marine fertiggestellt und ausgeliefert hatte. Dieses Sonder-Konstruktionsbüro wurde dann 1948 nach Berlin-Köpenick verlegt. Von den in der nunmehrigen Roßlauer-Schiffswerft (RSW) in größeren Serien als Reparationsleistung gefertigten Loggern sind ebenfalls einige Fahrzeuge an die VP-See übergeben worden. Auch eine Serie von fünf Binnentankern des Typs »G. Koenigs« stammt von dieser Werft. Ab 1953 wurden hier erste Schritte zur Entwicklung und Projektierung von Schnellbooten für die VP-See unternommen. Auch verschiedene Projekte neuer Tragflügelboote durchliefen das Konstruktionsbüro und wurden teilweise als Versuchsboote ausgeführt (s. Studien und Projekte). Weitere Leistungen dieser Werft umfaßten den Bau eines Schiffskörpers im Rahmen der Heckfängerserie vom Typ HD560 »Havanna«, der nach Überführung in die Peene-Werft Wolgast als Flugsicherungsboot HUGO ECKENER fertiggestellt wurde. Ab 1970 verschmolz die Roßlauer Schiffswerft mit der Elbewerft Boizenburg unter dem Firmennamen VEB Elbewerft Boizenburg/Roßlau. Hier sollte ursprünglich der Bau von Hochseeversorgern der Darss-Klasse erfolgen. Angesichts einer Überführung der fertiggestellten Schiffe via Hamburg sowie der »Grenznähe« dieser Werft verlegte man den Bau kurzfristig in die Neptun-Werft Rostock. Beide Elbewerften fertigten weiterhin größere Serien von Binnenfahrgastschiffen sowie von Kühl- und Frachtschiffen für sowjetische Binnenreedereien.

Einen gewissen Stellenwert für den Bau von kleineren Marine- beziehungsweise Grenzkontrollfahrzeugen erlangte auch die *Schiffswerft Rechlin*. Am 18. Juni 1948 auf dem Gelände der ehemaligen »Erprobungsstelle des Reichsverbandes der deutschen Luftfahrtindustrie« (später »Erprobungsstelle der deutschen Luftwaffe«) gegründet, entwickelte sich diese Werft relativ schnell zu einem für den Bau von Rettungs- und Dori-Booten in Holz- und Leichtmetallbauweise spezialisierten Betrieb. Ab 1966 wurde hier die GUP-Bauweise bei Rettungsbooten eingeführt, wodurch zugleich die Voraussetzungen für den Bau von Grenzbooten (Inlandsbedarf und Export) geschaffen wurden. Als ersten Sonderauftrag realisierte die Werft ab Juli 1962 den Bau eines Luftkissenversuchsfahrzeuges des Projekts »1355«. Diese Entwicklung wurde aus unterschiedlichen Gründen jedoch nicht weiter verfolgt (s. Fahrzeugtypenteil). Eine größere Bedeutung erlangte dagegen der Bau von zwei großen Serien von »Grenzsicherungsbooten« der Projekte »066« und »075«, von denen einige noch in unterschiedlichen Modifikationen geliefert wurden. Vom Projekt »066« baute die Werft bis 1980 insgesamt 119 Boote, wovon 30 an die CSSR und fünf an Bulgarien gingen. Trotz der prekären Devisenlage der DDR mußten diese Boote auf Weisung des Ministeriums für Nationale Verteidigung mit importierten, leistungsstarken Volvo-Motoren ausgerüstet werden. Das führte zu der »befriedigenden« Feststellung, man habe mit diesen Booten »die westdeutschen Grenzeinheiten (Zoll, Bundesgrenzschutz) klar überrundet«. Die Gesamtkosten für diese Serie betrugen 17,2 Millionen Mark (die CSSR stellte die Volvo-Motoren selbst bei). Bereits 1971 wurde der Studienentwurf für eine zweite Großserie von Grenzsicherungsbooten nach dem Projekt »075« erarbeitet. Mehrmals als Projekt verändert und nunmehr unter der Forderung der »Störfreimachung« sowie der Reduzierung des Valutabedarfes, erhielten diese Boote zwei sowjetische Motoren als Antrieb, wozu allerdings noch ein gesondertes Getriebe in der DDR entwickelt werden mußte. Von dieser Serie wurden in Rechlin nochmals 89 Boote mit Baukosten von 27,9 Millionen Mark gefertigt (für die CSSR erneut 27 Boote).

Ab 1972 wurde die Schiffswerft Rechlin in den Bau der Kleinen Torpedoschnellboote des Projekts »131« einbezogen. Hauptauftragnehmer und Leitbetrieb war die Peene-Werft Wolgast, die auch die ersten drei Versuchsboote fertigte. Von April 1974 bis März 1977 wurden dann in Rechlin 31 Bootskörper gebaut und in einem mit der Peene-Werft abgestimmten Serientakt per Straßentransport nach Wolgast überführt. Hier erfolgten der Endausbau und die Bewaffnung der Boote. Zu einem technologischen Höhepunkt in Rechlin hätte sich zweifelsohne der geplante Bau von Reedeminenabwehrbooten des Projekts »415« in GUP-Bauweise gestaltet. Die sich über mehrere Jahre hinziehenden Vorarbeiten (Projekt) wurden zum Teil mit direkter polnischer Unterstützung von der Peene-Werft geleitet, wo auch die Endausrüstung stattfinden sollte. Auf diese spezielle Entwicklung wird im weiteren noch verwiesen.

Die *Mathias-Thesen-Werft* in Wismar und die *Warnow-Werft* in Warnemünde waren als neu aufgebaute Großwerften – sieht man vom Bau der ersten Staatsyacht OSTSEELAND und eines Schleppers ab – nicht am Neubau militärischer Schiffseinheiten beteiligt. Lediglich vereinzelt führten diese Werften sowohl Instandsetzungen als auch Zwischendockungen von Marineschiffen aus.

Ein ständiges Problem für die in den Marine-Schiffbau einbezogenen Werften stellten die technischen Ausrüstungen aller Art aus der Zulieferindustrie dar. Während einerseits allgemeine maschinentechnische Ausrüstungen, wie Armaturen, Pumpen, Verdichter, Diesel-Generator-Sätze, Winden und Spills, aus der laufenden Produktion des zivilen Schiffbaus beschafft werden konnten, stieß die Bereitstellung geeigneter Antriebsmaschinen wiederholt auf erhebliche Schwierigkeiten. Das betraf sowohl Dieselmotoren als auch Entwicklungen von Dampf- und Gasturbinen. Mit großem Aufwand wurde z. B. ab 1952 der Versuch unternommen, den ehemaligen 20-Zylinder-Schnellbootsmotor Daimler-Benz MB511 aus der Zeit des Krieges in einem neuerrichteten Motorenwerk bei Ludwigsfelde als Typ 20KVD25 nachzubauen. Bevor überhaupt akzeptable Versuchsergebnisse vorlagen, wurden in Ludwigsfelde auf dem Gelände eines ehemaligen Flugmotorenwerkes zwölf neue Produktionshallen errichtet und vorab eine monatliche Produktion von 50 Motoren »festgelegt«. Erste Leistungen für dieses Vorhaben wurden von dem in Roßlau tätigen Konstruktions- und Entwicklungsbüro (KEB) und im Elbewerk erbracht. Von zunächst einem, später dann noch von vier durch das Amt für Technik bereitgestellten Originalmotoren beziehungsweise deren Fragmenten wurden nacheinander insgesamt fünf Motoren zum Laufen gebracht. Während die ersten Versuchsmotoren V1 und V2 weitestgehend aus Originalbauteilen montiert werden konnten, mußten für weitere Exemplare bereits diverse Nachentwicklungen in DDR-Betrieben vorgenommen werden. Auch fünf in Plzeň (Pilsen, ĈSR) aufgefundene Kurbelwellen – sie waren hier während des Krieges gefertigt worden – wurden der Wiederverwendung zugeführt. Trotz erheblicher Bemühungen brachte keiner der als Versuchsmuster gefertigten Motoren zufriedenstellende Ergebnisse. Nachgebaute Teile, wie Kolben, Zylinder, Einspritzorgane u.a., hielten den thermischen und mechanischen Belastungen nicht stand. Auch die beiden ersten, bereits im Versuchs-TS-Boot des Typs »Forelle« für See-Erprobungen eingebauten Motoren mußten verworfen werden. Obwohl leitende Mitarbeiter und verantwortliche Konstrukteure des KEB frühzeitig auf die schier unlösbaren Probleme protokollarisch hingewiesen hatten, wurde dieses Vorhaben weitergeführt und erst 1958 nach einem Fiasko abgebrochen.

Nicht viel anders erging es aufwendigen Entwicklungen zum Bau von Dampf- und Gasturbinen für die geplanten Schiffsobjekte. Für das sich ab 1952 in der Entwicklung befindliche Projekt des Küstenschutzschiffes »Falke« wurde Mitte der 50er Jahre die komplette Dampfturbinenantriebsanlage in Anlehnung an die Maschinenanlage des sowjetischen KSS Projekt »50« durch mehrere Turbinen- und Maschinenbaubetriebe entwickelt und als Erstanlage fertiggestellt. Mit Turbinen vom VEB Görlitzer Maschinenbau, Kesseln vom Dampfkesselbau Hohenthurm sowie Getrieben und Turbo-Hilfsmaschinen anderer Hersteller wurde die komplette Einstranganlage von 1957 bis Anfang 1959 in der Forschungs- und Versuchsanstalt für Strömungsmaschinen (FVAS) in Dresden erprobt. Diese Anlage erbrachte alle wesentlichen Leistungsparameter, wurde jedoch bis auf die weiterverwendbaren Hauptkessel verschrottet. Zwischenzeitlich war nämlich das Bauvorhaben KSS »Falke« abgebrochen und statt dessen der Import der bekannten sowjetischen KS-Schiffe der Riga-Klasse (Projekt »50«) eingeleitet worden.

Auch dem späteren Bau der zwölf von ursprünglich 24 geplanten U-Bootjägern des Typs »Hai« (Projekt »12«) gingen aufwendige Entwicklungsarbeiten zur Beschaffung einer geeigneten Antriebsanlage voraus. Bereits 1952 wurde dazu ebenfalls ein Forschungs- und Entwicklungsprojekt zum Bau einer Schiffsgasturbine »GT 4500« ausgelöst und anschließend über alle Entwicklungsstufen bis zum Bau einer Versuchsanlage vorangetrieben. Trotz erheblicher technischer und technologischer Schwierigkeiten wurde die Erstanlage, nunmehr als »GT 2« bezeichnet, am 18. Dezember 1957 vom VEB Görlitzer Maschinenbau ausgeliefert. Die Erprobung erfolgte wiederum in der FVAS in Dresden. Trotz großer Bemühungen aller Beteiligten erbrachte die Anlage nicht die geforderte Leistung und Betriebssicherheit. Nach 2½jähriger Erprobung wurde die Entwicklung am 9. Juni 1960 endgültig abgebrochen und eine bereits seit 1958 ins Auge gefaßte Alternativlösung (Luftstrahltriebwerk) realisiert (s. Typ »Hai«).

Eine glücklichere Hand hatten dagegen die Motorenbauer des Dieselmotorenwerkes Rostock. Der hier in Anlehnung an den früheren MWM-R-Bootsmotor entwickelte Viertakter des Typs 6 KVD 43 konnte zur vollen Serienreife gelangen und bildete den Grundstock der Antriebsanlagen für drei Schiffsserien (MLR »Habicht« und »Krake«, Tanker »600«). Abgesehen von einigen Hilfsschiffstypen, mußte dann später bei allen moderneren Schiffsklassen, einschließlich der in größerer Stückzahl gefertigten Minensuch- und -räumschiffe des Projekts »89« (Kondor I und II), auf sowjetische Antriebsmotoren zurückgegriffen werden, was hohe Importkosten und erhebliche Ersatzteilprobleme mit sich brachte.

Es würde den Rahmen dieser Darstellung sprengen, detailliert auf weitere Entwicklungsprobleme der Zulieferindustrie für den militärischen Schiffbau einzugehen. Allgemein gilt die Feststellung, daß bis Mitte der 60er Jahre sowohl der Bedarf an Schiffsführungsanlagen als auch an Funk- und Funkmeßanlagen weitestgehend aus der damaligen DDR-Produktion gedeckt werden konnte. Zunehmend wurden aber solche Erzeugnisse und deren Weiterentwicklung im Rahmen einer sogenannten »wirtschaftlichen Koordinierung und Zusammenarbeit der RGW-Staaten« in andere Länder verlagert (z.B. nach Polen, Rumänien, Bulgarien). So mußten für die letzte Generation von DDR-Kriegsschiffen fast ausschließlich sowjetische Anlagen importiert werden. Andererseits waren realistische Einschätzungen der ökonomischen Lage in der DDR oft auch der Grund für solche Entscheidungen. Welcher Betrieb entwickelt schon kostenaufwendige Anlagen und Systeme, von denen dann beispielsweise 20 Exemplare bestellt werden, sich aber weitere auf dem internationalen Markt nicht absetzen lassen. Das führte in einigen Fällen so weit, daß Vertragsgerichte die Produktionsaufnahme in verantwortlich gemachten Betrieben durchsetzen mußten. Oftmals halfen sich die Werften selbst, indem sie erforderliche Kleinausrüstungen, obwohl diese völlig produktionsfremd waren, (z.B. Heizregister), herstellten.

Abgesehen davon, daß einige der importierten sowjetischen Antriebsmotoren den Besatzungen nach der Einführung in die Flotte erhebliche Schwierigkeiten bereiteten (Landungs- und U-Jagd-Schiffe), ist es schon bemerkenswert, daß die Werften unter den erwähnten materiell-technischen Bedingungen in der Regel zuverlässige und seetüchtige Schiffe auslieferten. Viele der genannten Probleme, z.B. auch die Auswahl geeigneter Antriebsmotoren, konnten zudem durch die Werften kaum beeinflußt werden. Da sie für die Qualität des Endproduktes »Schiff« in jedem Falle verantwortlich gemacht wurden, mußte die Betriebsicherheit in mehreren Fällen durch nachträgliche Umbauten, Nachrüstungen und zusätzliche Dienstanweisungen zur Nutzung der Maschinenanlagen gewährleistet werden.

Erwähnenswert sind auch die Leistungen verschiedener Instandsetzungsbetriebe für Antriebsmaschinen sowie für elektrische und funkelektronische Anlagen. Ohne »Erfindergeist« und oft erforderliches Improvisationstalent wäre eine Indiensthaltung bestimmter Schiffstypen undenkbar gewesen. Das betraf z.B. das Dieselmotorenwerk Rostock sowie das Motorenwerk Wurzen als die Hauptstützen der Motoreninstandsetzung. Gleichermaßen einbezogen war der neuerbaute VEB Strömungsmaschinen Pirna bei Dresden, der sozusagen als Präzisionsbetrieb des Maschinenbaus sowohl die Neuentwicklung von Strahltriebwerken, Hochleistungsgetrieben und Verstellpropelleranlagen übernahm als auch durch seine Außenstelle in Wolgast über Jahrzehnte die Instandsetzungen gewährleistete.

Studien und Projekte

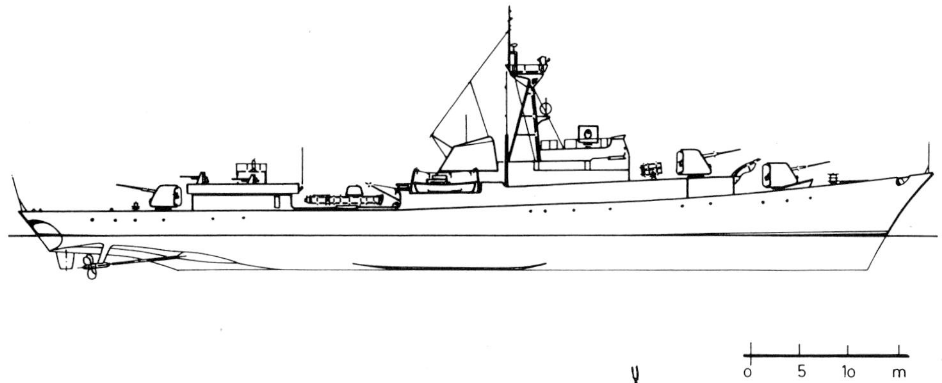

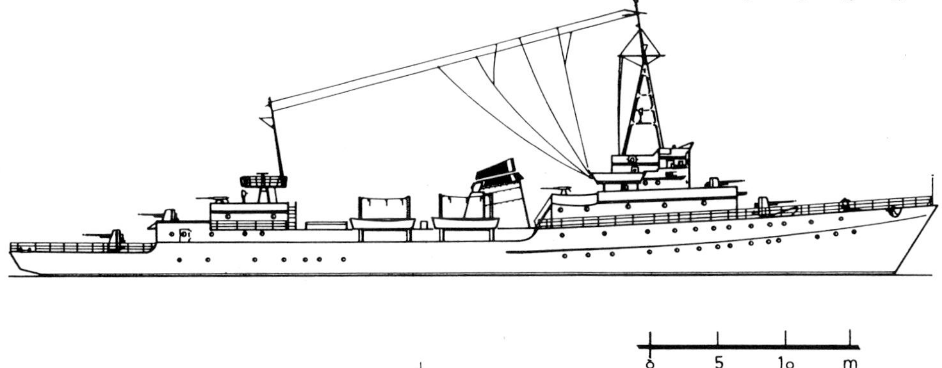

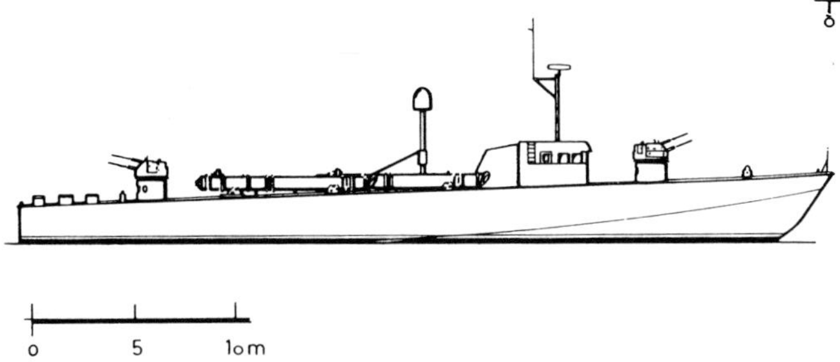

Skizze des geplanten KSS, Projekt »Falke«.

Skizze des entwickelten Schulschiffes Projekt »Wal«.

Projektskizze des TS-Bootes »Lachs« (Projekt »16«).

Wesentliche Voraussetzungen zur Entwicklung, Projektierung und teilweise auch zur Konstruktion von Kriegs- und Hilfsschiffen der verschiedenen Klassen und Typen schuf neben den bereits erwähnten Konstruktionbüros unter sowjetischer Regie das in Marinekreisen gut bekannte »Institut für Schiffbautechnik Wolgast« (ISW). Offiziell am 10. Mai 1951 als »Konstruktionsbüro Stralsund« gegründet, unterstand dieses leistungsfähige Ingenieurteam anfangs dem »Büro für Wirtschaftsfragen beim Ministerpräsidenten der DDR«. Bis zum 31. Juli 1954 leitete Oberingenieur W. Schlaak, ein erfahrener Konstrukteur und Büroleiter in den früheren Schichau-Werften in Danzig und Königsberg, diese Einrichtung. Hier wurden die ersten eigenständigen Entwürfe und Projekte für auf DDR-Werften gebaute Marinefahrzeuge erarbeitet. Ständig personell und materiell weiter ausgebaut, wechselte dieses Büro mehrmals seinen Namen und das Unterstellungsverhältnis. Ab 1. Oktober 1951 unter »Konstruktionsbüro Schwedenschanze Stralsund« firmierend, fand am 13. Dezember 1951 sein Umzug nach Wolgast statt. Am 17. Februar 1953 erfolgte die Umbenennung in »Zentrales Konstruktionsbüro für Schiffbau Nr. 1 Wolgast«. Zuständig wurde das »Ministerium für Schwermaschinenbau – Hauptverwaltung Schiffbau«. Im Juni 1955 erhielt das Institut seine eingangs erwähnte Bezeichnung ISW. Dem »Ministerium für Nationale Verteidigung – Amt für Technik« unterstand es ab März 1956 und wurde vom Januar 1959 bis Januar 1964 dem Chef der Seestreitkräfte untergeordnet.

Zum ISW gehörten zeitweilig auch zwei größere Außenstellen, die sich im jeweiligen Territorium mit konkreten Entwicklungen dort ansässiger Betriebe befaßten beziehungsweise mit diesen eng zusammenarbeiteten. So vom März 1961 bis 1963 die Forschungs- und Entwicklungsabteilung der Roßlauer Schiffswerft, die als Außenstelle besonders mit der Entwicklung von Tragflächenbooten und Schnellbooten befaßt war. Gleichermaßen die bereits 1953 gebildete Außenstelle in Dresden, welche sich vorrangig mit der Entwicklung, Konstruktion und Bauunterstützung der Dampfturbinenanlage des geplanten Küstenschutzschiffes Typ »Falke« beschäftigte. Hier wurden auch erste Entwicklungen in Zusammenarbeit mit der damaligen Flugzeugindustrie für eine Schiffsgasturbinenanlage eingeleitet. Die Außenstelle in Dresden wurde dann im Mai 1959 aufgelöst und personell wieder in das ISW integriert. Zur Erfüllung der übertragenen Aufgaben hatte das ISW mit den beteiligten Betrieben und Institutionen natürlich Kooperationsverträge abgeschlossen, in deren Rahmen dann Forschungs- und Entwicklungsstellen dieser Betriebe eigenständige Untersuchungen für Teilkomplexe realisierten.

Wie traditionell üblich, wurden durch die Mitarbeiter dieses Institutes diverse Studien, Skizzenprojekte und auch vollständige technische Projekte von Schiffstypen erarbeitet, die aus unterschiedlichen Gründen allerdings nicht zur Bauausführung gelangten. Überwiegend als Auftragsentwicklungen wurden hier einige Projekte mit erheblichen Aufwand bis zum Baubeginn von Ausrüstungen und teilweise sogar von Schiffskörpern geführt, die anschließend jedoch verworfen beziehungsweise abgebrochen wurden. So z. B. das bereits erwähnte Küstenschutzschiff des Typs »Falke«. Mit einer Aufgabenstellung vom 3. September 1952 wurden mehrere Projektvarianten »KSS A, B, C, D, E« erarbeitet und mit einem Projektierungsaufwand von rund 175000 Stunden am 25. September 1957 als technisches Projekt bestätigt. Dieses rund 1200 t verdrängende Schiff sollte in Anlehnung an die sowjetischen KSS der Riga-Klasse (Projekt »50«) ebenfalls mit 3×100-mm-Hauptkaliber und 37-mm-Fla-Geschützen ausgerüstet werden. Gleichermaßen waren eine Torpedobewaffnung (Zwillingsrohrsatz für 533-mm-Torpedos) sowie Möglichkeiten zur U-Bootsbekämpfung und zum Minenlegen vorgesehen. Über den Abbruch dieser Entwicklung, einschließlich der Verschrottung bereits hergestellter maschinentechnischer Ausrüstungen wurde bereits im Kapitel »Werften und Zulieferindustrie« informiert. Ähnlich erging es dem Projekt eines großen U-Boot-Jägers mit dem Typnamen »Adler«. Als Studie unter der Projekt-Nr. »74« ab November

1958 bearbeitet, sah die erste Typskizze eine maximale Wasserverdrängung von 1370 t vor. Zu diesem Projekt fanden von 1959 bis 1963 mehrere »Abstimmungsberatungen« mit sowjetischen Dienststellen in Moskau statt. Mehrmals als Projekt (Nr. 50, Nr. 95) geändert beziehungsweise neu entworfen, wurde die Entwicklung trotz einer noch im Dezember 1962 erfolgten Zustimmung in Moskau dann im Frühjahr 1963 mit der lapidaren Feststellung fallengelassen: »In der Sowjetunion wird ein ähnliches Fahrzeug bereits gebaut« (!). Bei solchen und ähnlichen Anlässen wurde so manchem Mitarbeiter und Konstrukteur bewußt gemacht, inwieweit sowjetische Instanzen – trotz oftmals kollegialer Zusammenarbeit mit einzelnen sowjetischen Offizieren und Ingenieuren – bereit waren, dem »Waffenbruder« Einblick in ihre Entwicklungen zu gewähren.

Erwähnenswert sind auch frühe Entwicklungsarbeiten zum Bau geeigneter Tender und eines Schulschiffes. Nach Erteilung des Entwicklungsauftrages im Dezember 1951 wurde unter der Projekt Nr. »6« ein Fahrzeug mit der Bezeichnung Mutterschiff »Drache« entworfen und ein technisches Projekt mit einem Aufwand von 28300 Stunden abgeschlossen. Die Weiterentwicklung wurde jedoch im Juli 1954 abgebrochen. Etwa zeitgleich wurde das technische Projekt eines Schulschiffes Typ »Wal« (Projekt Nr. »9«) erarbeitet, aber ebenfalls 1954 dann vorerst zurückgestellt.

Wiederholt erhob sich danach die Frage zur Beschaffung eines geeigneten Schulschiffes. Zeitweilig wurden auch Überlegungen angestellt, ein durch die Neptun-Werft Rostock ab 1960 für die Sowjetunion in einer Dreier-Serie gebautes Schulschiff des Typs »Gorizont« (Deplacement 6017 t) als Modifikation einzuführen. Dieser Gedanke scheiterte an der Größe und am Preis des Schiffes, zum anderen war zum damaligen Zeitpunkt eine Verwendung eines solchen Schulschiffes außerhalb der Ostsee (etwa verbunden mit Reisen in das westliche Ausland) unvorstellbar.

Mehrmals wurden Maßnahmen ergriffen, um auf DDR-Werften geeignete Torpedoschnellboote bauen zu lassen. Mit einem Auftrag vom September 1952 wurde die Entwicklung eines TS-Bootes Projekt »16« – Typname »Lachs« – eingeleitet und im Februar 1957 als technisches Projekt abgeschlossen. Just zu diesem Zeitpunkt wurde jedoch die Entscheidung gefällt, sowjetische TS-Boote des Projekts »183« einzuführen. Es ist nicht bis in jedes Detail nachzuvollziehen, welche Variante der Beschaffung von TS-Booten letztlich der DDR billiger gekommen wäre. Auf jeden Fall waren die sowjetischen »183er« ausgereifte Konstruktionen mit zuverlässigen Antriebsmaschinen, und sie bewährten sich auch bei härtestem See-Einsatz hervorragend.

Von weiteren Schnellbootsprojekten – hierbei immer größere Boote um 100 t Wasserverdrängung ins Auge gefaßt – wurde letztlich nur der Typ »Forelle« mit drei Booten realisiert (s. Typenteil). Eine andere Entwicklungsrichtung waren dagegen die Leichten Torpedoschnellboote (LTS), von denen zwei Projekte (»63.300« und »68.200«) erfolgreich verwirklicht wurden. Nicht realisiert wurden dagegen verschiedene Projekte von Tragflügelbooten (TF-50, TF-60, TF-15), die in Zusammenarbeit mit der Außenstelle Roßlau bearbeitet wurden. Lediglich einige Versuchsboote (z. B. Projekt »81«) wurden bei Erprobungen beziehungsweise bei kurzzeitiger Nutzung als Verkehrsboote aufgebraucht.

Zeitweilig befaßten sich Mitarbeiter des ISW auch intensiv mit der Entwicklung beziehungsweise Rekonstruktion von Unterwasserfahrzeugen. So mit einem »Kleinsttauchboot«, bei dem unter der Projekt Nr. »28« der Unterwassereinsatz von Torpedos untersucht wurde. Rekonstruktionsarbeiten umfaßten die Erstellung von Konstruktionsunterlagen für die geplante Wiederindienststellung des gehobenen deutschen U-Bootes U 1308 (s. Abschnitt U-Bootsplanung).

Bei dem unter der Bezeichnung »Taucherhilfsmittel« (THM) entwickelten Fahrzeug handelte es sich um ein in Anlehnung an den deutschen Einmanntorpedo vom Typ »Neger« projektiertes Transportmittel für einen Kampfschwimmer. Das Fahrzeug wurde gebaut, erprobt, aber nicht in Serie gefertigt. Weitere Studien, Skizzenprojekte beziehungsweise Projekte wurden auch für neue Kanonenboote, Schnelle Artillerieträger (SAT), Lazarettschiffe sowie Sprengboote erarbeitet. Dazu gehörten natürlich auch verschiedene Ausrüstungen, wie beispielsweise der Funkmeßwarnempfänger »Wespe 5«, die leichte Küstenhorchanlage »KAH 62«, das Minenräumgerät »SDGR« sowie eine »Faßverlege-Einrichtung«, hinter der sich eine Wasserbombenabwurfanlage verbarg (!). Eine vollständige Aufstellung aller bearbeiteten, aber nicht realisierten Projekte findet der Leser im Tabellenanhang.

Mit Wirkung vom 1. Januar 1964 wurde das ISW aus der militärischen Unterstellung herausgelöst und dem »Ministerium für Schwermaschinen- und Anlagenbau – VVB Schiffbau« angegliedert. Bis zu seiner Auflösung im Jahre 1969 wurden nun zunehmend auch Entwicklungen und Projektierungen für den zivilen Schiffbau, insbesondere des Fischfangs und der Fischverarbeitung ausgeführt. Alle weiteren Entwicklungen von neuen Marineschiffen wurden ab diesem Zeitpunkt von den zuständigen Abteilungen Entwicklung- und Erzeugnisvorbereitung der Werften in enger Zusammenarbeit mit der »Verwaltung Schiffbau des Ministeriums für Nationale Verteidigung« mit Sitz in Rostock sowie mit zuständigen Fachabteilungen und Diensten der Marine verwirklicht. Über dort vorgenommene Planungen und Entwicklungen bis Ende 1990 wird im Kapitel »Zwischenspiel und Epilog« informiert.

Ein wichtiges Bindeglied zwischen der Entwicklung, dem Bau und der Einführung von Schiffen und waffentechnischen Ausrüstungen in die Flotte stellte das Wissenschaftlich-Technische-Zentrum (WTZ) der Volksmarine dar. Aus dem am 14. Juli 1952 gebildeten Baubelehrungskommando in Wolgast nebst seiner Baubelehrungsflottille, der späteren 9. Flottille, wurde am 30. Dezember 1957 das »Erprobungs- und Abnahmezentrum« gebildet. Mit gleichem Datum wurde die 9. Flottille aufgelöst und dafür die »Erprobungs- und Versuchsschiffsabteilung« ins Leben gerufen. Mit Befehl Nr. 14/63 des Verteidigungsministers vom 25. April 1963 erhielt diese Dienststelle die Bezeichnung »WTZ/Baubelehrung«. Gleichzeitig wurden ihr zukünftige Aufgaben zur Erprobung von maritimer Militärtechnik übertragen. Dazu wurden dem WTZ nacheinander verschiedene Erprobungs- und Versuchsschiffe unterstellt, mit denen sowohl verschiedene Truppenerprobungen realisiert als auch zunehmend eigene Entwicklungen als Vorstufe für eine Einzel- oder Serienfertigung getestet wurden. So wurden von den Mitarbeitern des WTZ verschiedene neue Minenabwehrausrüstungen, Modernisierungsvarianten für MAW-Schiffe, Funkmeßreflektoren, Methoden und Systeme zur magnetischen und akustischen Vermessung von Schiffen u. v. a. m. entwickelt. Wiederholt übernahmen sie auch die Sicherstellung von gemeinsam mit der Marine und der Werftindustrie durchzuführenden Versuchen, wie beispielsweise der Schockerprobung mit Unterwasserdetonationen. Die Nutzung verschiedener Serien- und Sonderfahrzeuge durch dieses WTZ wird im Typenteil ausdrücklich erwähnt.

U-Bootsplanung der DDR

Die U-Bootsplanung der DDR war ein lange gehütetes Geheimnis. Diese Aktivität ist in das Bemühen einzuordnen, unter maßgeblicher Einflußnahme der sowjetischen Flotte bereits in den Anfangsjahren des Aufbaus maritimer Verbände auch eine deutsche U-Boot-Waffe entstehen zu lassen, die nunmehr an der Seite der Sowjetunion vorerst im Ostseeraum ein Wort mitreden sollte. Da nur eine relativ kurze Episode darstellend, geriet sie schon bald in Vergessenheit. Viele Marineoffiziere der Nachkriegsgeneration wissen bis heute nicht, daß es sie gegeben hat – eine Planung für »Graue Wölfe« unter der DDR-Flagge. Welches waren die Fakten?

Bereits 1952 hatte man damit begonnen, in Saßnitz-Dwasiden, einem außerhalb des Stadtgebietes liegenden, hügeligen Gelände, unter strengster Geheimhaltung eine Sonderdienststelle zur Ausbildung von U-Bootbesatzungen einzurichten. Baracken wurden aufgestellt, ältere Gebäude zur Wiederbenutzung hergerichtet, Lehrmaterial beschafft und erste Ausbildungspläne aufgestellt. Erfahrene U-Bootfahrer – überwiegend ehemalige Unteroffiziere der deutschen Kriegsmarine – wurden zusammengezogen und auf ihre Rolle als Ausbilder vorbereitet. Zugleich nahm ein sowjetischer Beraterstab, ebenfalls aus U-Bootfahrern bestehend, zur direkten Unterstützung der Ausbildung als auch zur Vorbereitung eines späteren Seepraktikums seine Arbeit auf. In den Monaten November/Dezember 1952 wurden die ersten Offiziere, Unteroffiziere und Mannschaften – ausnahmlos Freiwillige – zur Aufnahme der Ausbildung an die als »Unterseeboots-Lehranstalt« – auch 1. ULA genannt – bezeichnete Dienststelle versetzt.

Materielle Grundlage dieser Aufbauphase war die im Sommer 1953 geplante Übergabe von fünf ehemaligen deutschen U-Booten des Typs VIIC durch die sowjetische Flotte. Diese Boote waren nach 1945 auf Beschluß der Potsdamer Konferenz über die Aufteilung der ehemaligen deutschen Flotte in sowjetischen Besitz übergegangen. Zusätzlich war die Übergabe von zwei sowjetischen Küsten-U-Booten des Typs »M« Serie XV vorgesehen. Diese kleineren Küsten-U-Boote, auch als »Maljutki« bezeichnet, waren ein Standard-U-Bootstyp der sowjetischen Flotte, der ab 1935 in verschiedenen Serienmodifikationen bis 1952 in großen Stückzahl gefertigt wurde. Auch an Polen gingen ab 1954 sechs Boote.

Gleichzeitig wurde begonnen, den Südteil des Saßnitzer Hafens als U-Bootstützpunkt auszubauen. Spezielle Maßnahmen waren die Installation von Landanschlüssen für Elektroenergie und Dampf (Heizung) und der Aufbau eines kleinen Hammerkranes auf der neugebauten Fingerpier zur Torpedoübergabe an die sowjetischen U-Boote. Denn der Typ »M« wurde – achterlich vertrimmt – von außen durch die Torpedorohröffnung geladen.

Auf Befehl des damaligen Chefs der VP-See wurde die Ausbildung am 5. Januar 1953 aufgenommen. Als Dienststelle »S7« und »S8« bezeichnet, erfolgte der Lehrbetrieb in drei Offiziers- sowie mehreren Unteroffiziers- und Mannschaftsgruppen. Die drei Offiziersgruppen umfaßten eine Klasse für U-Bootkommandanten (10 Offiziere), eine für 1. Offiziere/Torpedooffiziere und eine für Leitende Ing.-Offiziere (LI's). Die Ausbildung erfolgte sowohl in aufbauenden Fächern für Navigation und Schiffsführung als auch in Anlagentechnik der U-Boote VIIC. Für Mitte Juni war das Eintreffen der ersten U-Boote aus Kronstadt avisiert. Kurz zuvor war den teilnehmenden Offizieren mitgeteilt worden, daß die U-Boote bereits ausgelaufen seien. Nur trafen sie nie ein. Es kam der 17. Juni 1953. Bereits im Vorfeld der sich zusammenbrauenden innenpolitischen Ereignisse war die Überfüh-

Die Zentrale auf U 1308 nach seiner Bergung im Februar 1953.

rung gestoppt worden. Danach hatte man in der ehemaligen DDR andere Sorgen als den weiteren Aufbau einer kostspieligen U-Bootwaffe. Für die Teilnehmer der Lehrgänge kam dann auch die Anordnung Nr. 20/53 des Chefs der VP-See überraschend: »Mit Wirkung vom 1. Juli 1953 ist der Lehrbetrieb in den Dienststellen S7 und S8 (U-Boot-Lehranstalt) einzustellen«. Allerdings war für eine »ordnungsgemäße Lagerung und Konservierung Sorge zu tragen«. Den Teilnehmern des Lehrganges war mitgeteilt worden, daß sie gesondert erfaßt seien und bei Bedarf wieder gerufen würden. Doch dazu kam es nicht mehr.

Etwa zum Zeitpunkt der beginnenden U-Bootsausbildung in Saßnitz wurden Schritte eingeleitet, das vor Warnemünde von der Besatzung am 2. Mai 1945 versenkte deutsche U-Boot U1308 zu heben. Das Boot vom Typ VIIC/41 war mit Auftrag vom 1. August 1942 auf der Werft der Flensburger Schiffbau-Gesellschaft gebaut worden. Seine Indienststellung erfolgte 1944. Die bereits im Herbst 1952 begonnene Hebung erwies sich komplizierter als angenommen. Nach Unterbrechungen durch die Winterstürme und die Eislage gelang die Bergung dann mit Hilfe von sieben Hebezylindern im Februar 1953. Nach dem Lenzen und grober Entschlammung wurde das Boot nach Warnemünde eingebracht. Hier weiter gereinigt und ersten Besichtigungen unterzogen, wurde das Boot im November des gleichen Jahres als Objekt »U« zur Volkswerft nach Stralsund überführt und dort mit einigen Komplikationen (Beschädigung der Slipanlage) aufgeslipt und auf ein Taktgleis verfahren. Bereits kurz nach seiner Bergung sind an verschiedene Institutionen Aufträge zur Rekonstruktion und zum Wiederaufbau des Bootes erteilt worden. Unter dem Projektnamen »Stichling« (Projekt »20/Reko«) wurden sowohl im ISW als auch in verschiedenen Betrieben Konstruktionsunterlagen nach vorheriger Vermessung beziehungsweise nach beschaffbaren Originaldokumenten angefertigt (Generalplan). Unter anderem wurden – nach vorheriger Numerierung – von allen Abteilungen des Bootes über 500 Innenfotografien angefertigt, die die spätere Neuausrüstung unterstützen sollten. Trotz der Einstellung der U-Bootsausbildung in Saßnitz sind verschiedene Konstruktionsunterlagen, so z.B. für die komplette Elektro-Ausrüstung, noch bis August 1954 fertiggestellt worden (Geheime Verschlußsache R55–1 bis 46/55). Zwischenzeitlich war aber bereits die Weisung erteilt worden, das Boot zu verschrotten. Zu diesen Entschluß trugen u.a. auch die Bedenken ehemaliger VIIC-U-Bootsfahrer bei, die die Festigkeit des Druckkörpers an Hand festgestellter Verformungen für nicht mehr ausreichend hielten. Entgegen Gröner (»Die Schiffe der deutschen Kriegsmarine und Luftwaffe 1939–45 und ihr Verbleib«, S. 86) wurde dieses Boot 1953 nachweisbar auf der Volkswerft in Stralsund abgebrochen. Beide Hauptmaschinen, ein E-Motor/Generator und diverse Ausrüstungsteile dienten noch einige Jahre als Anschauungsmodelle, so der Generatorsatz (nur der E-Generator) an der Flottenschule in Parow beziehungsweise an der Ingenieurschule in Wismar.

Das gehobene U-Boot U2344 (Typ XXIII) im Dock der Neptun-Werft Rostock, 1956.

Erneute U-Boot-Aktivitäten wurden nochmals eingeleitet, als es 1955 gelang, ein weiteres deutsches U-Boot, nämlich U2344, zu heben. Das Boot vom Typ XXIII, 1944 bei der Deutsche Werft AG Hamburg gefertigt, war am 18. Februar 1945 nach einer Kollision vor Heiligendamm (Position 54° 17,2′N; 11° 46,18′E) mit Personalverlusten gesunken. Nach seiner Bergung, bei der schon die erhebliche Beschädigung des Druckkörpers festgestellt wurde, erfolgte eine Aufnahme im Schwimmdock der Neptun-Werft. Auch hier wurden Untersuchungen und gewisse Maßnahmen eingeleitet, um das Boot eventuell wieder in Dienst stellen zu können. Allerdings war hierbei nur an eine Nutzung als Unterwasser-Zieldarstellungsboot (ohne Torpedorohre) für die U-Jagdausbildung gedacht. Die sich über ein knappes Jahr hinziehenden Untersuchungen wurden dann ebenfalls abgebrochen. Unter anderem erwies sich die Beschädigung des Druckkörpers einschließlich starker Deformationen der Innenverbände als so erheblich, daß – trotz einiger Erfahrungen der Neptun-Werft im U-Bootsbau – von einer Instandsetzung abgesehen wurde. 1957 wurde auch dieses Boot nachweisbar im Dock zertrennt und die Einzelteile mittels eines Schwimmkranes in den Rostocker Stadthafen transportiert. Von hier aus erfolgte die Zuführung zur Metallrückgewinnung durch die Deutsche Reichsbahn.

Damit war das Kapitel U-Bootsplanung der DDR-Seestreitkräfte endgültig abgeschlossen. Obwohl die Ereignisse des Volksaufstandes um den 17. Juni 1953 mit Sicherheit die Entscheidung zum Abbruch der U-Bootsausbildung beeinflußten, soll nach mündlicher Überlieferung auch eine persönliche Weisung des damaligen Parteichefs Walter Ulbricht vorgelegen haben, die U-Bootsausbildung trotz militärischer Abstimmung mit der sowjetischen Seite generell einzustellen. Als Hauptgrund ist hier wohl die damalige ökonomische Situation der DDR anzusehen. Schon der Aufbau der geplanten Überwassenverbände belastete den Staatshaushalt recht erheblich.

Nach 1963 forderte die UdSSR die DDR erneut auf, sich an einem Programm für Randmeer-U-Boote sowohl für den eigenen als auch für den sowjetischen Bedarf zu beteiligen. Der damalige Verteidigungsminister, Marschall der Sowjetunion Malinowski, appelierte geschickt an die deutschen Erfahrungen: »Die Deutschen sind Pioniere des U-Bootbaues und sollten ihren Beitrag im Interesse des gesamten sozialistische Lagers leisten.« Noch während der Verhandlungen über das Fünfjahresprogramm der NVA (1986 bis 1990) wurde der DDR-Seite erneut der Bau und die Einführung von U-Booten durch Flottenadmiral der Sowjetunion Gorschkow empfohlen.

Zwar nicht im unmittelbaren Zusammenhang damit, aber an dieser Stelle erwähnenswert, ist ein etwa um die gleiche Zeit vorangetriebenes Bauvorhaben zur Schaffung einer neuen Flottenbasis auf der Insel Rügen. Lange vor dem Wiederaufbau des bekannten Stützpunktes Dranske wurde an einem alten Projekt aus der Vorkriegszeit die Arbeit wieder aufgenommen. Gemeint ist der geplante Durchstich von der Ostseeküste zum Großen Jasmunder Bodden, kurz vor der Ortschaft Glowe. Bis 1953 erfolgten hier umfangreiche Erdbewegungen mit Hilfe von Baggern und einer größeren Anzahl Strafgefangener. Gleichzeitig mit der Schaffung eines größeren Seekanals war an der Ostseite des Boddens bei den Orten Polchow und Martinshafen der Ausbau einer größeren Flottenbasis vorgesehen. Von der Schiffsgröße her war das Einlaufen und die Basierung von sowjetischen Einheiten bis zum Zerstörer vorgesehen. Auch dieses Vorhaben wurde kurz nach dem 17. Juni 1953 abgebrochen. Noch heute sind die terrassenartigen Baggerebenen und die ungefähre Lage des geplanten Seekanals gut zu erkennen.

Klassifizierung, Typen und Bordnummern

Die Klassifizierung von Schiffen und Booten der ehemaligen Seestreitkräfte der DDR erfolgte im Laufe der Zeit nach unterschiedlichen Gesichtspunkten. In den Anfangsjahren wurden überwiegend noch eigenständige Klassifizierungen eingeführt, die sich sowohl an traditionelle Bezeichnungen anlehnten als auch den Haupteinsatzzweck eines Fahrzeuges erkennen ließen. Eine Ausnahme bildeten aber bereits die ersten Neubaufahrzeuge, die in Anlehnung an sowjetische Klassifizierungen die Bezeichnung »Küstenschutzboot« (Tarnname »Seekutter«) erhielten. Eine strenge Systematisierung, wie sie später in Abstimmung mit dem Vereinten Oberkommando (VOK) des Warschauer Vertrages festgelegt wurde, war in den Anfangsjahren auf Grund der relativ geringen Typenzahl sowieso nicht gegeben. Als Grundsatz galt praktisch über die gesamte Entwicklungszeit, daß im Unterschied zu westlichen Systemen eine Klassifizierung ausschließlich nach dem Haupteinsatzzweck erfolgte. Wenn also von »Klasse« die Rede war, dann erfolgte hiermit die Einordnung eines entwickelten Schiffes beispielsweise in die Klasse der »U-Boot-Abwehrschiffe«. Bei der Festlegung der Bezeichnung »Schiff« oder »Boot« galt die allgemeine Regel, daß Fahrzeuge mit einer Wasserverdrängung größer 300 Tonnen als »Schiff« und kleiner als »Boot« bezeichnet wurden. Die bis zur Einführung einheitlicher Klassifizierungsbestimmungen in den Warschauer Vertragsflotten meistens als »Typ« gewählte Bezeichnung eines Fahrzeuges erfolgte bereits zu Beginn einer Entwicklungsstufe in der sogenannten »Operativ-Taktischen Forderung« (OTF). So z.B. das »Minensuch- und Räumschiff« (MSR), welches dann später in die Klasse der »Minen- und Minenabwehrschiffe« eingeordnet wurde. Mit der zunehmenden Übernahme sowjetischer Schiffstypen wurde auch deren Bezeichnung in deutscher Übersetzung übernommen. Als typisches Beispiel hierfür gilt das sowjetische »Storoschewoi Korabl« (SKR), das in die Seestreitkräfte als »Küstenschutzschiff« (KSS) eingeführt wurde. International sind diese Schiffe als »Fregatte der Riga-Klasse« eingeordnet worden.

Streng genommen, erfolgten aber auch hier Abweichungen, indem z.B. das sowjetische »torpednye kater«, was exakt übersetzt »Torpedo-Boot« bedeutet, in den DDR-Seestreitkräften traditionell als »Torpedoschnellboot« (TS-Boot) eingeführt wurde. Eine Übernahme der überwiegend nach dem Zweiten Weltkrieg in den westlichen Flotten verbreiteten Klassifizierung, wie beispielsweise der Fregatten oder Korvetten, verbot sich schon auf Grund frühzeitig erarbeiteter Führungsdokumente im VOK der Warschauer Vertragsflotten von selbst. Hier galten als Kommandosprache »russisch« und in allen Fragen einer operativ-taktischen Führung, einschließlich der Klassifizierung und Ansprache von Schiffstypen, weitestgehend sowjetische Festlegungen. Vorgreifend sei in diesem Zusammenhang die letzte einheitliche Klassifizierung der damals noch verbündeten Flotten erwähnt, welche mit Befehl Nr. 119 des Ministers für Nationale Verteidigung im Jahre 1984 eingeführt wurde. Abgesehen davon, daß mit dem von der sowjetischen Flotte kommentarlos übernommenen System nunmehr auch Begriffe wie z.B. »Rang« eingeführt wurden, mit dem in der Volksmarine sowieso niemand etwas anzufangen wußte, stellte sich das »Gesamtwerk« als ein Produkt offensichtlich wenig beschäftigter Stabsspezialisten dar. In der Reihenfolge nach Klassen, Unterklassen, Rängen, Projekten und Kurzbezeichnungen wurden hier alle möglichen und unmöglichen Einordnungen von Schiffs- und Bootsprojekten vorgenommen. Bei den Hauptgruppen von Kampfschiffen durchaus noch überschaubar, mußte man schon scharf nachdenken, warum Torpedoschnellboote in die Klasse der »Raketen-Artillerieschiffe« eingeordnet waren. Offensichtlich ließ sich diese aussterbende Bootsklasse woanders nicht mehr unterbringen. Noch unverständlicher war für viele, warum die als U-

Bootsabwehrschiffe entwickelten Projekte »133.1« (Typ »Parchim«) von nun an »Küstenschutzschiffe 3. Ranges« heißen mußten, obwohl sie der Klasse der UAW-Schiffe zugeordnet waren. Immerhin besaß die Volksmarine auf diese Weise sozusagen über Nacht 19 Küstenschutzschiffe und stellte damit bei möglichen Verhandlungen über Rüstungsreduzierungen einen gewichtigen Abrüstungspartner dar. Bei den Schul- und Hilfsschiffen, nunmehr als »Schiffe spezieller Zweckbestimmung« beziehungsweise als »Hochseeschiffe zur Sicherstellung« bezeichnet, brauchte man bis zu acht Spaltenzeilen, um die Klasse zu definieren. Hier eine Kostprobe: »Reedeschiffe zur Sicherstellung der Basierung der Schiffe und Einrichtung des Seeschauplatzes«! Als Unterklasse verbargen sich dahinter Wohnschiffe, Schlepper, Schwimmkrane, Rammen, Reedesanitätsboote u. a. m. Ein Trost blieb: Da Begriffe aus diesem und im weiteren noch zu nennenden Dokumenten nur im operativen Verkehr (Bordnummern), nur in Verbindung mit Werften (Projektnummern), nur entsprechend der DV 010/0/012 – Geheimschutz in der Militärpublizistik – verwendet werden durften, wurde der Kommandant eines Schiffes oder der Kapitän eines Schleppers kaum damit konfrontiert.

Ein in der Flottenpraxis und auch im alltäglichen Gebrauch wichtigere Bedeutung hatten *Projekt-Nummern* und – soweit vergeben – *Projekt-Namen*. Für jedes zu entwickelnde Schiff/Boot wurde eine Projekt-Nummer festgelegt und bei Beginn des Serienbaues die *Marine-Bau-Nummer* fortlaufend angefügt. Die Zählweise der Serie begann erst, wenn Vorstufen der Entwicklung, die durchaus noch Projekt- und Nummernänderungen beinhalten konnten (z. B. Null- oder Versuchsschiffe), abgeschlossen waren. Als Beispiel sei genannt: Minensuch- und Räumschiff Projekt »89«, Versuchschiff »89.0«, Serienbezeichnung »89.100«, erstes Serienschiff »89.101« (Kondor I). Die vorgegebene Marine-Bau-Nr. war nicht identisch mit der *Werft-Bau-Nummer*. Diese wurde nur werftintern geführt und im technischen Verwaltungswesen der Marine nicht benutzt. Bis Ende der 50er Jahre wurden für zu entwickelnde Schiffs- und Bootstypen zusätzlich zur Projekt-Nr. auch *Projekt-Namen* festgelegt. Die überwiegend aus der Meeres- und Küstenfauna entnommenen Tiernamen, wie beispielsweise »Tümmler«, »Delphin«, »Habicht«, »Krake« u. a. erfreuten sich allgemeiner Beliebtheit und waren zur schnellen Ansprache eines Schiffes am häufigsten in Gebrauch. Mit Beginn der MSR-Serie (Projekt »89«) wurde von der Vergabe der Tiernamen als zusätzlicher Projektbezeichnung abgegangen. Obwohl keine schriftliche Anordnung über den Wegfall dieser Bezeichnungen vorliegt, sei der Verdacht ausgesprochen, daß eine allzugroße Identifizierung der Besatzungen mit ihren unpolitischen »Habichten« und »Kraken« nicht erwünscht war. Als sich z. B. mit Einführung der sowjetischen TS-Boote des Projekts »183« die zuerst gebildete Abteilung selbst die Bezeichnung »Pinguin-Geschwader« zulegte und diesen Schwimmvogel zum Maskottchen erklärte, wurden diese »faschistischen Traditionsmanieren« strikt untersagt.

Mit der Einführung sowjetischer Kampfschiffe wurden deren originale Projekt-Nummern übernommen und in der Reihenfolge der Indienststellung (oder Übernahme) eigene Marine-Bau-Nummern dazugegeben. So beispielsweise bei den sowjetischen TS-Booten des Projekts »206« mit den fortlaufenden Bau-Nr. »206/1« bis »206/18«. Die sowjetischen Bau-Nr. waren zwar allgemein bekannt, aber ebenfalls nicht mit der Werft-Bau-Nr. identisch. Dieses Projekt/Bau-Nummernsystem bildete die wesentliche Grundlage für die gesamte Rückwärtige Sicherstellung einschließlich des Werftgeschehens. Mit Wirkung vom 20. März 1952 wurde erstmalig auch ein einheitliches System von *Bord-Nummern* (pennant number) eingeführt, welches jedoch häufig verändert wurde. Eine erste Belegung sah hauptsächlich Bord-Nummern nach der Verbandsstruktur vor. Im ersten größeren Verband der VP-See, der »Räum- und Küstensicherungsdivision« (R- und KS-Division) erhielten die sechs R-Boote 800er Nummern (zuvor 511 bis 516) und die KS-Boote 100er Nummern. Auch dieser Division anfangs zugeteilte Fahrzeuge, wie Ausbildungskutter, führten zeitweilig 800er Nummern. Mit Einführung der MLR-Schiffe wurden 600er Nummern vergeben (erstes MLR-Schiff 611). Wenige Zeit später wurde auf dreistellige Nummern mit Bindestrich übergegangen (z. B. 6–11). Die zweite Zahl in der dreistelligen Nummer bezeichnete die Abteilung innerhalb der Division, also 1 = 1. Küstensicherungsabteilung (KSA), 2 = 2. KSA, 3 = 3. KSA. Wurden Fahrzeuge in eine andere Abteilung versetzt oder wurde ihr Verwendungszweck geändert, änderte sich zwangsläufig auch die Bord-Nummer. Vom häufigen Wechsel des Bord-Nummern-Systems wurde etwa Anfang der 60er Jahre abgegangen. Von da ab regelte ein relativ stabiles Nummernsystem die Vergabe der Bord-Nummern. Immer dreistellig festgelegt, stand die erste Kennzahl für einen Schiffstyp, die zweite für die Abteilungs-Nr. innerhalb einer Brigade (Struktureinheit) und die letzte Zahl für die Nummer des Schiffes/Bootes innerhalb der Abteilung beziehungsweise der Brigade.

Mit der Anordnung Nr. 44/86 des Chefs der Volksmarine wurde unter Berücksichtigung des eingangs erwähnten Befehls Nr. 119/84 des Verteidigungsministers ein neues und damit letztes System zur Numerierung der Schiffe und Boote, der selbstfahrenden Startrampen sowie der Hubschrauber für die »Struktur 90« festgelegt. Aufbauend auf das vorherige System, wurden hauptsächlich einige Bezeichnungen der Schiffe/Boote nach den verbindlichen neuen »Unterklassen« geändert. Die erste Ziffer des wiederum dreistelligen Systems stand nunmehr für folgende Typen:

1 Küstenschutzschiffe 2. Ranges
2 Küstenschutzschiffe 3. Ranges (früher UAW-Schiffe)
3 Hochsee-Minenabwehrschiffe
4 Küsten-Minenabwehrschiffe
5 Kleine Raketenschiffe
6 Mittlere Landungsschiffe
7 Raketenschnellboote
8 Artillerie/Torpedoschnellboote
9 Torpedoschnellboote (früher LTS-Boote)
0 Minenleger (Mob.-Schiffe).

Da jedes Bord-Nummersystem grundsätzlich als »Geheime Verschlußsache« eingestuft war, darüber nie Veröffentlichungen erfolgten, war es praktisch nur Insidern möglich, beispielsweise auf einem Foto das TS-Boot 854 als 4. Boot der 5. Torpedoschnellbootsabteilung zuzuordnen. Den Bootsnamen wußte man allerdings immer noch nicht, denn auch vollständige Namenslisten waren »sekretno«.

Den verschiedenen Typen der Hilfsschiffe, später allgemein als »Sicherstellungsschiffe« klassifiziert, waren ebenfalls Bord-Nr. zugeordnet, aber hier über viele Jahre nur zweistellig, unter Vorsetzen eines Buchstabens. Anfangs noch wechselnd, wurde dieses System ab Anfang der 60er Jahre im wesentlichen beibehalten. Lediglich die Nummern wurden verschiedentlich gewechselt, was auch mit einer Umsetzung des Fahrzeuges in eine andere Flottille zusammenhängen konnte. Über viele Jahre waren als erste Kennzahl die 1, die 4, die 6 und die 8 festgelegt, woraus man die Zugehörigkeit zur jeweiligen Flottille beziehungsweise zur Erprobungsschiffsabteilung (bei der 8) erkennen konnte. Die erneute und letzte Umbenennung der Hilfsschiffe (AO 44/86) mit dreistelligen Bord-Nummern hing wiederum mit der bereits erwähnten einheitlichen Klassifizierung im Rahmen der Ostflotten zusammen. Hier wurden vereinzelt auch Kennbuchstaben gewechselt, da nun beispielsweise ein Torpedofangboot (früher B) zur Klasse der »Schiffe zur Sicherstellung der Gefechtsausbildung und Erprobung von Waffen und Technik« gehörte und damit ein »V« trug.

Für interessierte Leser seien hier in Kurzform die letzten Kennbuchstaben für Hilfsschiffe aufgeführt:

A Bergungsschiffe und Schlepper
B Reedeverkehrsboote
C Tanker
D SHD-Schiffe (Seehydrographischer Dienst)
E Hochseetransporter und Versorger
F Feuerlöschboote
H Schwimmende Stützpunkte
K Aufklärungsschiffe (früher Taucherschiffe)
L Sanitätsschiffe (Mob.)
M Schwimmkrane, Rammen
N Wohnschiffe
P Werkstatt- und Entmagnetisierungsschiffe
R Such- und Rettungsschiffe
S Schulschiffe
V Erprobungsschiffe
Y Seetransportschiffe (Mob.)

Die nunmehr dreistelligen Bord-Nummern der Hilfsschiffe wurden lediglich um die mittlere Ziffer für die Abteilung (Struktureinheit) erweitert. Die erste Ziffer gab nach wie vor die jeweilige Flottille (1., 4., 6.) beziehungsweise die Erprobungsschiffsabteilung (8) an. Die Zahlen 5 und 9 konnten noch für direkt unterstellte beziehungsweise Fahrzeuge außerhalb der Volksmarine vergeben werden. Für Ausbildungsboote, Yachten, Kutter und Sportboote waren vierstellige Bootsnummern festgelegt.

In der als Anhang aufgenommenen Schiffsliste sind die bisherigen Bord-Nummern für alle Schiffe und Boote von 1950 bis 1990 – soweit sie sicher nachgewiesen werden konnten – erfaßt. Obwohl einzelne Fahrzeuge bereits vor der Umbenennung der Seestreitkräfte in »Volksmarine« *Schiffsnamen* erhielten, erfolgte die Namensvergabe für die überwiegende Mehrheit aller Schiffe erst nach 1960. Vorrang bei der Namensauswahl hatten Klassiker des Marxismus, Arbeiterführer, revolutionäre Matrosen und Antifaschisten. Ebenfalls wurden Namen von Kreis- und Bezirksstädten der DDR, von Städten und Gemeinden aus dem Küstenbezirk beziehungsweise von Landschaften und geographischen Punkten (Hilfsschiffe) vergeben. Ausnahmsweise wurden an die sowjetischen U-Bootjäger des Projekts »201 M« auch Namen von Vogelarten vergeben, was jedoch dann nie wieder vorkam. Wohlgemerkt, in der Volksmarine hatte niemand etwas gegen antifaschistische Widerstandskämpfer, die ausnahmslos ihr Leben in Gefängnissen oder Konzentrationslagern verloren hatten. Die »Erforschung« ihres Lebens im Rahmen von FDJ-Zirkeln, die Gestaltung von Ehrentafeln und die Abgabe von »Verpflichtungen in Kampfprogrammen« im Geiste der Widerstandskämpfer wurden allerdings von vielen als organisierte politische Kulthandlungen empfunden. Im Übrigen durften bekanntlich Namen bei Kriegsschiffen nicht äußerlich geführt werden (»Geheimnisschutz«!). Lediglich ein Messingschild im Schiffsinneren dokumentierte den verliehenen Namen. Der Vollständigkeit halber sei erwähnt, daß auf Initiative eines künstlerisch begabten Offiziers – nach vielem hin und her – auch »Wappen der Volksmarine« eingeführt wurden. Da nur Wappen für Typkräfte beziehungsweise für Rückwärtige Dienste, Schulen und Lehreinrichtungen sowie für Marineflieger genehmigt wurden, erlangten sie allenfalls als Souvenir eine Bedeutung. Zwischenzeitlich führten einige Schiffe und Boote diese Typwappen an der Brücke. Aber die Symbolaussage mußte verblassen, wenn z.B. 33 Raketen- und Torpedoschnellboote das gleiche Wappen zeigten.

Zwischenspiel und Epilog

Bis Mitte der 50er Jahre verfügten die Seestreitkräfte im wesentlichen nur über Minenräumkräfte und allgemeine Sicherungsfahrzeuge, die ausschließlich auf landeseigenen Werften gebaut worden waren. Mit der Einführung sowjetischer Kampfschifftypen ab 1956, wie beispielsweise der Küstenschutzschiffe der Riga-Klasse, vollwertigen U-Bootjägern des Projekts »201 M« (SO 1) sowie den zweirohrigen TS-Booten des Projekts »183« (P6), wurden erstmalig auch sogenannte »Stoßkräfte« aufgestellt. Dieser nur zeitweilig formierte Verband (KSS und TS-Boote) wurde am 31. Dezember 1959 wieder aufgelöst und statt dessen eine KSS-Brigade und eine TS-Brigade formiert. Am 1. Mai 1963 erfolgte dann die offizielle Gründung der 6. Flottille, in der nunmehr alle Schnellbootseinheiten als »Verband der Stoßkräfte« im Standort Bug/Dranske auf Rügen zusammengefaßt wurden. Ab November 1962 wurden die ersten sowjetischen Raketenschnellboote des Projekts »205« (Osa 1) übernommen und mit den nachfolgenden Booten die Raketenschnellbootsbrigade aufgestellt (RSB). Mit der Zuführung der Leichten Torpedoschnellboote der Projekte »63.300« – »Iltis« und »68.200.« – »Hydra« sowie der Ablösetypen großer sowjetischer TS-Boote des Projekts »206« (Shershen) verfügte die 6. Flottille Ende der 60er Jahre über insgesamt 72 Schnellboote.

Als neue Komponente wurden ab 1960 nacheinander zwei Typen von Landungsbooten beziehungsweise Schiffen eingeführt (Projekt »46« und »47«), mit denen eine beachtliche Landungskapazität aufgebaut wurde. Obwohl die Volksmarine über keine eigene Marineinfanterie verfügte, war für eventuell durchzuführende taktische Landungen das Motorisierte Schützenregiment 28 im Standort Rostock als ständig trainierte Landungstruppe vorgesehen und einsatzbereit. Da die Bereitstellung einer gewissen Landungskapazität durch die Volksmarine eine Grundsatzforderung des Vereinten Oberkommandos war, wurde ab 1971 nochmals als neuer Typ das mittlere Landungsschiff Projekt »108« (Frosch) entwickelt und ab Oktober 1976 der Landungsbrigade als Ablösetyp zugeführt.

Auch die U-Jagdkräfte, später als U-Bootabwehrkräfte (UAW) bezeichnet, wurden kontinuierlich weiterentwickelt. Als ein Schwerpunkt der »am weitesten nach Westen stehenden Marine« des Warschauer Vertrages erreichten diese Kräfte nach der Einführung der U-Jagdschiffe vom Typ »Hai« (Projekt »12.4«) ihren Gipfel in der Entwicklung des Projekts »133« (Parchim-Klasse). Von ihrer Wasserverdrängung her mehr als doppelt so groß wie die U-Jäger vom Typ »Hai«, wurden hier erstmalig auch moderne sowjetische UAW-Torpedos des Typs »SÄT 40« mit autonomer Zielsuchlenkung eingeführt.

Die erneute Übernahme von drei sowjetischen Küstenschutzschiffen des Projekts »1159« (Koni) erfüllte zwar viele Angehörige der Volksmarine mit einem gewissen Stolz, da wieder »Dickschiffe« zur Verfügung standen, löste aber unter kompetenten Operativoffizieren wiederholt Diskussionen über die Zweckmäßigkeit und über die nicht »ausgereizte« Bewaffnung dieser Schiffe aus. So wurden zwar über eine Nachrüstung der Schiffe mit UAW-Torpedorohren beziehungsweise mit Raketenstartern für Seezielraketen Untersuchungen angestellt, die Realisierung aber aus Kostengründen mehrmals zurückgestellt. Auch die ab 1984 eingeführten fünf Kleinen Raketenschiffe des Projekts »1241« (Tarantul I) stellten eine Übergangslösung beziehungsweise eine Zweitkomponente bei der geforderten Indiensthaltung von Raketenschiffen dar, zumal es sich bei der verwendeten Seezielrakete nur um eine modernisierte Version der älteren Raketen vom Typ »P-15« der Osa-Boote handelte (s. Kapitel Bewaffnung). Im bescheidenen Rahmen bewegte sich dagegen über Jahrzehnte die Entwicklung der Hilfs- beziehungsweise Sicherstellungsschiffe. Mehrmals modernisiert, stets äußerst zuverlässig, waren die meisten Hilfsschiffe jedoch Anfang der 80er Jahre total überaltert. Die daraufhin ab 1982 zugeführten Hochseeversorger des Projekts »602« konnten die Lücke der kleineren und wendigeren ehemaligen Logger und Leichter nur zum Teil schließen. Auch die Größe der neuen Versorger war intern umstritten, zumal eine tatsächliche Versorgung von Kampfschiffen in See nur bedingt möglich war (s. Typenteil). Sinngemäß traf diese Einschätzung auch auf

Das Küstenmotorschiff Rakow als bewaffneter Transporter während einer Mobilmachungsübung.

die zwei bereits 1979 zugeführten Gefechtsversorger des Projekts »109« zu, obwohl diese als modifizierte Landungsschiffe den Vorteil besaßen, einen Transport und Umschlag von Küste zu Küste zu ermöglichen.

An dieser Stelle soll erwähnt werden, daß für eine große Anzahl von Fracht-, Fischerei- und Fahrgastschiffen eine Mobilmachungsplanung vorlag. In ihr waren alle für eine militärische Nutzung verwendbaren Fahrzeuge erfaßt und die schnelle Um- beziehungsweise Aufrüstung logistisch vorbereitet. Das betraf u.a. auch Fahrgastschiffe der »Weißen Flotte«, für die im Mobilmachungsfall ein Einsatz als Lazarettschiffe vorgesehen war. Auch Küstenmotorschiffe, Fischerei- und Ro/Ro-Schiffe waren zum Teil konstruktiv für eine militärische Verwendung vorbereitet. Gleiches traf auch für Eisenbahnfährschiffe zu, bei denen z.B. das Gleisdeck gepanzerte Technik aufnahm.

Ab Anfang der 80er Jahre liefen Planungen an, einige der Schiffstypen mit zunehmend hohem Dienstalter durch Eigenentwicklungen zu ersetzen. Das betraf in erster Linie die Raketenschnellboote des Projekts »205«, aber auch in ähnlicher Dringlichkeit die MAW-Fahrzeuge. Trotz mehrmaliger Modernisierung der Räumausrüstung war vorauszusehen, daß gerade diese Fahrzeuge bei der schnellen Entwicklung moderner Seeminen schon bald technisch und moralisch verschlissen sein würden. Hinzu kam, daß sich Mitte der 80er Jahre überraschend schiffbauliche Schäden einstellten (Deformierung einiger Verbände), die sowohl auf das zunehmende Alter der Schiffe als auch auf eine hohe Beanspruchung durch die modernisierte Räumausrüstung zurückzuführen waren. Gleiches traf sinngemäß für die etwas kleineren MAW-Schiffe des Projekts »89.100« (Kondor I) zu. Obwohl in der Grenzbrigade-Küste als Sicherungsfahrzeuge genutzt, absolvierten die Schiffe und ihre Besatzungen auch regelmäßige Ausbildungsabschnitte in der Minenabwehr. Die ersten Schiffe dieser Serie wären Ende der 80er Jahre – wenn nicht vorher ein Ablösetyp zur Verfügung gestanden hätte – mehr als 20 Jahre im Dienst gewesen.

Zum Ersatz der MAW-Fahrzeuge liefen erste Überlegungen darauf hinaus, ein neues, größeres MAW-Schiff in Stahlbauweise zu entwickeln, das in der Studienphase die Projekt-Nr. »189« erhielt. Schon frühzeitig wurde jedoch eingeschätzt, daß sich dieses Fahrzeug als zu aufwendig erwies und seine gleichzeitige Nutzung als Grenzsicherungsschiff nicht vertretbar war. Aus diesen Erkenntnissen heraus wurden nunmehr zwei getrennte Entwicklungen eingeleitet, die einerseits ein kostengünstiges Grenzfahrzeug ermöglichen sollten und andererseits den gestiegenen Anforderungen an eine moderne Minenabwehr beziehungsweise Minenjagd gerecht wurden.

Zur Realisierung der zuerst genannten Forderung arbeitete die Peene-Werft Wolgast auf der Grundlage einer Aufgabenstellung vom 12. Mai 1980 eine Studie nebst Generalplänen für ein »Grenzsicherungsboot Küste« des Projekts »410« aus. Die bereits vorabgestimmten Daten sahen ein konventionelles Verdrängungsboot mit L/B/T von 42,4/7,0/2,0 Metern und ein Normaldeplacement von 246 Tonnen vor. Der Schiffskörper sollte aus Stahl und die Aufbauten aus Leichtmetall gefertigt werden. Als Antriebsanlage waren drei Dieselmotoren 12KVD21 aus der DDR-Produktion vorgesehen. Als Standardbewaffnung war auf dem Vorschiff der Aufbau einer 23-mm-Zwillingswaffe ZU-23 sowjetischen Ursprungs geplant. Auf Forderung des Auftraggebers hin war jedoch eine Nachrüstung für den Mobilmachungsfall konstruktiv vorgesehen. Diese umfaßte dann eine zweite ZU-23-Flak auf dem Brükkendeck, eine Vierfach-Startanlage FASTA 4 (»Fliegerfaust«) für Nahbereichsraketen 9K32M sowie zwei Minenschienen an Oberdeck, auf dem zugleich Wasserbomben hätten gezurrt werden können. Damit war als Nebenaufgabe der Einsatz zum Minenlegen beziehungsweise zur U-Bootabwehr möglich. Eine Besonderheit bildete die im Heck eingelassene Slipwanne, in der ein unsinkbares GUP-Beiboot mit einer Länge von 6,8 m abgerollt und wieder aufgeslipt werden konnte. Zur Ausrüstung für den »Grenzdienst« gehörten auch Hochleistungsscheinwerfer, eine Beschallungsanlage und eine »Arrestzelle«. Der Vorleistungsaufwand für alle weiteren Entwicklungsstufen war mit 15,7 Mill. Mark avisiert und der Preis je Boot (auf Preisniveau 1980) sollte 15,1 Mill. Mark betragen. Der Bau war ursprünglich auf der Volkswerft in Stralsund geplant, wurde dann aber auf der Peene-Werft Wolgast vorgesehen. Nach weiteren Voruntersuchungen – einige Ausrüstungsfragen wie beispielsweise Getriebe waren ungeklärt – wurde die Entwicklung jedoch abgebrochen. Da die Außerdienststellung der als Grenzfahrzeuge genutzten MSR »89.100« abzusehen war, wurde ab Mitte der 80er Jahre eine neue Entwicklungsphase für ein Küstenwachboot Projekt »156« eingeleitet. Gedacht war nunmehr an ein 320-t-Boot, von dem in einer Modifikation auch zwei Aufklärungsschiffe »156(A)« gebaut werden sollten. Der Bau von zehn Küstenwachbooten war ab November 1988 in die Schiffbauplanung für 1991 bis 1995 eingeordnet und ein Finanzbedarf

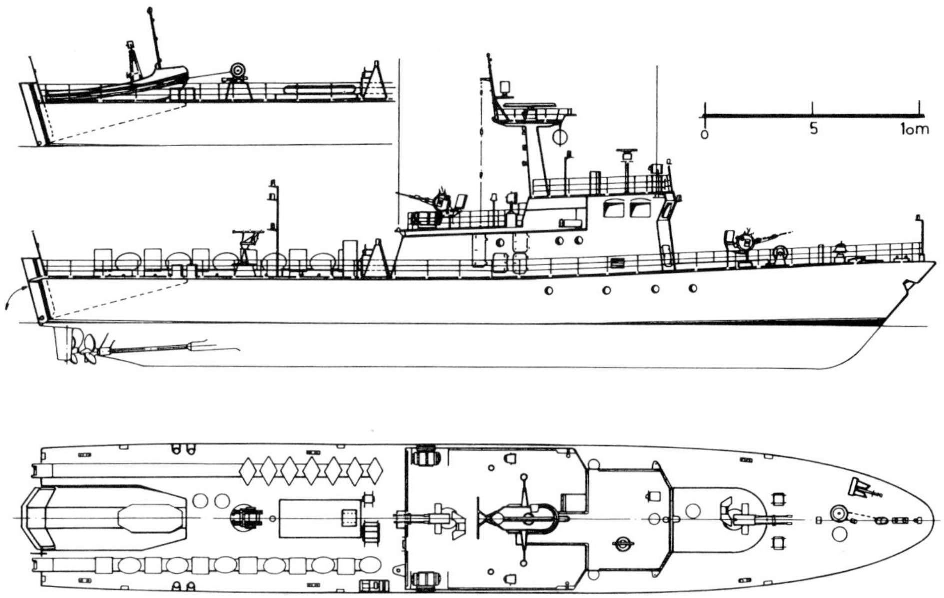

Projektskizze des »Grenzsicherungsboots Küste« (Projekt »410«).

mit einer Summe von 200 Mill. Mark angefordert worden.

Zur Ablösung der MAW-Schiffe »89.200« wurde eine im Vergleich zum bisherigen Stahl- und Leichtmetallschiffbau aufwendige Entwicklung eingeleitet. Nach Untersuchung mehrerer Alternativlösungen entschied man sich für ein kleines Reede-MAW-Boot, das in schwachmagnetischer Bauweise aus GUP-Werkstoffen gebaut werden sollte.

Das Vorprojekt »415«, Stand September 1988, sah ein Fahrzeug mit einer Wasserverdrängung (normal) von ca. 160 t mit den Abmessungen L/B/T von 31,7/7,5/1,68 Metern vor. Der Bootskörper sollte in Massivbauweise in Formschalen laminiert werden. Als Propulsionsanlage waren zwei Dieselmotoren 6VD 18/16 AL in schwachmagnetischer Version in Verbindung mit einem Z-Antrieb unter dem Heck geplant. Zur Positionierung in der Minenjagdvariante sollten die schwenkbaren Z-Antriebe und zwei Querstrahlanlagen (Bugstrahlruder) genutzt werden. Zum Minenräum- beziehungsweise Minenjagdeinsatz war eine Grundausrüstung mit zwei Winden und einem Hebezeug am Heck vorgesehen. Für den speziellen Einsatzfall sollten dann entweder Minenräumgeräte oder eine Minenjagdausrüstung (in Form einer containerisierten Jagdzentrale) aufgerüstet werden. Kernstück der Minenjagdvariante war ein Minenidentifizierungs- und Vernichtungsgerät (MIVG), dessen Entwicklung als Projekt »190« kurz vor dem Abschluß stand (etwa analog PAP 104 beziehungsweise PINGUIN). Ebenfalls für die Minenjagd sollte ein Schacht im Bootskörper die aus- und einfahrbare hydroakustische Ortungsanlage aufnehmen. Auch der Einsatz von Minenkampftauchern war geplant. Zur Selbstverteidigung sollte das Boot eine sechsläufige 30-mm-Kanone AK 630 (ohne Funkmeß-Waffenleitanlage) auf dem Vorschiff sowie einen Vierfach-Starter FASTA 4 für Nahbereichsabwehrraketen erhalten.

Der Bau der Bootskörper und der Aufbauten war in der Schiffswerft Rechlin vorgesehen, die über die größten Erfahrungen in der GUP-Verarbeitung verfügte. Hierfür wurden bereits größere Investitionen getätigt, die u.a. den Bau einer neuen Bootsbauhalle einschlossen. Die Endausrüstung der Fahrzeuge sollte nach einer Landüberführung in der Peene-Werft Wolgast erfolgen. In der Entwicklungsphase unterstützten auch polnische Spezialisten die Projektierungsarbeiten in Wolgast. In Fachkreisen wurde wiederholt die Frage diskutiert, warum diese für die DDR sehr aufwendige Entwicklung eingeleitet wurde, wo doch bereits zu einem früheren Zeitpunkt ein etwa analoges MAW-Boot (Projekt »207« vom Typ »Indik«, ebenfalls in GUP-Bauweise), in Polen in Serie

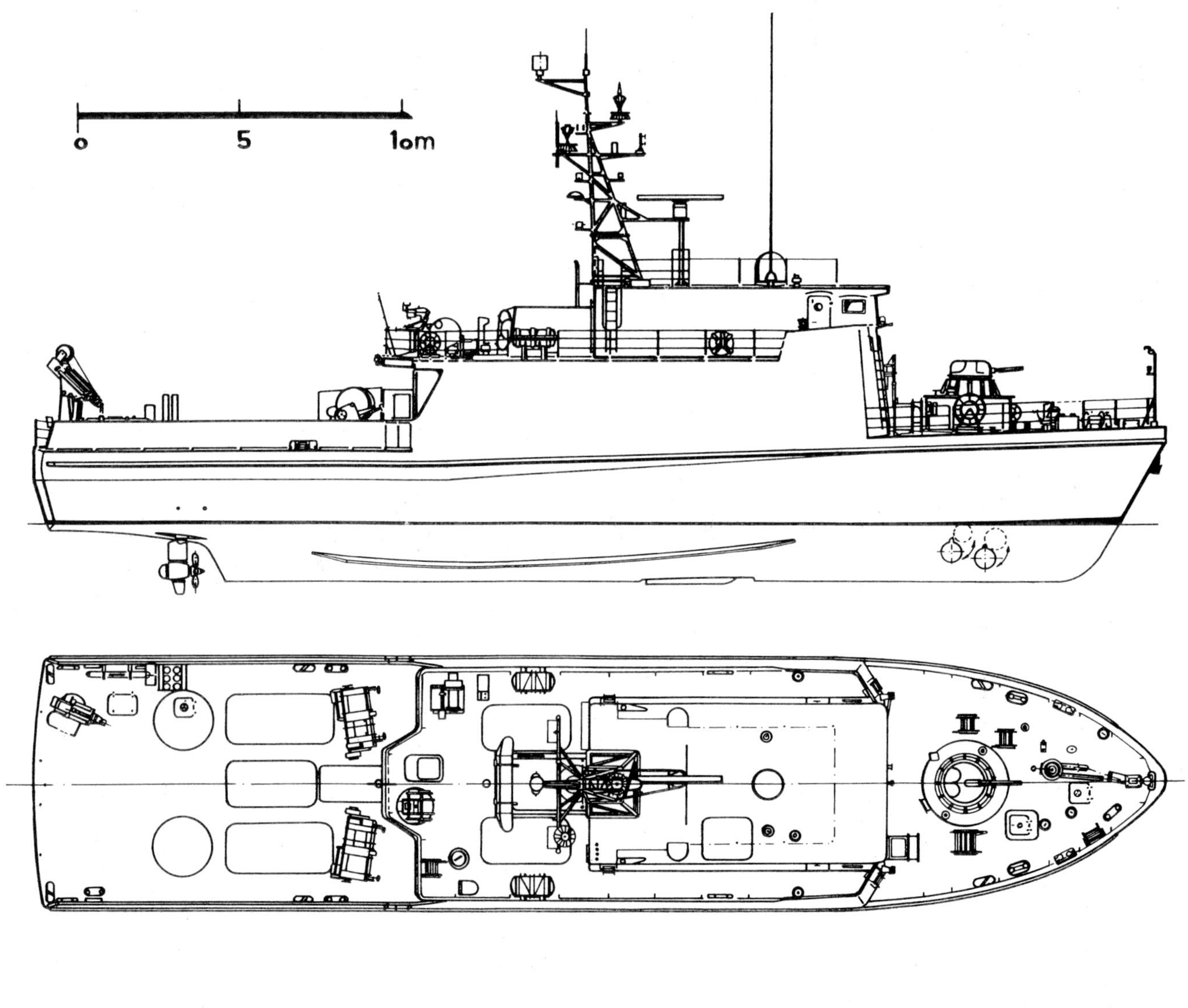

Skizze zum Vorprojekt des geplanten MAW-Bootes Projekt »415« in GUP-Bauweise.

gefertigt wurde. Immerhin wäre es denkbar gewesen, aus dieser Fertigung zumindest die Bootskörper mit einer Grundausrüstung (Maschinenanlage) zu importieren, zumal man von polnischer Seite ebenfalls ein Interesse daran hatte, die Schiffskörper des neuentwickelten kleinen Raketenschiffes »151« auf Lizenzbasis nachzubauen. Doch so weit reichten die »Waffenbrüderschaftsbeziehungen« trotz guter Direkt-

Schockerprobung mit dem MSR-Schiff »89.222« durch Unterwasserdetonationen.

Napalm-Brandversuch mit einem außer Dienst gestellten Räumboot des Projekts »Schwalbe«.

»Stapellauf« (Absenkung) des ersten Raketenschnellbootes Projekt »151« auf der Peene-Werft Wolgast (Boot »151.0«).

kontakte zur polnischen Seekriegsflotte nicht. Hier standen ökonomische Erwägungen aufgrund nicht akzeptierbarer Preisvorstellungen im Vordergrund, so daß – wie des öfteren – kostenaufwendige Parallelentwicklungen betrieben wurden. Außer einem Null-Boot war ab 1996 der Bau von 16 Booten dieses Typs mit einem Kostenaufwand von 1,176 Mrd. Mark geplant.

Im Vorwort wurde bereits darauf verwiesen, daß es nicht Aufgabe dieser Untersuchung sein soll, tiefgründig Probleme der politischen und operativen Führung der Volksmarine darzustellen. Um trotzdem einen Zusammenhang zwischen den nicht unerheblichen Aufwendungen für die Indiensthaltung beziehungsweise die ständige Modernisierung der Einheiten und Verbände der Volksmarine sowie den politischen und operativen Zielen herzustellen, muß man wenigstens episodenhaft einige ausgewählte Aspekte erwähnen.

Gemäß den öffentlich proklamierten politischen und militärischen Aufgaben der NVA wurde innerhalb der Streitkräfte durch Politorgane und SED-Strukturen die »politisch-ideologische Arbeit« mit der globalen Zielstellung organisiert, eine »klassenmäßige Erziehung und die Ausprägung eines realistischen Feindbildes verbunden mit Gefühlen des Hasses auf den imperialistischen Gegner« zu erreichen. Dabei wurde von jedem Offizier verlangt, sich in erster Linie als »politischer Erzieher« zu betätigen und jede sich bietende Gelegenheit zum »politischen Gespräch« mit den Unterstellten zu nutzen. Eine kontinuierliche Kontrolle und Einschätzung der »politischen Aktivität« jedes einzelnen »Genossen« erfolgte durch die Parteigrundorganisation und Parteigruppen der SED in den jeweiligen militärischen Strukturen. Zur theoretischen Untermauerung der politisch-ideologischen Ziele war in den Streitkräften ein System regelmäßiger politischer Schulungen für Mannschaften und Unteroffiziere und die »Gesellschaftswissenschaftliche Weiterbildung« (GWW) für Offiziere in den Dienstplänen verankert. Darüber hinaus waren in einschlägigen Dienstvorschriften diverse Regeln, Verhaltensweisen und Verbote zur »Bekämpfung einer ideologischen Diversion des Gegners« festgelegt. Es würde zu weit führen, hier auf interne Ansichten vieler VM-Angehöriger über das »Kontaktverbot jeglicher Art mit Personen auch über Dritte aus nichtsozialistischen Staaten einschließlich Berlin (West)« oder über das strikte Verbot des Empfangs »kapitalistischer Rundfunk- und Fernsehsendungen« einzugehen. Diese Verbote, einschließlich des Systems der »Kontaktmeldungen«, wurde von einem nicht geringen Teil der VM-Angehörigen als ein ständiges Mißtrauen gegenüber der eigenen Persönlichkeit gewertet. Hinzu kam, daß sich mit zunehmender Lebenserfahrung oftmals bei hochqualifizierten Berufsoffizieren Zweifel an den Lehren des »Wissenschaftlichen Kommunismus« und an der »Gesetzmäßigkeit des Sieges des Sozialismus über den Kapitalismus« einstellten. Andererseits ist es eine Tatsache, daß sich bei vielen Berufssoldaten in den 60er und 70er Jahren ein gewisser DDR-Patriotismus ausprägte, der weniger auf die »führende Rolle der SED in den Streitkräften« als vielmehr auf eine persönliche Anerkennung allgemeiner Fortschritte im industriellen Aufbau, in einer gewissen Verbesserung der Lebenskultur als auch bei sozialen Leistungen zurückzuführen war. »Abgeschottet« in Armeeobjekten und Wohnsiedlungen, war eine gut ausgeprägte Dienst- und Leistungsbereitschaft vorhanden, die auch alle Elemente einer soldatischen Pflichterfüllung einschloß. Erste tiefgreifende Zweifel und Überlegungen politischer Natur stellten sich bei vielen Armeeangehörigen mit Beginn von »Glasnost« und »Perestroika« in der UdSSR ein. Vergeblich bemühten sich Politorgane, auch mit einem Untersagen von Diskussionen in den Parteiorganen »über die Vorgänge in der Sowjetunion«, diesen Einfluß abzuwenden.

Eingebettet in diesen »politischen Führungsprozeß«, oblag es den Kommandeuren als »Einzelleitern« alle politischen Grundforderungen in »Kampfkraft und Gefechtsbereitschaft« umzusetzen. Am Rande sei bemerkt, daß diese Zwitterrolle des »militärischen Einzelleiters« und der »Verantwortung gegenüber der Partei« einigen Kommandeuren, einschließlich des Dienstgrades Admiral, wiederholt Kopfzerbrechen bereitete. Abgesehen von den in jeder Armee üblichen Prozessen zur Beherrschung von Waffen und Gerät, wurden erhebliche Anstrengungen unternommen, die gesamte NVA in einer hohen Gefechtsbereitschaft zu halten. Die Parole in den 70er Jahren lautete: »Nur eine hohe Gefechtsbereitschaft und eine ständige Überlegenheit über den Gegner gewährleistet den Frieden in Europa«. Die schrittweise Umsetzung dieser Strategie fand u. a. darin ihren Ausdruck, daß zur »ständigen Gefechtsbereitschaft«, die als unterste Kategorie der Bereitschaftsstufen erklärt wurde, ein ununterbrochener 80prozentiger Einsatzklarzustand der Kampftechnik (Ausnahmen waren einige Werftlieger) und eine 80prozentige Anwesenheit in Einheiten, Truppenteilen und Verbänden aufrechterhalten werden mußte. In der Folgezeit wurde das System des »Gefechtsdienstes« eingeführt, in dem geschlossene Einheiten scharf aufmunitioniert (mit Raketen und Torpedos) zu Beginn des Gefechtsdienstes – während einer militärischen Musterung ähnlich der einer Wache – »vergattert« wurden. Der Gefechtsdienst in Friedenszeiten kam praktisch einer »Sitzbereitschaft« gleich. Weiterhin wurde der monatliche »Tag der Gefechtsbereitschaft« (»Training von Elementen der Gefechtsbereitschaft«) eingeführt, der, da in den Monatsplänen bekanntgegeben, mit seinen Alarm- und Benachrichtigungsübungen schon bald zur Routine wurde. Ebenfalls kontinuierlich wurde die »Erhöhte beziehungsweise Volle Gefechtsbereitschaft« bei Kommandostabs- beziehungsweise Flottenübungen und Manövern »durchgespielt«.

Eine »Bewährungsprobe« besonderer Art stellte der über längere Zeit ausgelöste Alarmzustand der VM-Einheiten während politischer Spannungen und Krisen dar. So beispielsweise während des Mauerbaues in Berlin, während der sogenannten »Kuba-Krise« und während des militärischen Einmarsches in die ČSSR 1968. In den Tagen und Wochen um den 13. August 1961 waren alle Einheiten in erhöhte Gefechtsbereitschaft versetzt worden und in Basierungspunkten beziehungsweise in Bereitschaftsräumen disloziert.

Aufmunitioniert und zeitweise in »10-Minuten-Bereitschaft« (vorgewärmte Motoren!), harrten z. B. die TS-Bootsbesatzungen in ihren provisorischen Stützpunkten auf die Dinge, die da kommen sollten. Eine echte Kriegsbereitschaft wollte nicht so recht aufkommen, woraufhin Kontrolloffiziere eine verstärkte Gefechtsausbildung anordneten. Außerdem war angewiesen, daß sich Schiffe der Volksmarine nicht um etwaige »Grenzdurchbruchsversuche« zu kümmern hatten, da dies Sache der Grenzeinheiten sei. Unabhängig von solchen Ausnahmesituationen, herrschte in den 60er und 70er Jahren allgemein eine hohe Kampfbereitschaft – ohne jegliche Aggressionsabsichten – vor. Aus eigener Anschauung und aufgrund langjähriger Erfahrung muß eingeschätzt werden, daß beim Ausbruch eines militärischen Konfliktes höchstwahrscheinlich deutsche Streitkräfte mit großer Härte aufeinander losgegangen wären, wie es in der Geschichte bisher nicht vorgekommen ist. Dabei sollte berücksichtigt werden, daß einem Soldaten angesichts der enorm gestiegenen Rolle des Zeitfaktors kaum Gelegenheit zu Rückfragen oder Gewissensüberprüfungen geblieben wäre. Ein Soldat, gleich welcher Armee, weiß, daß dann die Gesetze des Krieges gelten. Über den Verlauf und den katastrophalen Ausgang eines bewaffneten Konflikts kann man nur Vermutungen anstellen. Der realen Gefahr eines Weltbrandes – angesichts des vorhandenen Kernwaffenpotentials – waren sich wahrscheinlich nur wenige bewußt. Erst Jahre später faßte der Gedanke von der Ungewinnbarkeit eines Krieges in den Streitkräften Fuß. Es ist zweifelsohne auch ein Verdienst sowjetischer Realpolitiker, Signale zur militärischen Entspannung gesetzt zu haben.

Allgemeine Struktur der Volksmarine
- Stand Ende der 80er Jahre -

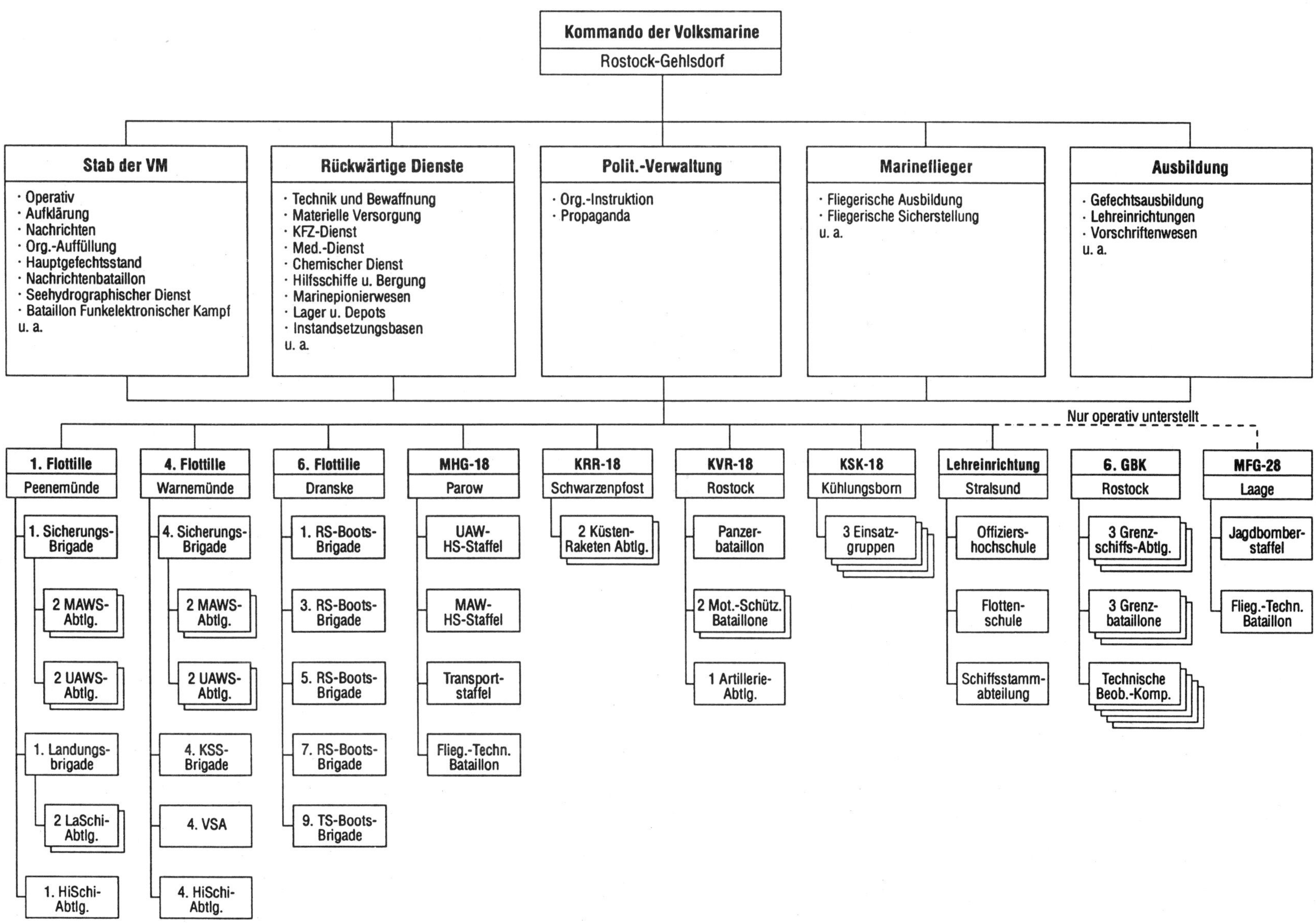

Das Strukturschema zeigt in gedrängter Form den allgemeinen organisatorischen Aufbau der Volksmarine Ende der 80er Jahre. Besonders zu den Rückwärtigen Diensten wären noch eine Reihe weiterer Einheiten und Einrichtungen zur Sicherstellung zu nennen, die jedoch der Übersichtlichkeit halber nicht mehr aufgenommen wurden.

Zur Schlußphase der Entwicklung von Schiffs- und Waffentechnik für die Volksmarine gehörte das Kleine Raketenschiff (KRS) Projekt »151«, dessen Bau auch mit Erwartungen für Exportlieferungen an die UdSSR verknüpft war. Gespräche auf Regierungsebene hatten zum Inhalt, daß von diesem Projekt bis 1995 sechs bis acht Schiffe für die Sowjetflotte geliefert werden sollten. Nach Serienanlauf für die Volksmarine wollte man 1990 ursprünglich zwei Versuchsfahrzeuge zur Truppenerprobung an die UdSSR abgeben. Zur Vertragsunterzeichnung kam es jedoch nicht mehr. Von sowjetischer Seite bestand der Wunsch, u. a. das damalige Kombinat Carl Zeiss Jena direkt in die Raketenentwicklung für dieses Projekt mit einzubeziehen. Gedacht war an eine Fertigung der Zielsuchanlagen in der DDR. Dieses Anliegen wurde jedoch schon frühzeitig für unerfüllbar erklärt. Bei der Entwicklung des neuen Vierfach-Starters für Seezielraketen nach dem Projekt »1520« war außer der Bestückung der KRS ebenfalls eine Lieferung von mindestens 150 Startanlagen an die UdSSR vorgesehen. Auch eine Variante für den Hubschraubereinsatz war geplant. Aber diese Aktivitäten wurden bereits 1988 verzögert und verliefen schließlich mit erheblichen Entwicklungskosten im Sande. Ab 1989 überrollten die innenpolitischen Ereignisse alle weiteren Planungen, die bereits 1988 aus ökonomischen Erwägungen angezweifelt und zum Teil storniert worden waren.

Damit endete die 40jährige Entwicklungsgeschichte der »anderen deutschen Marine«. In dem Glauben, einen – wenn auch bescheidenen – Beitrag zur Erhaltung des Friedens in Europa zu leisten, war sie zugleich ein Machtinstrument zur militärischen Absicherung des »Aufbaus des Sozialismus« nach den Vorstellungen der Partei- und Staatsführung der DDR. Möge diese kleine Flotte in die Geschichte der Deutschen Marine als eine Streitkraft eingehen, die aufgrund äußerer Zwänge zwar unter einer falschen Flagge segelte, aber sich nie zu verbrecherischen Handlungen mißbrauchen ließ.

Im folgenden Typenteil werden alle ab 1950 gebauten Serien-, Einzel- beziehungsweise Versuchsfahrzeuge, einschließlich des Bestandes der Marinefliegerkräfte, vorgestellt. Bei kleinen Grenzbooten beziehungsweise bei Barkassen und Schleppbooten erfolgt nur eine zusammenfassende Darstellung.

Schiffs-/ Bootstypen

Wachfahrzeuge
Minenleger/Minensucher
U-Bootjäger
Schnellboote
Flugkörper-Schnellboote
Fregatten
Landungsfahrzeuge
Schwimmende Stützpunkte
Versorger
Tanker
Schlepper und Bergungsfahrzeuge
Aufklärungs- und
Erprobungsschiffe
Schulschiffe
Taucherfahrzeuge
Torpedofangboote
Feuerlöschboote
Versuchsfahrzeuge
Verkehrsboote
Yachten
Schwimmende Mittel
Marinefliegerkräfte

Küstenschützboot Projekt »26- und 27,8-m-Seekutter«

Wachfahrzeuge

Der Entwurf und das Gesamtprojekt dieser als »Seekutter« bezeichneten ersten Neubaufahrzeuge wurden 1948 vom technisch-wissenschaftlichen Büro der SMAD in Berlin-Köpenick erarbeitet. Mit dem Befehl Nr. 086 des Chefs der SMAD vom 1. März 1949 wurde der Vorsitzende der Deutschen Wirtschaftskommission (DWK) angewiesen, »den Bau von 20 Seekuttern zu organisieren und sicherzustellen, der nach den technischen Entwürfen der WTO (Wissenschaftlich Technischen Organisation) der Schiffbau-Industrie ausgearbeitet wird und dessen Fertigstellung bis 1. Mai 1949 befristet ist«. Weiter war festgelegt, daß der Bau der Seekutter 1949 zu beginnen habe und zwar so, »daß die ersten beiden Kutter im Dezember 1949 geliefert werden« können. Der Bau der übrigen 18 Kutter sollte im Jahre 1950 erfolgen.

Der Bau dieser Fahrzeuge wurde der Yachtwerft in Berlin übertragen. Im genannten Befehl war dann festgelegt, daß »zur Herstellung der Werkzeichnungen (Konstruktionen) in der den Bau der Kutter ausführenden Werft ein Konstruktionsbüro aus dem Kreis der Spezialisten zu organisieren ist, die im WTO arbeiten und den technischen Entwurf ausführten«. Eine Reihe von Verzögerungen führte jedoch dazu, daß der Bau der ersten Fahrzeuge erst 1949 begonnen werden konnte. U. a. war vorgesehen, als Antriebsmaschinen ehemalige Junkers-Flugzeugmotoren »Jumo 205D« zu nutzen, die jedoch erst nach einer Suchaktion im Reichsbahn-Ausbesserungswerk Rostock gefunden werden konnten, von wo aus bei Kriegsende eine Verschiffung über Saßnitz vorgesehen war. Zu diesen Motoren mußte jedoch kurzfristig noch ein Bootswendegetriebe entwickelt und gebaut werden.

Vom Projekt her waren diese Fahrzeuge kleine Backdeckboote mit einer Konstruktionsverdrängung von rund 78 t. Der Bootskörper bestand aus Schiffbaustahl mit Schweiß- und Nietverbindungen und war durch acht Schotte in neun wasserdichte Abteilungen unterteilt. Der größte Teil des Rumpfes war bis Spant 45 auf Rundspanten gebaut, während das Vorschiff mit Knickspanten und scharfem Bug ausgelegt war. Der Balkenkiel verlief parallel zur KWL und war nach achtern bis Spant 2 als Außenkiel weitergeführt. Die Boote hatten drei Halbbalanceruder mit mechanischer Seilzugübertragung. Vor dem Ruder waren drei Propellerwellen mit den aufgezogenen Bronzepropellern, Durchmesser 800 mm, in Wellenböcken gelagert. Der Brückenaufbau bestand aus einem erhöhten, oben offenen Fahrstand mit einem vorgebauten Deckshaus, welches den Karten- sowie den Funkraum beherbergte und den Niedergang zu den Offizierskammern

Modernisiertes KS-Boot als U-Bootjäger im Seekanal von Warnemünde.

schützte. Vom Fahrstand nach achtern war ein flacher Aufbau aufgesetzt, der bei den Booten der ersten Bauausführung (Bau-Nr. 1/50 bis 6/50) bis kurz vor das Spiegelheck reichte. Mit den Junkers-Motoren wurde eine Dreiwellenanlage mit Untersetzungsgetriebe und Festpropeller ausgeführt. Die bekannten Zweitakt-Gegenkolbenmotoren mit direkter Einspritzung liefen bei Vollast mit 2200 U/min, womit eine Leistung von rund 400 kW je Motor bereitgestellt werden konnte. Angelassen wurden die Motoren mit einem 24-V-Fliehkraftanlasser, wobei zur Starthilfe in der kalten Jahreszeit mit Hilfe einer Handpumpe »Zündöl« in die Zylinder gedrückt wurde. Die Abgasaustritte waren bei diesen Booten noch seitlich an den Bordwänden angesetzt, was den Booten durch das Verrußen der Bordwände den Beinamen »Schwarze KS« einbrachte. Zur Elektroenergieversorgung des 24-V-Bordnetzes dienten zwei Hilfsdiesel des Typs 2 HK 65 mit angeflanschten 7-kW-Gleichstrom-Nebenschlußgeneratoren. Der Steuerbord-Hilfsdiesel trieb über eine ausrückbare Kupplung gleichzeitig die Lenzpumpe an. Später ausgerüstete Maschinenanlagen erhielten als Hilfsdiesel den Zweizylinder-Viertaktmotor NVD14 (DM-20) vom VEB Motorenwerk Schönebeck/Elbe.

Die funktechnische Ausrüstung bestand aus einem 100-W-Sender KS III, einem Allwellenempfänger (AWE) und der SEQ-Station sowie aus der UKW-Station und dem Richtfunkpeiler. Als Rettungsmittel dienten drei Metallrettungsflöße sowie Rettungsringe und Schwimmwesten.

Das erste fertiggestellte KS-Boot – es erhielt den Namen FREUNDSCHAFT – wurde gemäß Befehl 42/50 vom 1. August 1950 von Berlin aus über den Binnenwasserweg nach Wolgast überführt. Hier erfolgten die weitere Vervollständigung der Ausrüstung sowie eine Reihe von See-Erprobungen. Nach dem Eintreffen weiterer Boote begann ab 10. Juni 1951 (Befehl 89/51 beziehungsweise 114/51) die Bestückung mit leichten Maschinenkanonen durch die Wirtschaftsabteilung Wolgast. Alle Boote der ersten Bauausführung erhielten jeweils ein 20-mm-Zwillingsgeschütz »Flak 38« auf dem Vorschiff und eine 20-mm-Waffe als Einzelgeschütz auf dem Maschinenraumaufbau (sowjetische Beutebestände). Die derart vervollständigten Boote wurden nacheinander in die gebildete R- und KS-Division eingegliedert.

Anhand der Erprobungsergebnisse mit den Booten der ersten Bauausführung nahm man eine Überarbeitung des Projekts vor. Der Bootskörper wurde um rund zwei Meter verlängert, die Aufbauten verändert, u.a. wurde der flache Aufbau nur bis zum Ende des Maschinenraumes ausgeführt, so daß die achtere Waffe bei diesen Booten direkt auf dem Oberdeck stand. Als Antriebsmotoren kamen ebenfalls drei »Jumo 205D« zum Einsatz, jedoch wurde die Maschinenraumeinrichtung verändert. Diese Boote hatten ein zentrales Fahrpult, ein Novum für die damalige Zeit, und die Abgasleitungen wurden durch das Boot geführt mit Austritt im Spiegel. Von den nunmehr als »27,8-Meter-Seekutter« bezeichneten Booten wurden insgesamt 20 Fahrzeuge gebaut. Sechs davon entstanden vom Juli 1951 bis April 1952 in der Peene-Werft Wolgast (Bau-Nr. 13–18), während die anderen 14 Boote wiederum vom VEB Yachtwerft Berlin geliefert wurden. Die ersten Boote dieser zweiten Bauausführung wurden ebenfalls noch mit 20-mm-Waffen »Flak 38« ausgerüstet. Der größte Teil der Serie trug zwei 20-mm-Einzelwaffen des Typs »Oerlikon«. Auch diese Waffen, ebenfalls Rückstoßlader, aber mit 60-Schuß-Trommelmagazin, wurden von der Sowjetunion zur Verfügung gestellt. Auf diesen Geschütztyp wurden später die meisten KS-Boote umgerüstet.

Zur Familie der KS-Boote gehörte auch ein Einzelboot, das 1951 nach einem etwas modifizierten Projekt des »26-Meter-Seekutters« im VEB Peene-Werft Wolgast fertiggestellt wurde. Dieses Boot sollte ursprünglich auf der Schiffswerft »Edgar André« in Rothensee gebaut werden. Der Bau wurde jedoch abgebrochen und der Bootskörper zur Weiterbearbeitung in

KS-Boot 135 der 2. Bauausführung vor Saßnitz, 1952.

Modernisiertes KS-Boot als Grenzsicherungsboot.

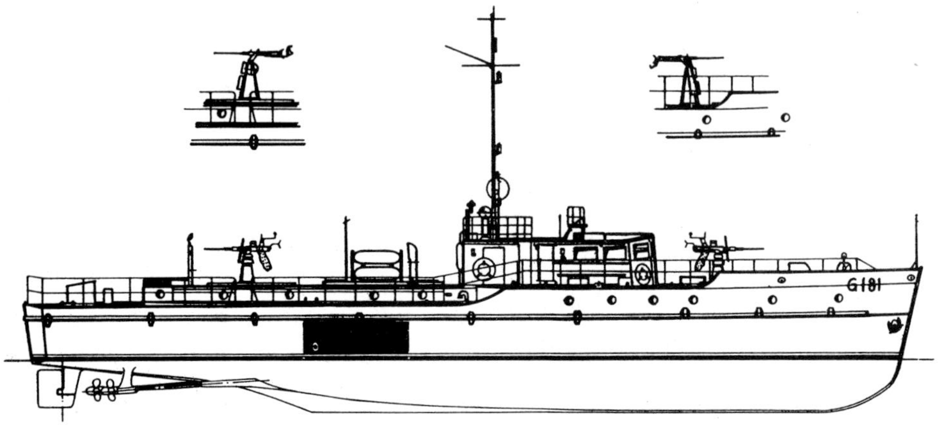

KS-Boot »26-m-Seekutter« mit 2 × 20-mm-Oerlikon.

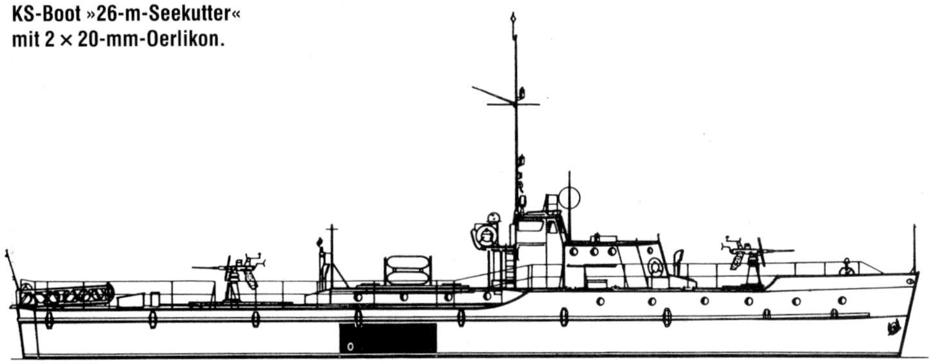

KS-Boot »27,8-m-Seekutter«, umgerüstet als U-Bootjäger.

die Peene-Werft überführt. Als Antriebsanlage sind nur zwei umsteuerbare Viertakt-Dieselmotoren vom Typ 6NVD24 mit je 73 kW Leistung eingebaut worden. Die wesentlich geringere Geschwindigkeit brachte diesem Boot bald den Beinamen »KS-langsam« ein. Nach seiner Nutzung in der Schulbootsabteilung wurde das Fahrzeug 1956 umgebaut und anschließend der GST als Schulboot übergeben. Dort diente es bis zu seiner Außerdienststellung unter dem Namen PATRIOT an der Marineschule in Greifswald.

Mit dem Befehl Nr. 148/52 vom 9. Juni 1952 wurden acht KS-Boote, einschließlich Stab und Besatzung, an die ehemalige Deutsche Grenzpolizei übergeben. Im Verlaufe ihres Einsatzes in den Grenzbootsabteilungen wurden diese und weitere Boote nacheinander umgebaut und modernisiert. An Stelle der »Flak 38« erhielten einige Fahrzeuge zwei sowjetische 12,7-mm-Fla-MG vom Typ DschK-2UK (Zwilling). Auf allen Grenzbooten wurden nacheinander die Brücke und der Deckshausvorbau umgebaut. Die daraufhin geschlossene Brücke trug einen leichten Gittermast, der das Antennensystem einer nachgerüsteten sowjetischen Funkmeßstation »Sarnitza« aufnahm.

Ab 1955 wurde begonnen, die bei der VP-See verbliebenen KS-Boote zu U-Bootjägern umzurüsten. Dazu bekamen alle Boote nacheinander im Vorschiff eine hydroakustische Ortungsstation »Tamir 10« aus sowjetischer Produktion eingebaut. Bei den ersten Anlagen mußte der sogenannte Suchkopf von der Besatzung mit Hilfe eines Standers durch kraft- und zeitaufwendige Arbeit in See an- und abgebaut werden. Die später umgerüsteten Boote erhielten einen fest am Schiffsrumpf befestigten Suchkopf. Zur U-Bootsbekämpfung wurden auf dem Achterdeck zwei Ablaufgerüste für je sechs Wasserbomben aufgebaut. Nach vollständiger Umrüstung wurden diese Fahrzeuge den neugeschaffenen U-Jagd-Abteilungen zugeführt. Die notwendigen Kenntnisse und Erfahrungen in der U-Jagd-Taktik und in der Beherrschung der Ortungs- und Bekämpfungsmittel wurden den Kommandanten und Hydroakustikern durch Spezialisten der Baltischen Flotte der UdSSR vermittelt.

Anfang der 60er Jahre wurden einige der noch nicht zur Außerdienststellung vorgesehenen Boote auf eine andere Antriebsanlage umgerüstet. Anstelle der Junkers-Motoren – ihre Instandhaltung konnte nicht mehr gewährleistet werden – wurden nur zwei Viertakt-Dieselmotoren vom Typ 6NVD26A, auf die Außenwellen wirkend, eingebaut. Dadurch fiel zwar die Geschwindigkeit erheblich ab, sie genügte aber noch den Anforderungen. Die Aufgaben der U-Bootjäger hatten zwischenzeitlich die aus der UdSSR gelieferte Schiffe des Projekts »201M« übernommen. Einige Boote wurden nochmals instandgesetzt, geringfügig modifiziert und ohne Bewaffnung der GST zur weiteren Verwendung als Schulboote übergeben (Neue Namen: PARTISAN, ERNST SCHNELLER, PIONIER u.a.). Alle weiteren KS-Boote stellte man ab 1962 nacheinander zum Abbruch außer Dienst.

Reedeschutzboote Projekt »Delphin« und »Tümmler«

Die Projektierung und Konstruktion dieser beiden Serien von Reedeschutzbooten wurde eigenständig vom Konstruktionsbüro der Yachtwerft Berlin ausgeführt. Als Konstruktionsvorbild diente eine »Staatsyacht«, die kurz zuvor unter dem Namen ALBIN KÖBIS für Berlin in Dienst gestellt worden war. Diese vom Grundprojekt her fast identischen Fahrzeuge waren vorrangig zur Ausübung eines Reedewachdienstes beziehungsweise zum Einsatz als Schulboote vorgesehen.

Beide Bootstypen wurden als Backdecker mit relativ langem Vorschiff auf Rundspanten gebaut. Die Außenhautverbindungen wurden zum Teil noch genietet, einige Nähte bereits geschweißt. Der Balkenkiel lief über ⅔ der Schiffslänge parallel zur KWL und bot für die höher angeordneten Propeller Schutz bei möglichen Grundberührungen. Die Schiffskörper waren durch fünf Querschotte in sechs wasserdichte Abteilungen unterteilt. Die Aufbauten wurden aus Leichtmetall mit Nietverbindungen hergestellt. Beide Bootstypen hatten folgende Raumaufteilungen:

Abteilung I	Achterpiek mit Rudergeschirr, Abgasschalldämpfer und Trinkwasserbehälter;
Abteilung II	Kombüse, Messe und Waschraum;
Abteilung III	Maschinenraum mit Antriebsmotoren, Hilfsdiesel, E-Schalttafel, Fahrpulten;

Abteilung IV	Kommandanten- und Unteroffizierskammern;
Abteilung V	Mannschaftsdeck;
Abteilung VI	Vorpiek mit Ankerkette (60 m).

Die beiden Kraftstoffbehälter mit je 1000 Liter Inhalt waren als feste Bunker zwischen Spant 31 und 34 vorgesehen. Als Antriebsanlage wurden bei allen zwölf Booten des Typs »Delphin« sowie bei einigen Booten der ersten Serie »Tümmler I« nichtumsteuerbare ehemalige Flugzeugdieselmotoren vom Typ »Jumo 205 C« als Zweiwellenanlage mit Getriebe eingebaut.

Die Boote der zweiten Serie »Tümmler II« waren dagegen mit zwei IFA-Horch-Dieselmotoren vom Typ EM-6–20 als Hauptmotoren ausgerüstet. Als Hilfsdieselaggregat fungierte ein 1-Zylinder-Junkers-Diesel vom Typ 1 HK-65, der mit einem 7-kW-Gleichstromgenerator gekuppelt war. Beide Bootstypen unterschieden sich hauptsächlich in der Gestaltung der Aufbauten und in der Bewaffnung. Während die »Delphine« einen oben offenen, flachen Brückenaufbau hatten, war bei den »Tümmlern« ein höhergesetzter, oben geschlossener Brückenfahrstand aufgebaut. Über den Maschinenräumen war bei beiden Typen ein halbhoher Aufbau vorgesehen, auf dem Lüfter, Schlauchboote und Bootshaken angeordnet waren. Bei den Booten des Typs »Delphin« bestand die Bewaffnung aus einem sowjetischen überschweren 12,7-mm-Fla-MG DschK in Einzellafette auf dem Vorschiff. Die Boote des Typs »Tümmler« waren dagegen mit vier 12,7-mm-Fla-MG in je zwei Doppellafetten auf dem Vor- und dem Achterschiff ausgerüstet.

Zur Nachrichtenverbindung diente eine 15-W-Sende- und Empfangsstation SEG vom VEB Funkwerk Dabendorf.

Alle vorgefertigten Fahrzeuge wurden nacheinander auf dem Binnenwasserweg an die Küste überführt. Hier erfolgte die Endausrüstung und die Bewaffnung der Boote. Die ersten drei »Delphine« wurden am 16. November 1953 mit den Bordnummern 411 bis 413 in Dienst gestellt. Nach dem gleichen technologischen Ablauf erfolgte auch die Zuführung der Boote »Tümmler I« und »Tümmler II«. Das letzte Boot »Tümmler 12« wurde am 15. November 1956 an die nunmehrigen Seestreitkräfte übergeben.

Bereits Mitte des Jahres 1956 wurde mit einigen Booten des Typs »Delphin« eine Schulbootsabteilung formiert, welche zur praktischen Seeausbildung von Offiziersschülern eingesetzt wurde. Nach Bildung der Grenzbrigade-Küste im Jahre 1957 wurden alle zwölf »Delphine« zum Grenzdienst übernommen. Anfang der 60er Jahre erfolgte dann eine Modernisierung dieser Fahrzeuge. U. a. wurde auch eine neue Antriebsanlage mit zwei Viertaktdieselmotoren des Typs 6 NVD 26 A vom Dieselmotorenwerk Rostock eingebaut. An Stelle des alten Pfahlmastes wurde ein leichter Dreibeinmast montiert. Bis zum Jahresende 1962 gingen auch alle zwölf »Tümmler« an die Grenzbrigade über.

Im Grenzdienst aufgebraucht, stellte man alle »Delphine« ab 1964 außer Dienst. Ein Boot erhielt die GST als Schulfahrzeug. Von den »Tümmlern« wurden einige Boote nach dem Ausscheiden aus der Grenzbrigade noch kurze Zeit von den Hafenkommandos als Verkehrsboote genutzt. Die letzten »Tümmler« mit Bau-Nr. 4, 10 und 11 wurden am 30. Oktober 1965 außer Dienst gestellt und anschließend abgebrochen.

Reedeschutzboot »Delphin« als Grenzsicherungsfahrzeug, 1963.

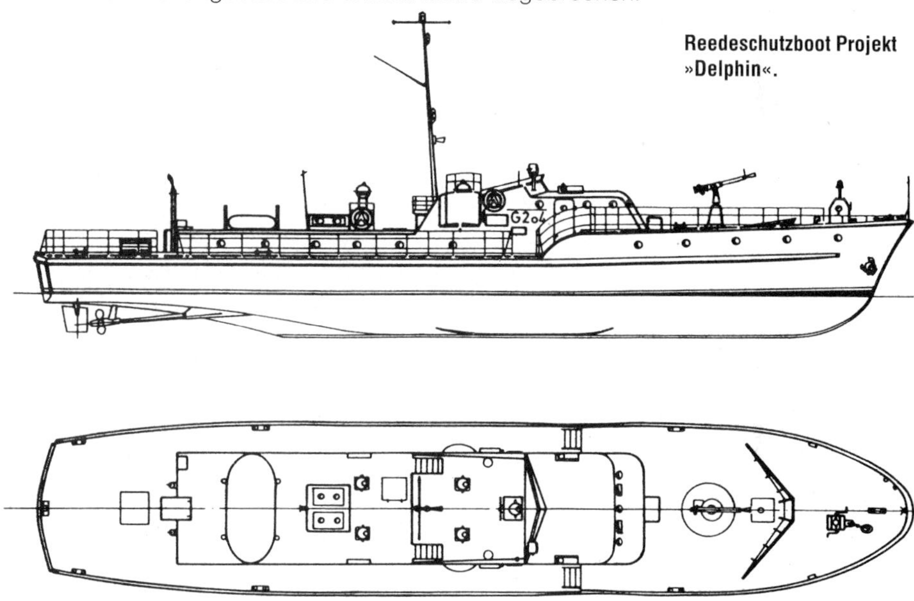

Reedeschutzboot Projekt »Delphin«.

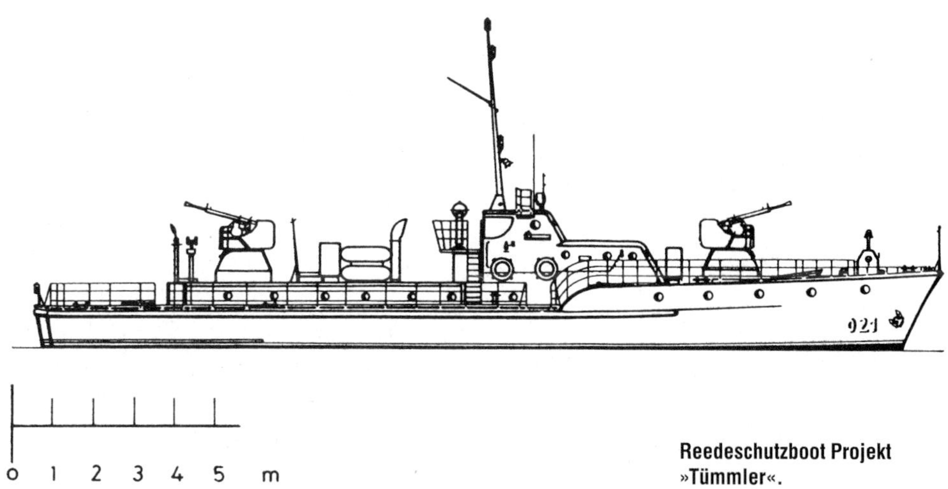

Reedeschutzboot Projekt »Tümmler«.

Grenzboote und Kutter

Wie bereits erwähnt, wurden in der Grenzbrigade-Küste überwiegend verschiedene Typen von Schiffen und Booten aus dem Bestand der Seestreitkräfte verwendet, die nach Übergabe durch neue Projekte ersetzt wurden. Bei den übergebenen Minensuchfahrzeugen und U-Bootjägern wurde jedoch die ursprüngliche Hauptfunktion – trotz des Einsatzes als Grenzfahrzeug – für den Mobilmachungsfall erhalten. Die Weiternutzung solcher Fahrzeuge im Grenzdienst wird deshalb in den Typbeschreibungen mit ihrer ursprünglichen Verwendung genannt.

Der Vollständigkeit halber seien hier einige Fahrzeuge aufgeführt, die den Grenzeinheiten z. T. als Neubauten beziehungsweise als enteignete oder beschlagnahmte ehemalige Fischkutter zur Nutzung zugeführt wurden.

Dazu zählten neben kleineren Motorbooten auch 14 sogenannte »Streckenboote« (S-Boote), die 1950/51 von der Yachtwerft Berlin gebaut worden waren. Dabei handelte es sich um flachbordige Motorboote mit vorn angeordnetem Fahrraum und hinten liegender Plicht. Als Antrieb diente ein »Maybach«-Motor mit einer Leistung von 220 kW, womit die Boote eine Geschwindigkeit von 20 sm/h erreichten. Auf dem Vorschiff konnte in einem Stegpivot ein schweres MG »Maxim« montiert werden. Von diesem Typ wurden 1951/52 nochmals 16 Boote gefertigt, welche aber auch auf Binnengewässern Verwendung fanden.

Ebenfalls zum Grenzdienst kam ein ehemaliger dänischer Fischkutter, der später als Ausbildungskutter 824 und ab 1953 als Tauchkutter 924 Verwendung fand. Dieses als »Schwan der Ostsee« bezeichnete Fahrzeug führte bei der Deutschen Grenzpolizei die Bord-Nr. G41. Ein weiterer Fischkutter, er war bereits 1905 (!) auf der »Werft Fünning« in Wolgast erbaut worden, wurde kurzzeitig als G43 erprobt. Der zuvor privat genutzte Kutter war am 2. Dezember 1949 wegen »Paßvergehens« in Wolgast beschlagnahmt worden. Da er für einen Einsatz als Grenzkutter jedoch ungeeignet war, wurde er am 21. Juni 1950 an das Wasserstraßenhauptamt Rostock übergeben. Ab 1951 dann beim neugebildeten Betrieb Schiffsbergung und Taucherei in Stralsund eingesetzt, erfolgte im Juni 1953 sein Abbruch.

Der Grenzkutter G50 war ebenfalls ein »enteignetes« Fahrzeug, das bis Juni 1950 noch als Fischkutter KARLSHAGEN 11 registriert war. Unter mehreren Bordnummern (G951, G601) war dieses Fahrzeug bis Februar 1956 bei der Deutschen Grenzpolizei in Dienst. Neubauten waren die ab 1954 von der Yachtwerft Berlin gelieferten zwei Fahrzeuge, die nach dem Projekt »Zollkreuzer« entstanden. Diese Boote hatten eine Wasserverdrängung von etwa 65 t und waren ebenfalls mit einem MG »Maxim« bewaffnet. Eins dieser Boote wurde nach seiner Außerdienststellung der GST zur Weiternutzung übergeben.

Am 27. August 1965 übernahm die Grenzbrigade-Küste sieben ehemalige »21-Meter-Kutter«, die zuvor bei der Fischfangflotte in Saßnitz im Einsatz waren. Diese auch als »Zukker-Kutter« bekannten Fahrzeuge entstammten einer früheren Lieferung von der Werft »D.W. Kremer & Sohn« deren Finanzierung 1945–1947 über Zuckerlieferungen ermöglicht worden war. Nach der Übernahme wurden diese Kutter umgebaut und modernisiert. So erhielten sie u. a. ein anderes Ruderhaus, eine neue Mastkonstruktion mit kleiner Saling zur Aufnahme einer Antenne der Funkmeßstation KSA5 sowie neue Funkgeräte. Diese Kutter bekamen jedoch keine Artilleriewaffen. Unter ihrer Baubezeichnung »SAS-Kutter« waren diese Fahrzeuge über 20 Jahre lang im Dienst. Ihre letzte Funktion war die eines schwimmenden »Kontrollpunktes«. Ab 1986 wurden sechs Kutter nacheinander außer Dienst gestellt und abgebrochen. Der Kutter »SAS206« wurde im September 1988 an die FPG-Warnemünde verkauft.

Im März 1969 wurde auf Forderung des Kommandos der Volksmarine die Entwicklung eines neuen Grenzbootes eingeleitet. Nach der Prüfung der Verwendbarkeit des für das Ministerium des Innern bereits gebauten Typs »KB-23« wurde entschieden, darauf aufbauend, ein neues Projekt zu erarbeiten. Unter der Projekt Nr. »1589« entstand solch ein als Grenzboot (GB) bezeichnetes Fahrzeug, mit dessen Bau 1971 auf der Yachtwerft Berlin begonnen wurde. Der V-Spant-Schiffskörper wurde aus Stahl in Querspantenbauweise

Streckenboot, auch S-Boot genannt. Im Hintergrund ein KS-Boot der 1. Bauausführung (»Schwarze KS«), 1952.

Ausbildungskutter 824, der frühere Grenzkutter G41 (»Schwan der Ostsee«).

Grenzkutter »SAS«, die sogenannten »Zuckerkutter«.

Grenzboot Projekt »GB-23«.

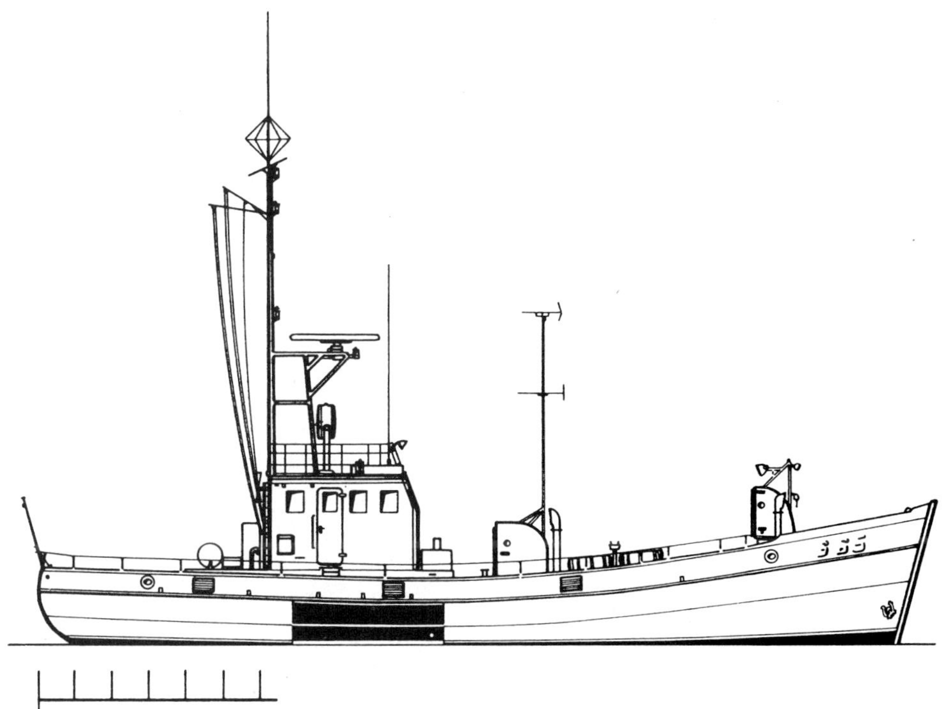

gefertigt und durch vier Schotte in fünf wasserdichte Abteilungen unterteilt. Das Deckshaus bestand aus seewasserbeständigem Aluminium in Schweißkonstruktion. Als Antriebsanlage waren zwei Viertakt-Dieselmotoren des Typs 6VD 18/15HA mit einer Leistung von je 365 kW eingebaut, womit bei Dauerleistung eine Geschwindigkeit von 16 sm/h erreicht werden konnte. Bei Auslieferung der zehn gefertigten Exemplare im Zeitraum von Februar bis Dezember 1971 verfügten die Boote noch nicht über eine Funkmeßstation. Sowohl die Ausrüstung mit der FuMe-Station TSR 222 als auch der

Grenzboot Projekt »GB-23«.

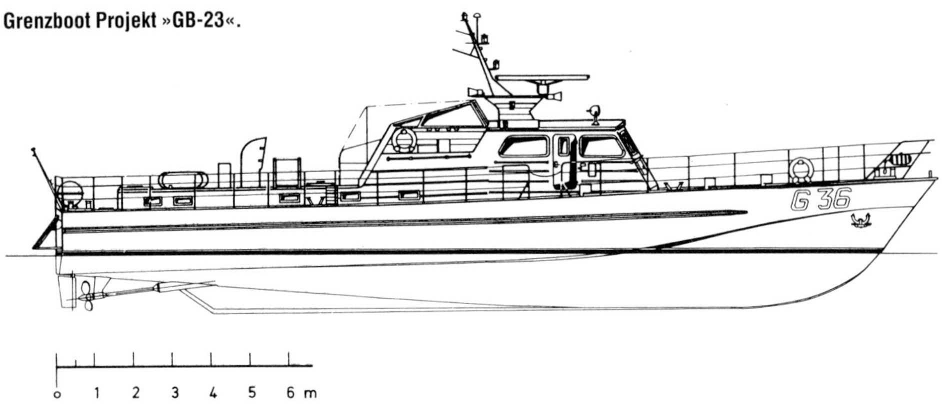

Einbau einer Funkstation R619/1 erfolgten als Nachleistungen. Die F/E-Kosten für dieses weiterentwickelte Projekt beliefen sich auf 176,8 TM, und die Kosten für den Bau der 10er Serie betrugen 12,7 Mill. Mark. Der Vollständigkeit halber sei erwähnt, daß von diesem Typ 1973 auch vier Boote (Projekt »1582«) in einer bewaffneten Tropenvariante als »TB-23« an Tansania geliefert wurden.

Die im Abschnitt »Werft- und Zulieferindustrie« erwähnten Grenzsicherungsboote der Projekte »066« und »075« gehörten nicht zum Bestand der Volksmarine, sondern wurden für die Grenztruppen der DDR geliefert. Lediglich zwei modifizierte Fahrzeuge kamen als Verkehrsboote im Hafenkommando Rostock zum Einsatz (s. Verkehrsboote).

Minenleger/Minensucher

Neben der zeitweiligen Nutzung der bereits erwähnten R-Boote wurde ab 1952 begonnen, Minenräumkräfte aus eigenen Schiffsneubauten zu entwickeln. Vom Beginn ihrer Existenz an bis zur Auflösung der Verbände der Volksmarine, stellten diese Sicherungskräfte einen Schwerpunkt in der Typenstruktur dar und erfuhren eine kontinuierliche Weiterentwicklung. Diesen Trend schrieb eine Abstimmung mit dem VOK des Warschauer Vertrages fest, das eine ständige Indiensthaltung einer relativ großen Anzahl von Minensuchbooten forderte. Während anfänglich noch eine deutliche Zweiteilung von der Größe der Fahrzeuge her sichtbar wurde (Küsten- und Hochsee-Einsatz), wurde ab 1966 mit dem Projekt »89.100« (Kondor I) eine Art Einheitsfahrzeug angestrebt, obwohl sich die 2. Bauausführung dieses Typs dann um rund fünf Meter Schiffslänge von der 1. Bauausführung unterschied. Auch die Minenräumausrüstungen erfuhren eine ständige Weiterentwicklung. Aufbauend auf dem Entwicklungsstand während des Zweiten Weltkrieges, erfolgte auch hier eine zum Teil eigenständige Entwicklung, die ihren Ausdruck sowohl in Neukonstruktionen als auch in ständigen Modernisierungen fand (s. Minenabwehrausrüstung). Eine konsequente Fortsetzung dieser Bemühungen in Richtung des taktischen Verfahrens »Minenjagd« wurde erst zu einem vergleichsweise späten Zeitpunkt eingeleitet. Bei der vorgesehenen Umstellung auf einen schwachmagnetischen Schiffbau (GUP-Konstruktion) sowie bei der Entwicklung mobiler Sonartechnik stieß man wiederholt an die Leistungsgrenze der DDR-Industrie.

Minenleger, wie sie von einigen Flotten als spezielles Projekt mit großer Minenlegekapazität entwickelt wurden, fanden keinen Eingang in die Typkräfte der Volksmarine. Allerdings war der überwiegende Teil ihrer Schiffsklassen zum Minenlegen eingerichtet, so auch alle Minensuchboote.
Im nächsten Abschnitt werden alle Minensuchfahrzeuge der Volksmarine in chronologischer Reihenfolge vorgestellt.

Räumboot Typ »R-218«

Am 29. Mai 1950 wurden durch eine Regierungskommission sechs ehemalige R-Boote der Deutschen Kriegsmarine von der Sowjetunion – im Hafen Parow bei Stralsund – übernommen. Diese Fahrzeuge waren 1944/45 auf der Werft Burmester in Lesum gebaut worden und sollten nach ihrer Indienststellung im März 1945 zur Neuaufstellung der 3. R-Flottille genutzt werden. Gemäß Beschluß des Potsdamer Abkommens über die Aufteilung der deutschen Flotte wurden diese Boote am 15. Oktober 1945 von der UdSSR übernommen.

Diese ehemaligen R-Boote waren in Komposit-Bauweise, d. h. mit Spanten aus Stahl und der Außenhaut aus Holz, als Glattdecker gefertigt worden. Der Bootskörper war durch sieben Querschotte in acht wasserdichte Abteilungen unterteilt. Zwei 6-Zylinder-MWM-Motoren vom Typ RS163SU gewährleisteten über zwei 900-mm-Propeller eine Geschwindigkeit in Freifahrt von 19 sm/h (ursprünglich 22 sm/h). Als Hilfsdiesel waren 4-Zylinder-Hanomag-Motoren vorgesehen, die aber schon bald gegen DDR-Dieselmotoren vom Typ DM-40 ausgetauscht wurden. Auf dem Achterdeck war die Räumwinde montiert, über die verschiedene Geräte zum Räumen von Ankertau- und Grundminen gefahren wurden. Die Wiederbewaffnung der Boote mit Artilleriegeschützen erfolgte gemäß Befehl Nr. 114/51 ab 10. Juni 1951 in Wolgast. Als Geschütze wurden ehemalige deutsche 20-mm-Maschinenkanonen »Flak 38« in Zwillings- und Einzellafetten sowie auch 20-mm-Oerlikon-Waffen aufgebaut. Die Boote wurden mit den zugewiesenen Bau-Nummern R1 bis R6 in die neuformierte R- und KS-Division eingegliedert. Bis 1955 führten sie die Bord-Nr. 511–516 und anschließend 811–816.

Außer »R1« mußten alle Boote schon bald einer Hauptinstandsetzung unterzogen werden. »R5« war bereits 1944 infolge eines Artillerietreffers im Ärmelkanal beschädigt und

Räumboot der »Seepolizei« vor Saßnitz.

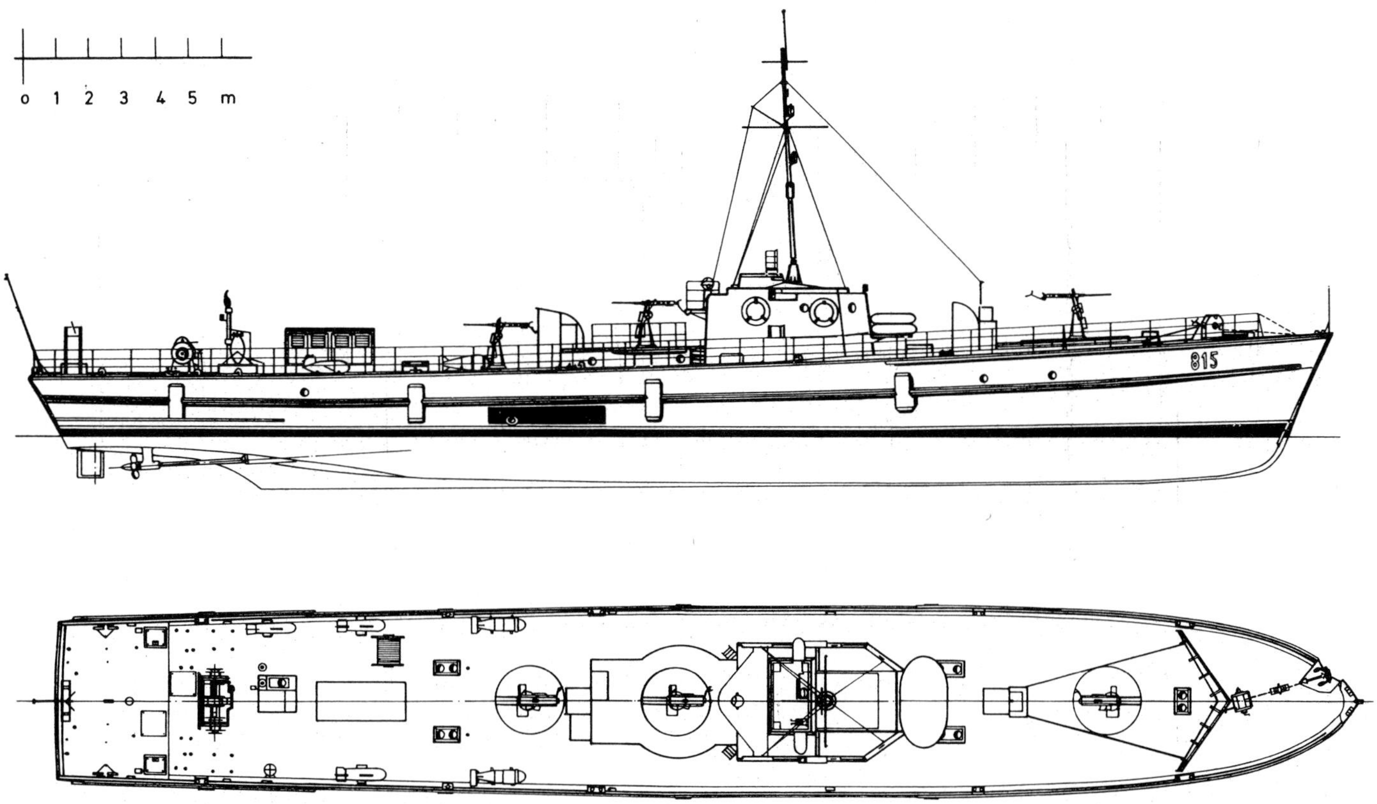

Räumboot Typ »R-218«.

nur notdürftig instandgesetzt worden. Die Boote »R2, 3, 4, 6« wurden dann in der Hanse-Werft in Wismar generalüberholt beziehungsweise instandgesetzt. Ab 1952 nahmen einige dieser Boote an ersten scharfen Räumeinsätzen teil. Das Boot »513« (»R3«) mußte 1953/54 zeitweilig außer Dienst gestellt werden, da eine Hauptmaschine ausgebaut und vermessen wurde, um Ersatzteile beziehungsweise eine neue Motorserie fertigen zu können. Zwischenzeitlich waren einige der R-Boote auch an der Flottenschule in Parow als Schulboote im Einsatz. Ab 1956 wurden diese Fahrzeuge dann nacheinander außer Dienst gestellt und zum größten Teil abgebrochen. Ein Boot wurde der GST-Marineschule in Greifswald übergeben, wo es unter dem Namen FREUNDSCHAFT noch bis 1959 als Schulboot genutzt wurde.

Räumpinasse Projekt »Schwalbe«

Mit dem Regierungsauftrag Nr. B 2/4009 vom 8. Januar 1952 wurden die Entwicklung und der Bau einer größeren Serie von kleinen Minenräumbooten eingeleitet. Den Entwurf und die Projektierung dieses als Räumpinasse (RPi) klassifizierten Fahrzeuges übernahm das Institut für Schiffbautechnik Wolgast. Die ersten sechs Boote mit Bau-Nr. 508/1 bis 508/6 wurden auf der damaligen Volkswerft »Ernst Thälmann« in Brandenburg gebaut. Die fertiggestellten Schiffskörper mit Aufbauten und eingebauten Antriebsmotoren wurden zur Weiterausrüstung an die Yachtwerft Berlin übergeben. Hier erfolgte ab 1953 eine Komplettierung der Boote und anschließend die Überführung an die Küste.

Im Ergebnis erster See-Erprobungen wurde das Projekt nochmals überarbeitet. Der Bau der zweiten Serie, ebenfalls sechs Boote mit Bau-Nr. »7/1« bis »12/6«*, begann ab 1954 im VEB Yachtwerft Berlin. Nach diesem Projekt wurden 24 Boote bis zum Jahre 1956 als 2. Bauausführung gefertigt (Bau-Nr. »7/1« bis »30/24«). Die 3. Bauausführung umfaßte die Boote »31/25« bis »48/42«, so daß bis zum Ende des Jahres 1957 insgesamt 48 »Schwalben« fertiggestellt waren. Grundsätzlich waren alle Fahrzeuge dieses Typs als kleine Backdeckboote mit langem Vorschiff ausgeführt. Der fast mittschiffs angeordnete Aufbau umfaßte den Karten- und den Funkraum sowie den hochgesetzten Fahrstand. In den einzelnen Bauausführungen gab es geringfügige Unterschiede, die vor allem die ständige Verbesserung der Stabilität dieser Fahrzeuge und ihrer Antriebsanlage betrafen. So befand sich ab Bau-Nr. »19/13« an beiden Seiten des Schiffskörpers ein Stabilitätswulst; die Boote »37/31« bis »42/36« erhielten eine zusätzliche Ballastwasserzelle, die Boote »31/25« bis »36/30« und »47/41« hingegen einen 8-Tonnen Festballast. Die stabilitätsverbessernden Maßnahmen hingen von der unterschiedlichen Ausrüstung der Boote mit Artilleriewaffen beziehungsweise Räumgeräten ab.

Alle Boote der 1. und 2. Bauausführung hatten als Hauptantriebsmaschinen zwei Dieselmotoren des Typs 6VD-224 mit je 110 kW (150 PS) Leistung. Die Boote der 3. Bauausführung erhielten dagegen den aufgeladenen Motortyp 6NVD 26 A (CSR-Lader) mit 198 kW (270 PS) Leistung eingebaut. Während einige der ersten zwölf Boote nur zu Erprobungszwecken zeitweilig bewaffnet waren, erhielten die Boote »13/7« bis »18/12« das sowjetische 12,7-mm-Zwillings-Fla-MG DschK als ständige Artilleriebewaffnung. Ab Boot »19/13« erhielten alle Fahrzeuge auf dem Vorschiff eine 25-mm-Doppellafette Typ 2-M-3.

Die Minensuch- und Räumausrüstung bestand aus einem Scheerdrachengerät-Groß (SDGG), einem Motorpinaß-Gerät (MPG) sowie einem Hohlstabfernräumungsgerät (HFG). Zum Ausbringen und Einholen der verschiedenen Räumgeräte dienten zwei am Heck aufgestellte Davits und eine Räumwinde.

In den Folgejahren erfüllten die RPi's einen erheblichen Teil der Räumaufgaben, insbesondere im Küstengebiet und auf den Zwangswegen. Nach und nach wurden einige dieser universell verwendbaren Boote auch anderen Zwecken zugeführt. So erfolgte nach Einführung sowjetischer TS-Boote des Projekts »183« der Umbau von vier »Schwalben« der 1. Bauausführung (»508/2«, 3, 5, 6) zu Torpedofangbooten. Das Boot »508/6« wurde dann später wieder zurückgerüstet und anschließend der GST als Ausbildungsfahrzeug übergeben. Sieben Boote wurden nacheinander geringfügig umgebaut und nach Übergabe an den Seehydrographischen Dienst als Vermessungs- beziehungsweise Seezeichenkontrollboot

* Die erste Zahl der Bau-Nr. bezeichnet die Gesamtfolge der RPis, die zweite Zahl die Baufolge der jeweiligen Werft.

RPi mit 25-mm-Waffe 2-M-3 am 1. Mai 1958.

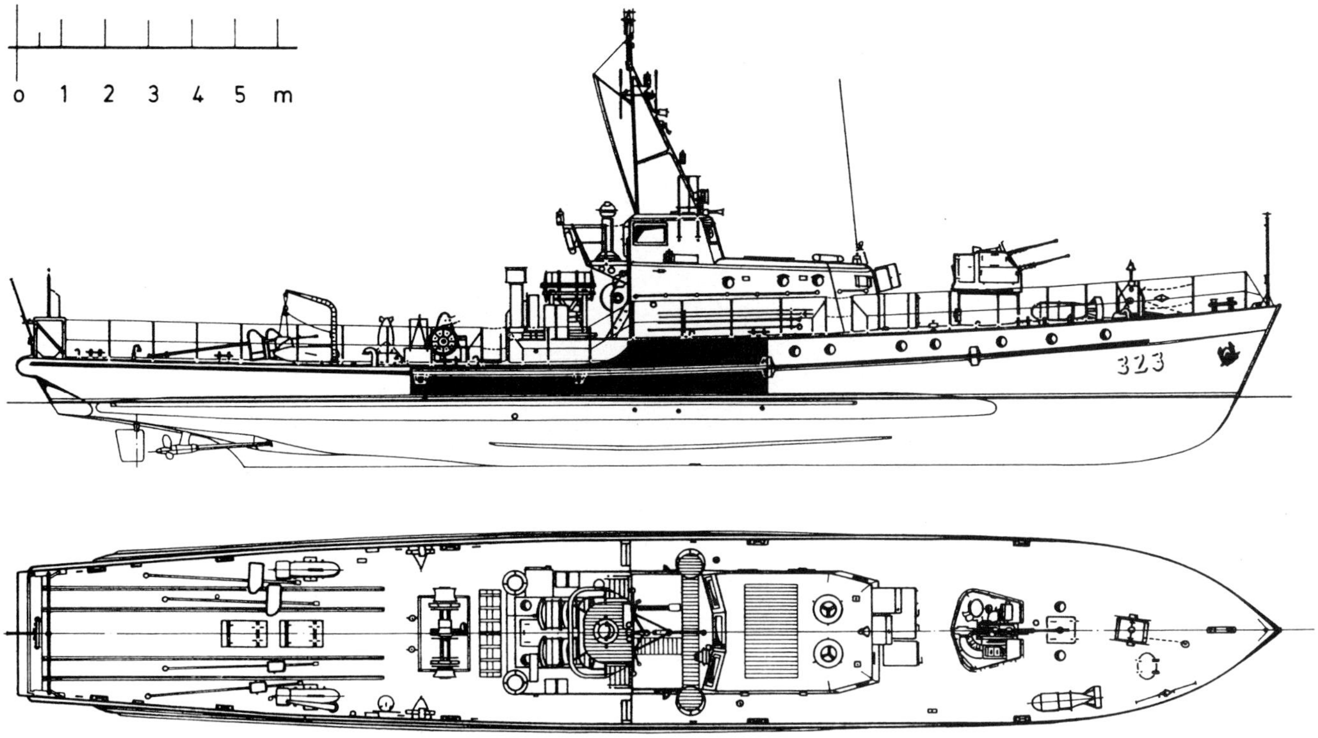

Räumpinasse Projekt »Schwalbe«.

genutzt. Das Boot mit der Bau-Nr. »44/38« (Bord-Nr. 422) sank nach einer Kollision mit dem britischen Frachter ABBORDSFJORD am 30. September 1962 vor Warnemünde, jedoch dank seemännischer Umsicht ohne Personalverluste. Nach seiner Bergung wurde das Fahrzeug außer Dienst gestellt und anschließend abgebrochen. Acht Räumpinassen wurden zeitweilig auch in der Schulbootsabteilung genutzt (Kennung »S«) und sieben weitere noch der Grenzbrigade-Küste übergeben (Kennung »G«, Bau-Nr. s. Schiffsliste). Zwei »Schwalben« wurden 1966 nach geringfügigem Umbau an Tansania verkauft (neue Namen ARAKA und SALAAM). Das Boot »12/6« wurde bis 1971 als Erprobungsfahrzeug im WTZ der Volksmarine genutzt (Bord-Nr. V72). Nach seiner Außerdienststellung wurde es in Sektionen zerlegt und zur Koberbachtalsperre bei Werdau transportiert. Dort wieder zusammengebaut, diente das Boot einige Jahre als »Jugendschiff«. Die Bau-Nr. »28/22« wurde ebenfalls im WTZ weitergenutzt, jedoch ohne Antriebsmaschinen als Wohnschiff. Einige Boote wurden dann in Peenemünde (1. Flottille) aufgeslipt und langzeitkonserviert. Eines davon diente zur jährlichen Ausbildung von Reservisten. Als letzte »Schwalbe« wurde das Wohnboot »28/22« Mitte der 80er Jahre in Rostock abgebrochen und anschließend verschrottet.

Minenleg- und -räumschiff Projekt »Habicht«

Das Ausgangsprojekt zum Bau dieser MLR-Schiffe wurde nach Erteilung des Regierungsauftrages B2/40116 vom 1. Januar 1951 von dem in der Volkswerft Stralsund arbeitenden Konstruktionsbüro unter Leitung des Oberingenieurs Schlaak erarbeitet. Ursprünglich als Projekt »MLR1000« entworfen, erhielten die Fahrzeuge nach der Projektüberarbeitung die Projekt-Nr. »2000«.

Die ersten zwei Schiffe mit Bau-Nr. »2001« und »2002« hatten Baubeginn am 10. April beziehungsweise am 29. April 1952 auf der Volkswerft Stralsund. Als 1. Bauausführung bezeichnet, unterschieden sich diese zwei Schiffe von allen folgenden Fahrzeugen in der Einrichtung der Maschinenanlage. Beide Hauptantriebsmaschinen waren hier noch nebeneinander in einer Abteilung aufgestellt, während bei allen anderen Schiffen die Hauptdiesel getrennt in je einer wasserdichten Abteilung eingebaut wurden. Von Bau-Nr. »2003« bis »2006« galten diese Schiffe als 2. Bauausführung. Bei der Erprobung dieser rund 59 m langen Schiffe kam man auf die Idee, Schiffe einer 3. Bauausführung mit größerer Länge herzustellen, um die Einsatzkriterien und darüber hinaus die Arbeitsmöglichkeiten für die Sperrgasten auf dem Achterdeck zu verbessern. So entstanden dann ab Bau-Nr. »2007« die 65,15 m langen, nunmehr auf der Peene-Werft Wolgast gefertigten Schiffe. Die Verlängerung erfolgte durch Einfügen einer zusätzlichen Sektion, wozu von der Peene-Werft eine neue Konstruktion angefertigt werden mußte. Äußerliches Kennzeichen dieser 3. Bauausführung war hauptsächlich das längere Arbeitsdeck auf dem Achterschiff. Im Schiffsinnern konnten durch die Verlängerung günstigere Bedingungen zum Aufstellen des dieselelektrischen

MLR-Schiff Projekt »Habicht«:
1. Bauausführung:
oben Baunummer »2001«,
unten Baunummer »2002« nach Umbewaffnung.

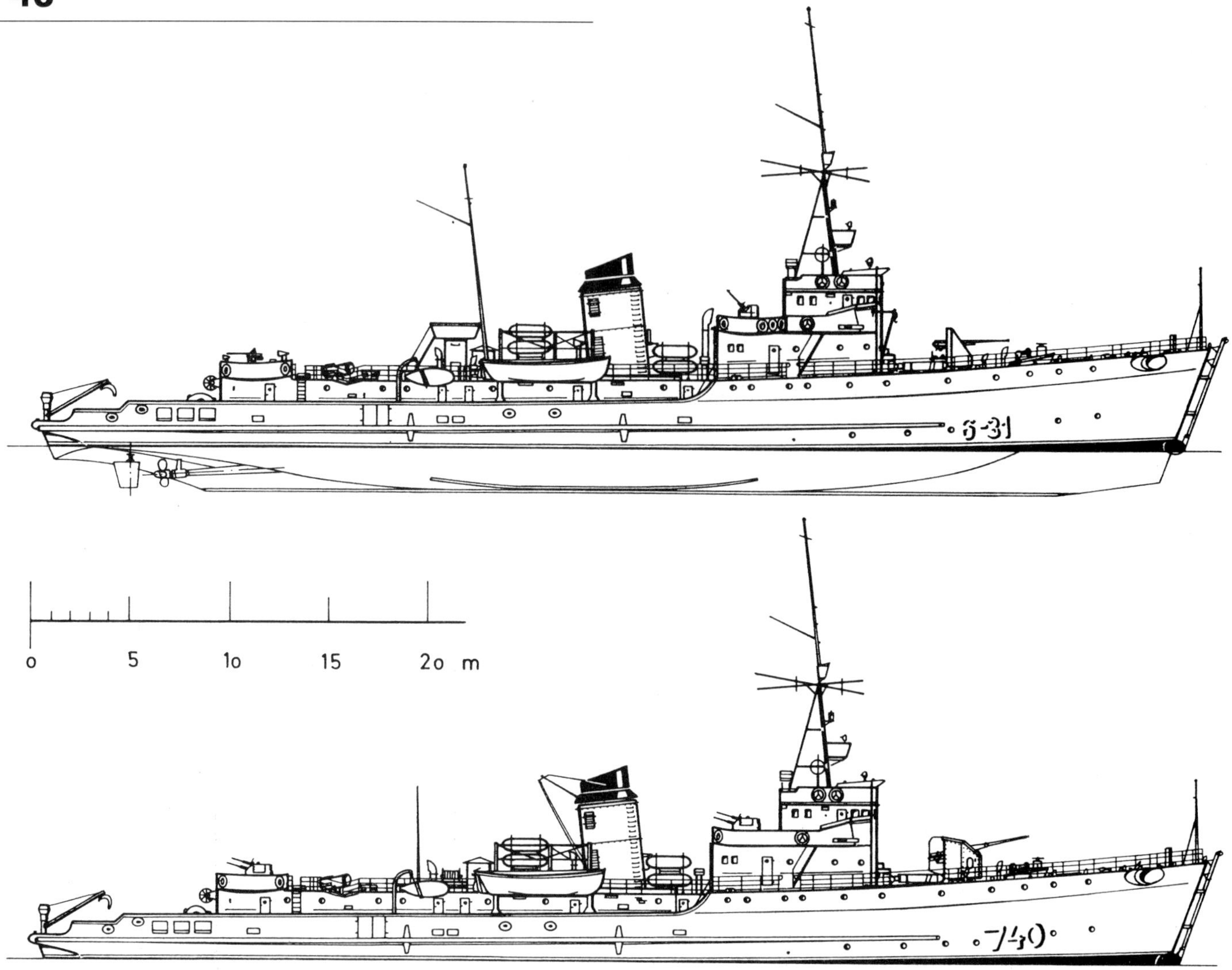

MLR-Schiff der 1. Bauausführung, noch mit 37-mm-Flak auf der Back.

rechts:
Modernisiertes MLR 212 mit 57-mm-Zwilling.

MLR-Schiffe im Stützpunkt Peenemünde. Schiffe 213 und 214 mit 85-mm-Geschütz 90 K.

Räumaggregates geschaffen werden. Zur Unterscheidung der 1. und 2. von der 3. Bauausführung bürgerte sich in der Marine inoffiziell die Bezeichnung »Habicht – kurz« und »Habicht – lang« ein.

Mit den Schiffen der verbesserten 3. Bauausführung sind insgesamt zwölf MLR-Schiffe gebaut worden. Das erste Schiff (Bau-Nr. »2001«) stellte man am 27. April 1953 unter der Bord-Nr. 611 in Dienst. Das letzte Schiff, die Bau-Nr. »2012«, folgte mit seiner Indienststellung am 20. Dezember 1955. Nach 1960 erhielten zehn dieser Schiffe die Namen von Bezirks- beziehungsweise Küstenstädten.

Die Schiffskörper der »Habichte« waren als Backdecker mit durchgehenden Aufbauten bis zum achteren Arbeitsdeck ausgeführt. Auf dem relativ langen Backdeck ab Spant 72 waren die Brückenaufbauten aufgesetzt. Elf Querschotte unterteilten den Schiffskörper in zwölf wasserdichte Abteilungen. Sowohl die Form des Schiffskörpers mit zwei seitlichen Schlingerleisten als auch die Anordnung der Ballastzellen im Doppelboden von Spant 39 bis Spant 77 mit einer achteren Trimmzelle verliehen den Schiffen ihre guten Einsatzkriterien. Mit maximalem Ballast und dem Beladungsfall eines Deplacements von 891 t ergab sich z. B. ein statischer Kenterwinkel von 56 Grad, der Stabilitätsumfang betrug mehr als 90 Grad. Am Bug war dicht über der KWL eine Klappspiere zum Fahren eines Mineneigenschutzgerätes angebracht. Das flache, abgerundete Heck erleichterte das Ausbringen der Räumausrüstung.

Die Hauptantriebsanlage bestand aus zwei aufgeladenen 6-Zylinder-Viertaktdieselmotoren des VEB Dieselmotorenwerk Rostock. Ab der 2. Bauausführung führten diese Motoren die Typenbezeichnung 6KVD43A. Beide Motoren waren über Getriebe, Drucklager und Zwischenwellen mit den Propellerwellen verbunden. Die Elektroenergieerzeugung übernahmen drei Hilfsdiesel des Typs 4DV224 mit 73,5 kW Leistung. Außerdem waren ein Notdiesel vom Typ DM 40 und ein Dieselgeneratorsatz zur Versorgung des Kabelfernräumgerätes vorhanden. Die beiden Spatenruder wurden durch elektrische Rudermaschinen in Leonardschaltung betätigt.

Die Artillerieausrüstung der 1. und 2. Bauausführung bestand in der Urversion aus einem 37-mm-Geschütz Modell 70K, zwei 25-mm-Fla-Waffen 84 KM achtern auf »Schwalbennestern« und zwei 25-mm-Waffen je Bordseite auf dem Brückendeck. Die ersten Schiffe der 3. Bauausführung fuhren längere Zeit ohne Artilleriewaffen. Nach Bestätigung einer neuen Bewaffnungsvariante erhielten diese Schiffe ein 85-mm-Universalgeschütz 90K (Schußweite 15500 m) auf dem Vorschiff und vier 25-mm-Doppellafetten 2-M-3. Auf diese Bewaffnungsvariante wurden später auch die Schiffe der 1. und 2. Bauausführung umgerüstet. Alle Artilleriewaffen stammten aus sowjetischer Produktion.

Zum Minenräumen konnten Kontakträumgeräte mit Schneidgreifer, ein elektromagnetisches Kabelfernräumgerät (KFRG), später Hohlstäbe und andere Spezialräumgeräte eingesetzt werden. Minenschienen an Oberdeck gestatteten das Mitführen und Werfen von Minen der Typen KB, JAM, KMD-1000 sowie anderer Ausführungen. Zur U-Bootortung

und -bekämpfung dienten eine hydroakustische Station »Tamir 11« sowie achtern vier WaBo-Lager je Bordseite zum Werfen durch das Schanzkleid. Der Aufbau besaß an jeder Bordseite einen sowjetischen WaBo-Mörser BMB-2 zum Werfen der Wasserbomben WB-1 (Vorrat: 22 WaBo).

Zur nautischen Ausrüstung gehörten eine Kreiselkompaßanlage »Kurs III«, eine Fahrt-Meßanlage »RFT«, eine Funk-

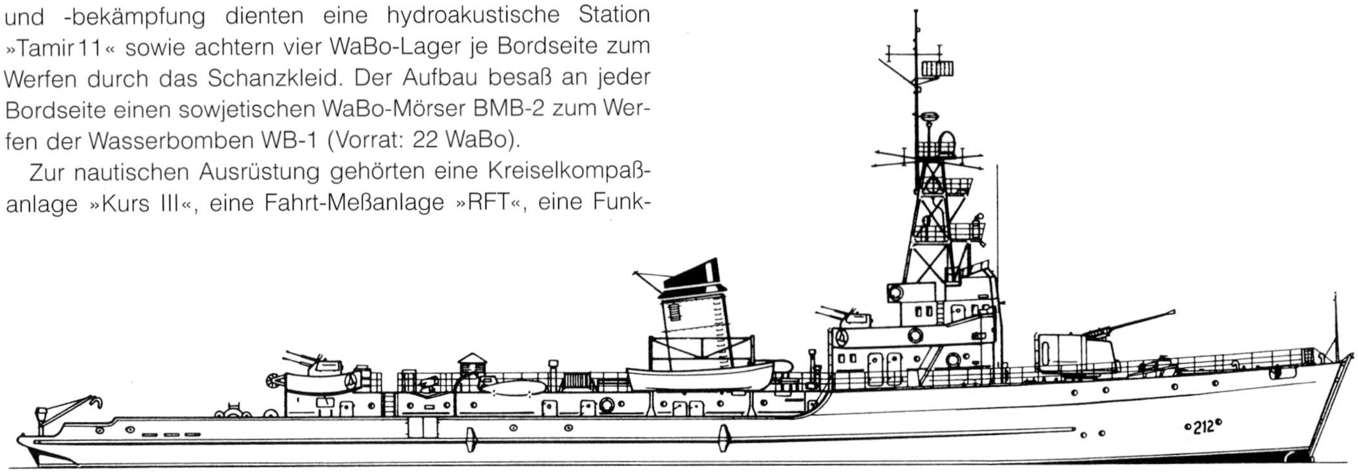

Modernisiertes MLR-Schiff, 1964.

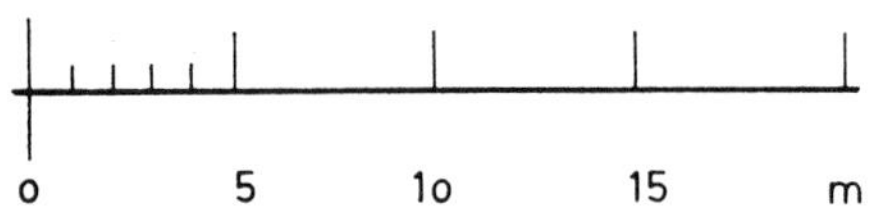

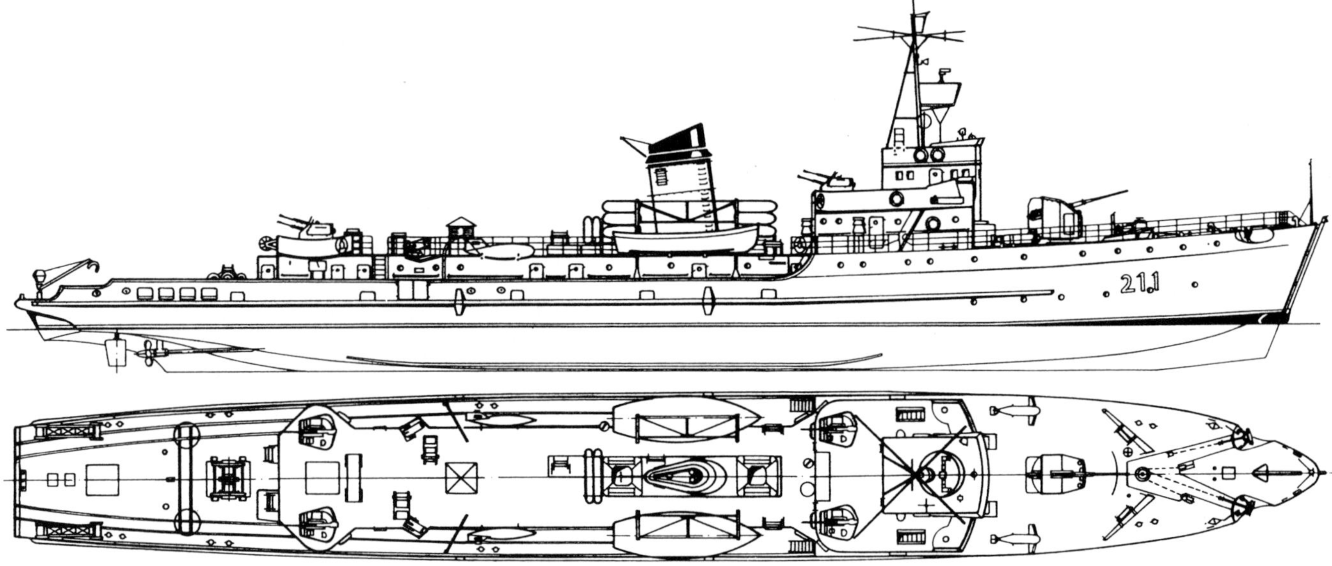

MLR-Schiff 3. Bauausführung »Habicht – lang«.

MLR-Schiff Bau-Nr. »2003« als umgebautes Rettungsschiff R-21.

Nav.-Anlage »Rymk«, ein Echolot »ELA 10« sowie ein Richtfunkpeiler »FGS-3400«. Für das Senden und Empfangen von Funksprüchen dienten bei der Urversion zwei Anlagen GKW 100 WSS-100, eine Anlage GKW 15 W (SEG-15) sowie eine UKW-Station EKN. Als Funkmeßanlage wurde zu einem späteren Zeitpunkt die Station »KSA-III« nachgerüstet.

Bei einigen Schiffen der 2. und 3. Bauausführung wurden im Verlaufe der Dienstzeit schiffbauliche Änderungen und Modernisierungen vorgenommen. So verfügte die Bau-Nr. »2012« als erstes Schiff bereits über einen Gittermast zur Aufnahme des Antennensystems der Funkmeßstation. In einer letzten Modernisierungsversion erhielten zwei Schiffe (Bau-Nr. »2008« und »2009«) anstelle der 85er auf dem Vorschiff ein halbautomatisches 57-mm-Zwillingsgeschütz Modell SIF-31B. Zusätzlich wurden Veränderungen an der Brücke vorgenommen und eine zweite Funkmeßstation vom

Typ »Sarnitza« mit Freund-Feind-Kennanlage »Nichrom« nachgerüstet. Zwei Schiffe des Typs »Habicht« wurden Anfang der 60er Jahre zu Rettungsschiffen umgebaut (Bord-Nr. R-11 und R-21). So wurden u.a. die Aufbauten zur Aufnahme medizinischer Räume nach achtern verlängert, ein Bordwippkran aufgebaut und zwei zusätzliche Motordingis und Schlauchboote an Bord aufgestellt. Die Bewaffnung wurde entfernt und dafür Wendestrahlrohre (»Wasserkanonen«) zur Brandbekämpfung nachgerüstet. Das Schiff R-21 (Bau-Nr. »2003«) wurde später der GST übergeben und als Motorschulschiff unter dem Namen ERNST THÄLMANN zur Ausbildung an der Marineschule in Greifswald weiter genutzt.

Das MLR-Schiff 6-33 strandete bei schwerer See Anfang 1958 und lag infolge Wassereinbruchs im Rudermaschinenraum manövrierunfähig vor Saßnitz. Nach seiner Bergung wurde es zum Rettungsschiff umgebaut. Ab November 1967 wurden die meisten »Habichte« nacheinander außer Dienst gestellt und verschrottet. Das Schiff »2009« diente noch einige Zeit als Wohnschiff und wurde dann ebenfalls abgebrochen. Einige Schiffe wurden am Peenemünder Haken als Zielobjekte für das 9. Jagdgeschwader der Luftstreitkräfte auf Grund gesetzt.

Minenleg- und -räumschiff Projekt »Krake«

Unmittelbar nach dem Bau des Projekts »Habicht« folgte auf der Peene-Werft Wolgast eine weitere Serie von zehn MLR-Schiffen mit dem Projektnamen »Krake«. Bei etwa gleichen Hauptabmessungen stellte der als Projekt »3000« eingeordnete Typ eine erweiterte Modifikation der Vorläuferserie dar. Neben einer Verstärkung der leichten Artilleriebewaffnung wurde der gesamte Aufbautenkomplex nach funktionellen Gesichtspunkten neu entworfen und eine moderne, architektonische Gestaltung angestrebt. Bewährte Anlagen und Systeme sowie Ausrüstungen des Typs »Habicht« wurden beibehalten beziehungsweise übernommen.

Der Bau des Typschiffes »3001« begann 1955 auf der Peene-Werft. Der Schiffskörper wurde in Sektionsbauweise gefertigt und war durch elf Schotte in zwölf wasserdichte Abteilungen unterteilt. Das Vorschiff wurde gegenüber dem »Habicht« verlängert und der gesamte Brückenaufbau vergrößert. Alle Schiffe erhielten einen Vierbeingittermast mit einer dreiteiligen Mars und Salings. In der Erstausrüstung standen auf der Mars-Plattform seitlich zwei Suchscheinwerfer und vorlings das Artillerieentfernungsmeßgerät »2m 2RL«. Auf der oberen Saling war die Antenne der Funkmeßstation KSIB angeordnet. Die Funkmeßausrüstung wurde später erweitert. Alle Schiffe erhielten zusätzlich die sowjetische Station »Sarnitza« mit der FFK-Anlage »Nichrom« und eine in der DDR neuentwickelte Kollisionsschutzanlage KSAV. Die Funkausrüstung wurde gegenüber dem MLR »Habicht« durch verschiedene sowjetische Funkstationen verändert beziehungsweise erweitert (UKW R609M, Sender R644, AWE »Wolna« u.a.).

Die Artilleriebewaffnung bestand aus einem 85-mm-Universalgeschütz Modell 90 K und zehn 25-mm-Rohren in fünf Doppellafetten 2-M-3. Zur Minensuchausrüstung gehörten das Kabelfernräumgerät KFRG, Hohlstäbe »HFG-24m« sowie Räumstelle für akustische und Ankertauminen.

Zum Ausbringen und Einholen der schweren Räumausrüstung verfügten die Schiffe am Heck über zwei Hebezeuge, damals als »Otter-Krane« bezeichnet. Wie beim Typ »Habicht« hatten auch die »Kraken« am Bug eine Klappspiere zum Ausbringen und Fahren eines Mineneigenschutzgerätes. Zur U-Bootsuche und -bekämpfung verfügten die Schiffe über eine hydroakustische Station »Tamir 11«, zwei WaBo-Werfer BMB-2 und WaBo-Lager zum Werfen von Wasserbomben WB-1. Alle Schiffe waren zum Minenlegen eingerichtet.

Die Antriebsanlage war im wesentlichen die gleiche wie beim Typ »Habicht«. Neu war dagegen die erstmalige Installation eines 380-V-Drehstromnetzes. Als Räumaggregat fungierte ein Diesel-Generatorsatz mit einem Motor des Typs 8KVD21 vom VEB Motorenwerk Ludwigsfelde. Zur Rettungsausrüstung gehörten anfangs Metallflöße und zwei Kutter K-10.

Das erste Schiff »3001« lief am 21. Januar 1956 vom Stapel (abgesenkt) und ging am 16. August 1957 in Dienst. Die Serienfertigung verlief ohne wesentliche Komplikationen, so daß der Bau des letzten Schiffes »3010« am 4. Oktober 1958 abgeschlossen werden konnte. Der Abrechnungspreis je Schiff betrug rund 7,9 Mill. Mark (erstes Schiff: 10,5 Mill. Mark).

Nach 1960 erhielten alle Schiffe dieses Typs die Namen von Bezirksstädten. Neben der routinemäßigen Ausbildung der Besatzungen waren die Schiffe auch am ständigen Vorpostendienst im Fehmarn-Belt beteiligt. Auf der KARL-MARX-STADT (»3008«) ereignete sich am 28. Januar 1973 in See ein größerer Maschinenraumbrand. Das Schiff wurde jedoch wieder instandgesetzt. Ab 1972/73 wurden sieben Schiffe nacheinander außer Dienst gestellt und abgebrochen. Die

MLR-Schiff »Krake«, Bau-Nr. »3001« (später BERLIN) auf Werftprobefahrt.

Seezielschießen mit der 85er.

Schiffe Berlin, Karl-Marx-Stadt und Leipzig wurden bis 1976 noch als Schulschiffe genutzt (Kennung S). Als letztes Schiff stellte man die Karl-Marx-Stadt am 25. Oktober 1976 außer Dienst.

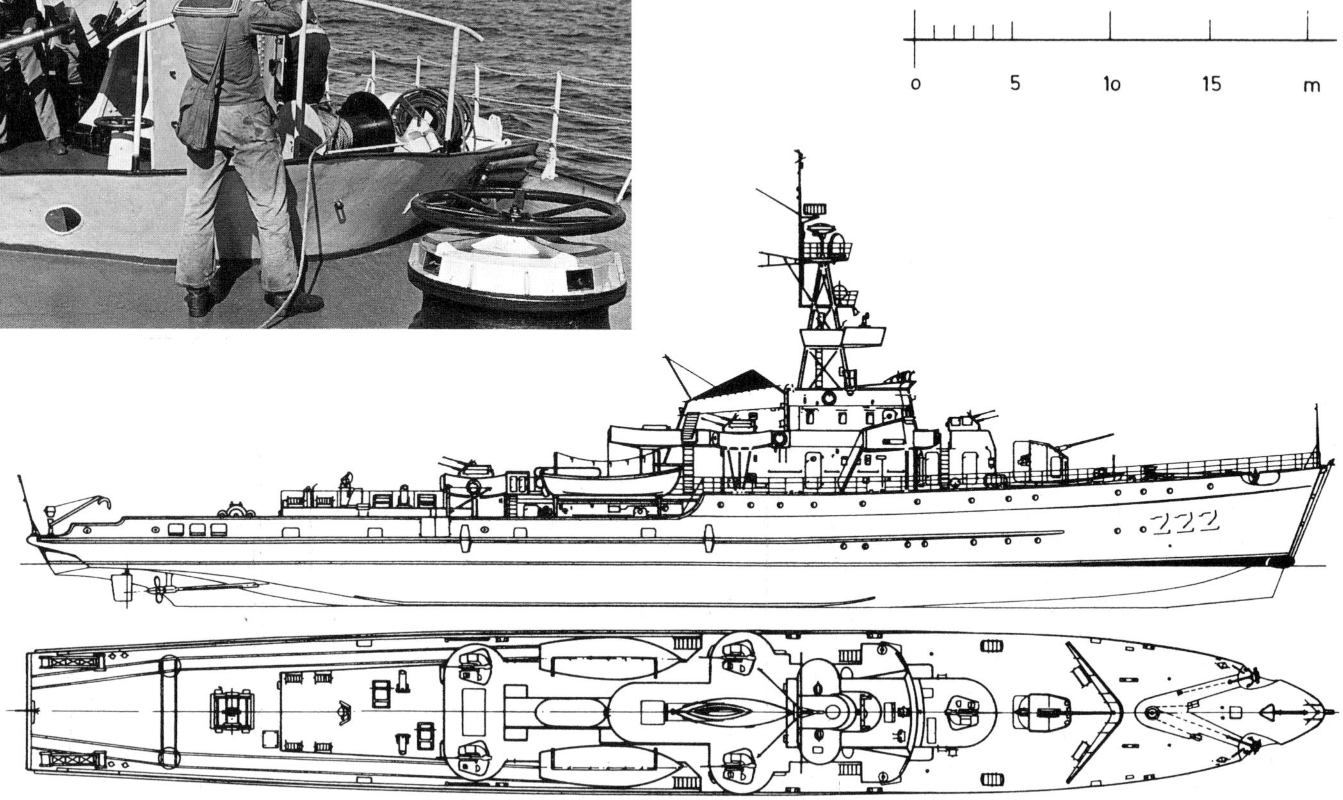

MLR-Schiff Projekt »Krake« (Projekt-Nr. »3000«).

Minensuch- und Räumschiff Projekt »89«

Als Ersatz für die außer Dienst zu stellenden MLR-Schiffe wurde nach einer operativ-taktischen Forderung (OTF) im Jahre 1963 begonnen, die Entwicklung einer größeren Serie neuer MSR-Schiffe einzuleiten. Die ersten Vorstellungen sahen ein Schiff mit einer Wasserverdrängung von rund 260 t vor. Das technische Projekt und die Konstruktion wurden Anfang 1966 abgeschlossen und ab März mit dem Bau eines Nullschiffes begonnen (»89.0«).

Der Schiffskörper war als Glattdecker ausgelegt und wurde nach der Längsspantenbauweise in vollgeschweißter Ausführung gefertigt. Die Hauptabmessungen waren mit L/B/T = 47,25/6,60/1,91 Metern festgelegt, womit das Schiff dann eine Vollverdrängung von 283 Tonnen erreichte. Als Antriebsmaschinen waren bei diesem Objekt noch zwei 12-Zylinder-V-Motoren vom Typ 12KVD20/21A mit je 992 kW Leistung eingebaut. Als Artilleriebewaffnung war vorerst eine 25-mm-Doppellafette 2-M-3 auf dem Vorschiff vorgesehen. Zur Minenortung sollte die vom Werk Funkmechanik Leipzig weiter verbesserte hydroakustische Anlage KLA58m eingebaut werden. Das Schiff kam am 12. Januar 1967 erstmalig zu Wasser, wurde aber anschließend wieder aufgeslipt. Bereits im Mai 1967 entschied man, dieses Schiff nur als Versuchsträger im WTZ der Volksmarine zu nutzen. Durch diverse Nachrüstungen konnte das Schiff erst am 28. November 1970 unter der Bord-Nr. V31 in Dienst gestellt werden.

Die Weiterentwicklung zum Projekt »89.1« (Kondor I) erfolgte ab Dezember 1966. Mit den Hauptabmessungen L/B/T = 52/7, 1/2, 4 Metern kam dieses Projekt auf ein Normaldeplacement von 339 Tonnen. Als Antriebsmaschinen kamen nunmehr zwei sowjetische Zweitakt-V-Motoren vom Typ 40DM zum Einsatz (Verstellpropeller). Als Artilleriebewaffnung war nur eine 25-mm-Doppellafette 2-M-3 vorgesehen. Zum Minenräumen konnten das Scheerdrachengerät SDGR/L, die Hohlstäbe HFG13 beziehungsweise HFG24m sowie die akustischen Räumgeräte AT–2 oder FRG3E eingesetzt werden. Als hydroakustische Anlage verwendete man die Station KLA 58m und als Funkmeßanlage die ebenfalls in der DDR entwickelte Station TSR333. Der Bau des ersten Serienschiffes »89.101« begann im Oktober 1967. Insgesamt wurden von dieser Serie 21 Schiffe mit einem Stückpreis

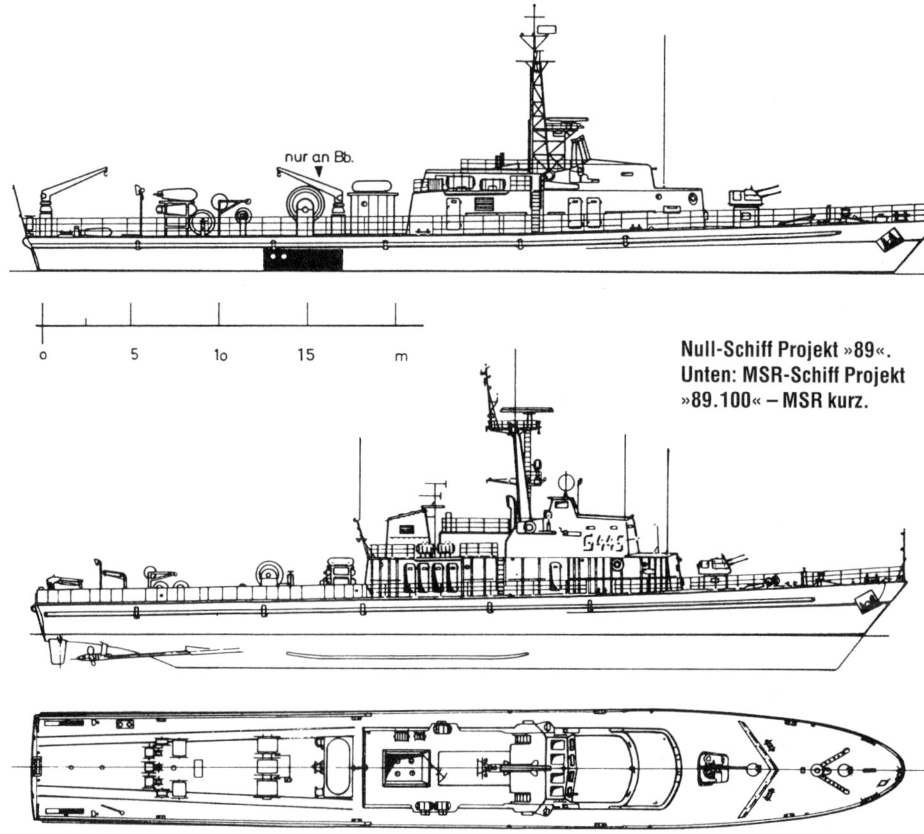

Null-Schiff Projekt »89«. Unten: MSR-Schiff Projekt »89.100« – MSR kurz.

von rund 7,3 Millionen Mark gebaut (»89.101« bis »89.121«).

Auch bei diesem Projekt wurde mit einer OTF im November 1968 die nochmalige Weiterentwicklung eingeleitet. Das technische Projekt, nunmehr »89.2« (Kondor II), wurde 1969 abgeschlossen. Im gleichen Jahr begann ab November der Bau des ersten Schiffes »89.222«. Das nochmals um ca. 5 m verlängerte Schiff kam damit auf ein Normaldeplacement von 436 t. Als Artilleriewaffen konnten jetzt drei 25-mm-Doppellafetten vorgesehen werden. Auch weiterentwickelte Minensuchgeräte (MSG 1 S/Sp und MSG 2 S/Sp) kamen zum Einsatz. Die Übergabe des ersten Serienschiffes erfolgte am 28. Mai 1971. Von diesem Typ sind insgesamt 30 Schiffe gebaut worden (»89.222« bis »89.251«). Der Stückpreis betrug hierbei rund 8,7 Mill. Mark (ohne F/E-Kosten). Ende der 80er Jahre wurde bei einigen Schiffen noch der Vierfach-Starter FASTA 4 für Nahbereichsabwehrraketen nachgerüstet.

Auf der Grundlage dieses Projekts sind ferner zwei Aufklärungsschiffe, zwei Torpedofangboote, ein Vermessungsschiff und eine Staatsyacht gebaut worden, so daß die Gesamtzahl aller auf der Basis des Projekts »89« gefertigten Schiffe 58 betrug. Bis auf drei Schiffe wurden alle Fahrzeuge der Serie »89.100« an die Grenzbrigade-Küste abgegeben, wo sie auch bis zur Außerdienststellung verblieben. Die Bau-Nr. »89.102« wurde 1981 zum Fischereiaufsichtsboot WARNEMÜNDE (ex BERGEN) umgebaut und die »89.103« ging als Schulboot ERNST THÄLMANN (ex ANKLAM) an die GST-Marineschule. Am 23. November 1990 ging dieses Schiff am Haken des Schleppers TOWING WIZARD nach Chatham in Großbritannien, um dort zu einer Motoryacht umgebaut zu werden.

Einige MSR-Schiffe wurden zeitweilig auch in der Schulschiffabteilung an der Flottenschule in Parow eingesetzt. Außer dem Null-Schiff wurden vier MSR-Schiffe ab 1970 nacheinander der Erprobungsschiffsabteilung des WTZ unterstellt (Kennung V). Drei MSR-Schiffe wurden dann noch in Peenemünde aufgelegt und langzeitkonserviert. Mit dem bereits erwähnten Befehl Nr. 119/84 wurden auch die MSR-Schiffe umklassifiziert. Das Projekt »89.100« (MSR-kurz) wurde zum »Küsten-Minenabwehrschiff« und »89.200« (MSR-lang) zum »Hochsee-Minenabwehrschiff«. Ab 1989 wurde mit dem Abbruch der ersten MAW-Schiffe begonnen. Sechs Schiffe wurden ab 3. Oktober 1990 bis auf weiteres von der Bundesmarine übernommen (s. Anhang Tab. 2).

MSR-Schiff Projekt »89.100« (Kondor I).

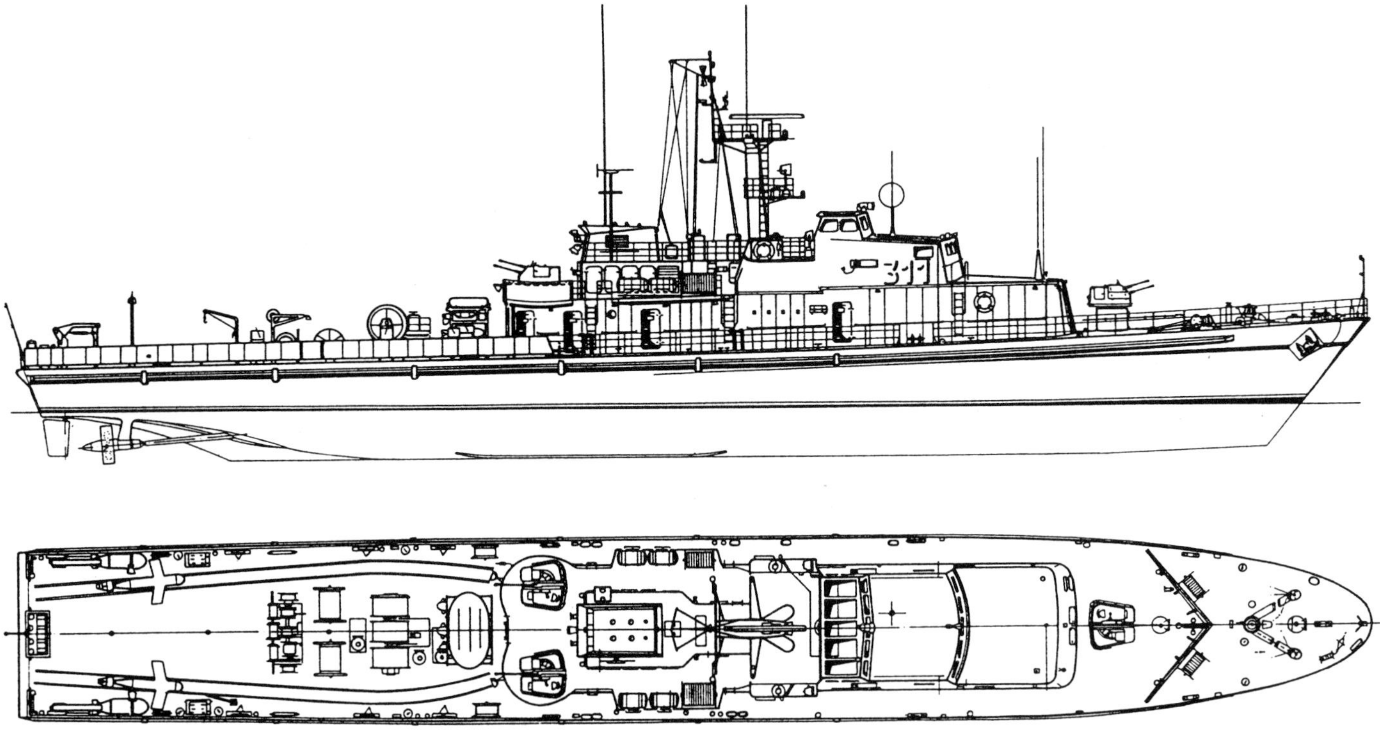

MSR-Schiff »89.200« – MSR lang.

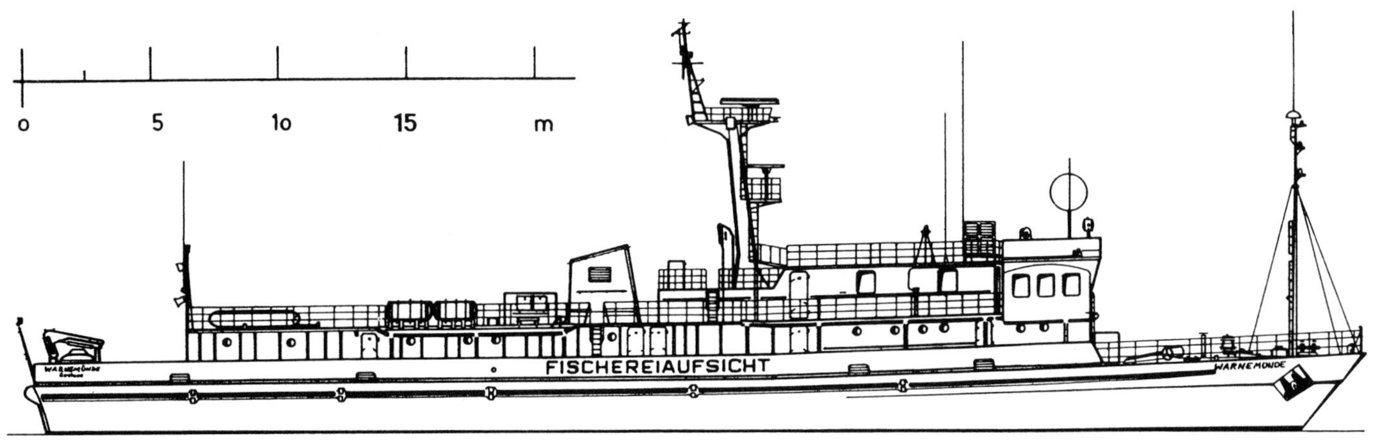

Umgebautes MSR-Schiff als Fischereiaufsichtsschiff Warnemünde.

MSR-Schiff Projekt »89.200« (Kondor II) im Einsatz als Schulschiff.

U-Bootjäger

Neben den Minenabwehrkräften bildete eine ständige U-Jagdkapazität eine zweite Schwerpunktrichtung in den allgemeinen Sicherungskräften der Volksmarine. Nach anfänglichen Improvisationen mit zu U-Jägern umgebauten KS-Booten erfuhren auch diese Typenkräfte eine kontinuierliche Weiterentwicklung. Das betraf sowohl einige spezifische Anforderungen an den Bau dieser Schiffe als auch die UAW-Bewaffnung, welche ausschließlich auf sowjetischen Lieferungen basierte. Ihren Höhepunkt erreichte die Entwicklung mit dem Bau der U-Jagdschiffe des Projekts »133.1« (Parchim-Klasse) sowie in der speziellen Kombination von U-Bootabwehr mit UAW-Hubschraubern der verschiedensten Typen.

U-Bootjäger Projekt »201 M«

Die zwölf sowjetischen U-Jäger des Projekts »201 M« (SO 1) wurden den Seestreitkräften ab Herbst 1959 zugeführt. Bei diesem Schiffstyp handelte es sich um ein in großer Stückzahl in der UdSSR gebautes Projekt, welches auch andere Flotten erhielten (Bulgarien, Kuba, Algerien).

Diese flachbordigen Glattdecker hatten ein Volldeplacement von 215 Tonnen und waren mit einer Drei-Wellen-Dieselmotoranlage ausgerüstet. Als Hauptmaschinen waren 12-Zylinder-Zweitaktmotoren des sowjetischen Typs 30 D mit einer Leistung von 1382 kW je Motor eingesetzt. Die UAW-Bewaffnung bestand aus vier fünfrohrigen reaktiven Wasserbombenwerfern RBU-1200 und zwei Ablaufgerüsten am Heck für je 12 Wasserbomben WB-1. Zur U-Bootsuche verfügten diese Fahrzeuge über eine hydroakustische Ortungsstation Typ »MG 11« (Hull-Sonar).

Zur Navigationsausrüstung gehörten die Kreiselkompaßanlage »Giria M« mit der Selbststeueranlage »Samshit« (Autopilot), die Fahrtmeßanlage »LG 4«, das Echolot »NEL-III« sowie der Funkpeiler »ARP-50«. Als Funkmeßanlage verfügten die Schiffe über die Station »Reja« mit der FFK-Anlage »Nichrom«.

Die Artilleriebewaffnung bestand aus zwei 25-mm-Doppellafetten 2-M-3. Über ein Minenschienensystem an Oberdeck konnten zehn Minen KB oder 52 Minen JAM beziehungsweise verschiedene Fernzündungsminen transportiert und geworfen werden.

Das erste Schiff »201/1« stellte man am 7. Dezember 1959 in Dienst. Die letzten beiden Schiffe »201/11 u. 12« wurden erst 1960 geliefert (in Dienst am 15. August 1960 in Parow).

U-Bootjäger »201 M« (SO 1), 1964.

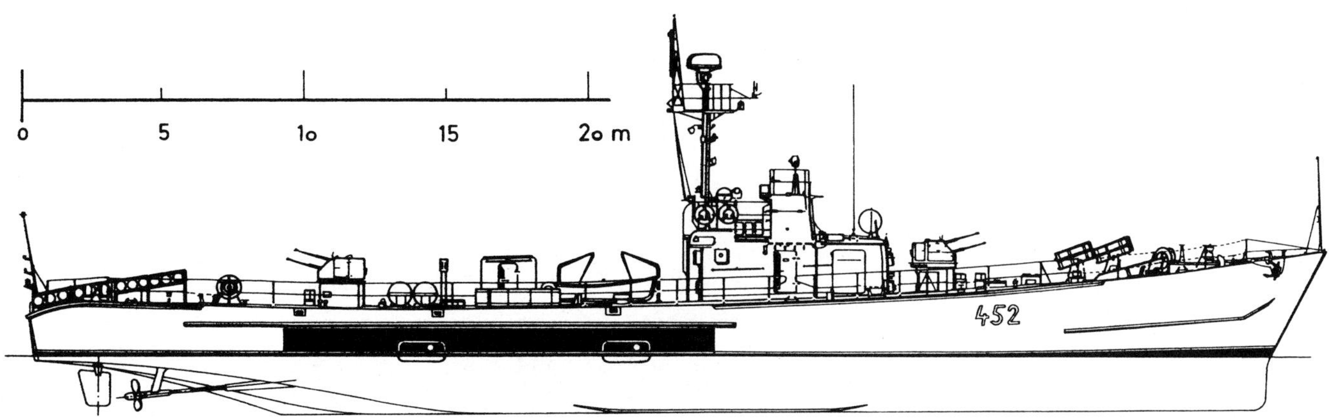

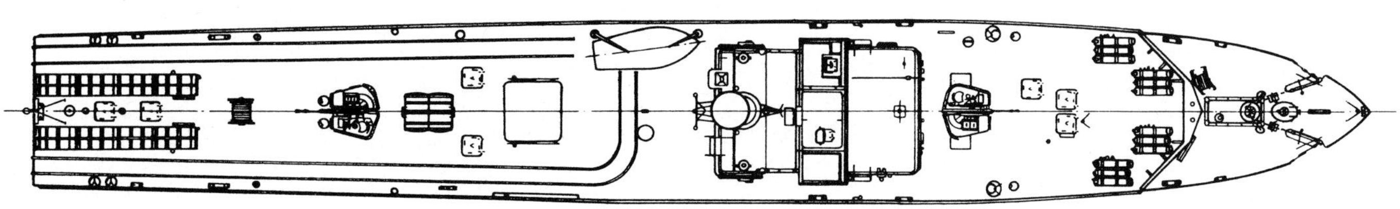

U-Bootjäger »201 M«.

Anfang 1961 wurden an alle Schiffe dieses Typs Namen nach Vogelarten vergeben (ADLER, SPERBER, FALKE – s. Schiffsliste). Außer der ständigen U-Jagdausbildung wurden diese Schiffe auch im Vorpostendienst eingesetzt. Ab 1965 wurden alle Fahrzeuge der Grenzbrigade-Küste zugeführt. Nach Erreichen ihrer Nutzungsgrenze wurden die ersten Schiffe ab 1972 außer Dienst gestellt und abgebrochen. Vier U-Jäger waren zeitweilig der 4. Sicherungsbrigade der Volksmarine überstellt worden. Ihre Außerdienststellung erfolgte dann 1975/76.

U-Bootjäger Projekt »Hai«

Die Entwicklung dieses als Projekt »12« eingeordneten U-Jägers wurde bereits 1958 begonnen. Als allgemeine Zielstellung war die Verwendung eines hohen Anteils von in der DDR gefertigten Ausrüstungen aller Art vorgegeben. Auf Grund diverser Komplikationen, Lieferschwierigkeiten und Terminverzögerungen gestaltete sich der Bau dieser Schiffe schwieriger als erwartet. Bei Entwicklungsbeginn – es waren 24 Schiffe geplant – war u.a. vorgesehen, als Antriebsmaschinen zwei in Lizenz zu produzierende Dieselmotoren CKVD (882 kW) auf die Außenwellen und eine neu zu entwikkelnde Gasturbine GT4500 (3300 kW) als Spitzenlastanlage auf die Mittelwelle zu kuppeln. Als Bewaffnung waren ein sowjetisches 57-mm-Zwillingsgeschütz hinter den Aufbauten, eine 25-mm-Doppellafette auf dem Vorschiff, vier reaktive WaBo-Werfer RBU-1200 sowie Ablaufgerüste für Wasserbomben am Heck vorgesehen.

Zur Erprobung von Neuentwicklungen sowie zur Klärung noch ungelöster Probleme wurde am 23. Oktober 1957 das erste Versuchsschiff »12.1(V)« in der Peene-Werft auf Kiel gelegt. Seine Abmessungen waren L/B/T = 48,7/6,0/2,04 Meter, womit das Schiff ein Deplacement von 278 t erreichte. Da weder die geplante Gasturbine GT4500 zur Serienreife gelangte noch das zwischenzeitlich entwickelte Luftstrahltriebwerk 014 zur Verfügung stand, wurden als Antriebsanlage zwei sowjetische Dieselmotoren 40D für die Außenwellen und ein DDR-Motor 6KVD43 für die Mittelwelle eingebaut. Als Artilleriegeschütz kam außer der geplanten 25-mm-Waffe nunmehr ein 45-mm-Geschütz SM-21-SIF-I zum Einsatz. Die Indienststellung dieses Schiffes erfolgte am 26. November 1963 für das WTZ der Volksmarine.

Das inzwischen neubearbeitete Projekt »12.2« wurde ebenfalls abgebrochen, worauf das ISW nunmehr ein neues Projekt »12.3« erarbeitete. Nach diesem Projekt wurde am 1. Oktober 1961 mit dem Bau eines Vorserienschiffes begonnen. Obwohl noch diverse technische Einzelheiten zu klären waren, kam auf diesem Schiff die neuentwickelte Gasturbine »Pirna051« zum Einbau. Das ursprünglich für das Mittelstreckenverkehrsflugzeug 152 entwickelte Luftstrahltriebwerk »Pirna014« fungierte hier als Gaserzeuger für zwei auf die Außenwellen gekoppelte Nutzgasturbinen. Ebenfalls für die Außenwellen kamen neuentwickelte Verstellpropeller zum Einsatz. Als Mittelmaschine wurde der sowjetische 12-Zylinder-V-Motor 40D eingebaut, womit die Gesamtanlage nunmehr eine Leistung von 8972 kW (12200 PS) erbrachte. Abweichend vom Versuchsschiff »12.1«, wurde bei »12.3« das sowjetische 57-mm-Zwillingsgeschütz erprobt. Als hydroakustische Anlage setzte man die Station KLA–58 ein. Die UAW-Bewaffnung entsprach der vom Projekt »12.1«. Dieses Schiff stellte man am 11. April 1963 in Dienst und unterzog es umfangreichen Erprobungen (später Versuchsschiff V–86).

Da eine Reihe von technologischen Aspekten (Schiffskörper, Brückenhaus) noch nicht den optimalen Erfordernissen entsprach und sich inzwischen die Möglichkeit zum Import

U-Bootjäger »Hai«, 2. Vorserienschiff »12.3«.

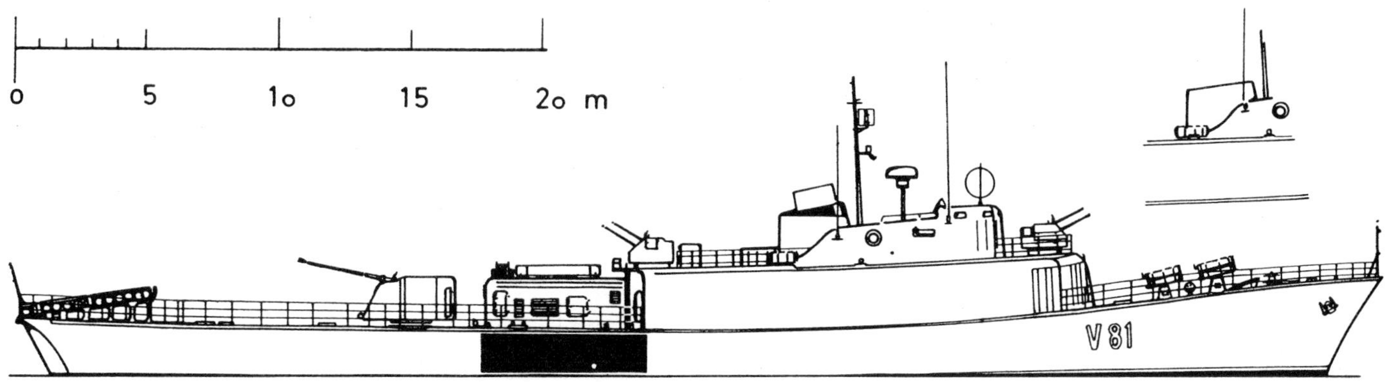

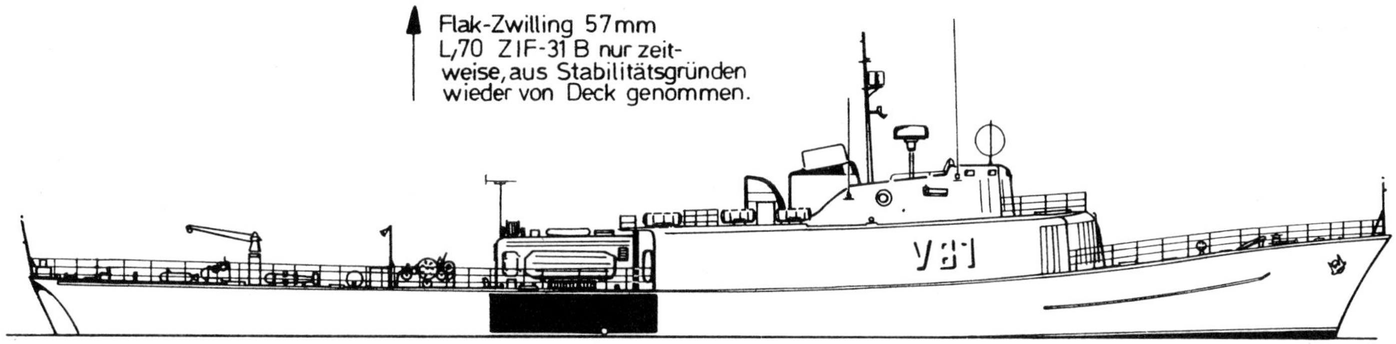

U-Bootjäger, Vorserienschiff »12.3«.

U-Bootjäger, Versuchsschiff »12.1 V«.

der sowjetischen 30-mm-Waffen AK230 mit der Visiersäule »Kolonka« ergab, wurde kurzfristig das Projekt »12.4« erarbeitet. Noch während der Projektierungsphase bot die UdSSR auch die Artillerie-Feuerleitanlage System MR104 an, so daß nunmehr auf Projekt »12.4M« übergegangen wurde. Nach diesem Projekt wurde dann der Bau des ersten Serienschiffes »12.401 M« am 8. August 1964 begonnen. Auch beim Serienbau ergaben sich noch diverse technische Schwierigkeiten, die zum Teil mit verspäteten Lieferungen seitens der UdSSR zusammenhingen. So konnten bei den ersten acht Schiffen die Feuerleitanlagen System 104 erst 1967 nachgerüstet werden. Allein für die Umrüstung der gesamten Serie auf die Waffenleitanlage und auf 2 × AK 230-Geschütze ergaben sich Kosten in Höhe von 101,6 Mill. Mark. Das erste Serienschiff Grevesmühlen (»12.401«) stellte man am 5. Juli 1965 in Dienst. Die UAW-Bewaffnung wurde mit 4 × RBU-1200-Werfern und konventionellen Wasserbomben beibehalten. Als Artilleriegeschütze baute man bereits 2 × AK 230-Doppellafetten (30-mm) auf. Die Funkmeßanlage war ebenfalls eine sowjetische Station »Reja« mit der FFK-Anlage »Nichrom«.

Der Bau aller zwölf Schiffe (ohne Feuerleitanlage) wurde im Dezember 1966 abgeschlossen. Während ihrer Indiensthaltung wurden die Schiffe als recht zuverlässig eingeschätzt. Einen gewissen Schwachpunkt stellte unter damaligen Bedingungen die Turbinenanlage dar. Bei den modifizierten Flugzeugtriebwerken kam es wiederholt zu Gehäuserissen. Am Ende der Nutzungszeit traten auch diverse Ersatzteilpro-

U-Bootjäger »Hai«-Serie, Projekt »12.4 M«.

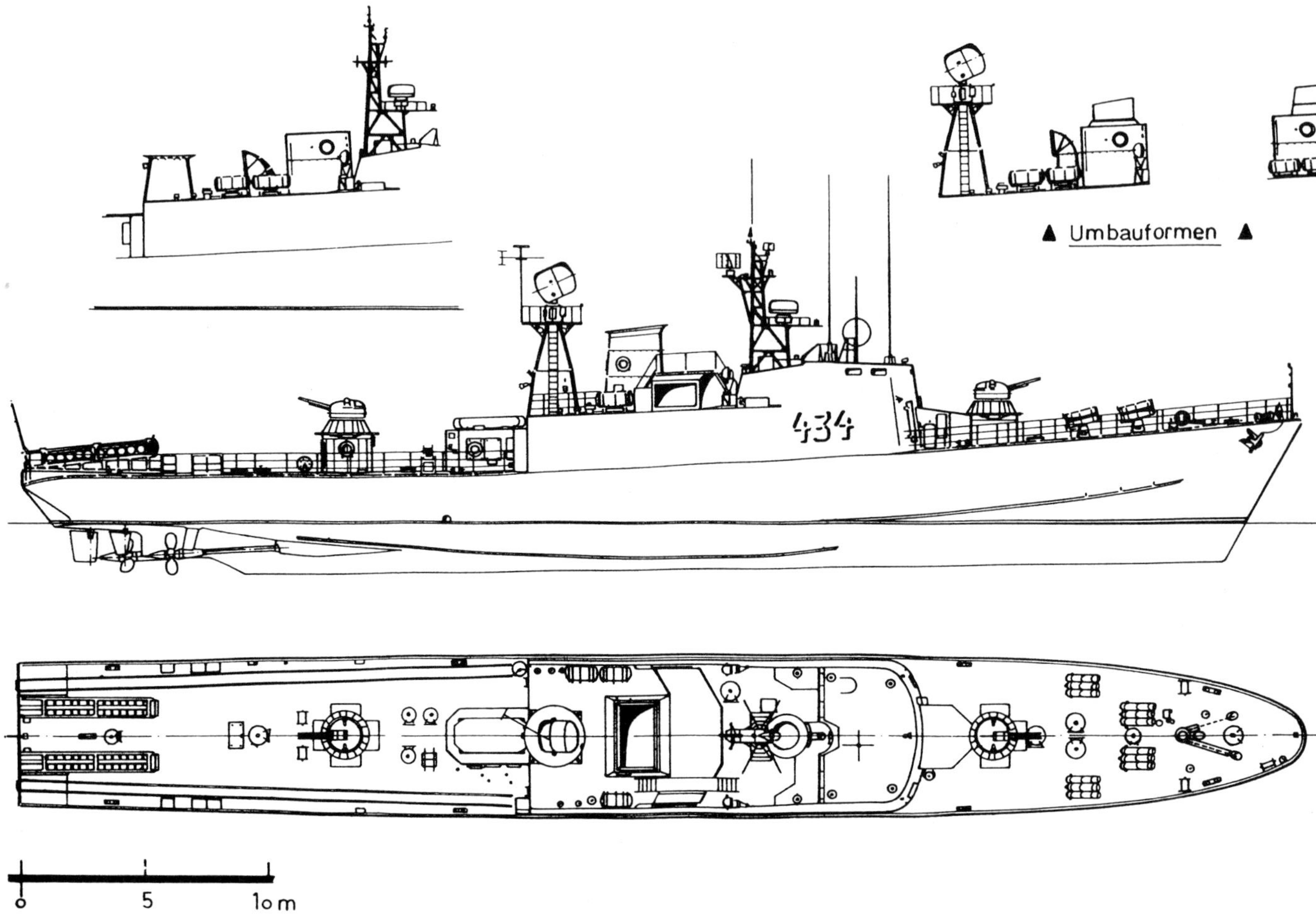

U-Bootjäger »Hai«, Projekt »12.4 M«.

bleme auf, da die Fertigung der Triebwerke in Pirna eingestellt worden war. So mußte dann das Erprobungsschiff »12.3« noch als Ersatzteilspender fungieren (Turbinen). Mit den zum U-Jagdschiff umklassifizierten Projekt »12.401« wurden im Jahre 1984 umfangreiche Erprobungen zur Ermittlung der Einwirkung von Unterwasserdetonationen sowie Beschußversuche mit Schiffsgeschützen und Hubschrauberwaffen (gelenkte und ungelenkte Raketen) durchgeführt. Alle anderen Schiffe wurden ab 1980 nacheinander außer Dienst gestellt und abgebrochen.

Kleines U-Boot-abwehrschiff Projekt »133.1«

Als Ablösetyp für die veralteten U-Jäger des Typs »Hai« wurde Anfang 1971 die Entwicklung eines kleinen UAW-Schiffes mit der Projekt-Nr. »133« (Parchim-Klasse) begonnen. Mit dem geplanten Bau von 16 Schiffen dieses Typs sollte die UAW-Kapazität der Marine materiell und personell beträchtlich erweitert werden. Durch die Bereitstellung neuer Waffensysteme von seiten der UdSSR wurde zugleich ein bedeutender Qualitätssprung erreicht.

Entwurf, Projektierung und Konstruktion oblagen der Peene-Werft in Wolgast. Mit einem Normaldeplacement von 792 t wurden die Schiffe mehr als doppelt so groß wie die Vorläufer vom Typ »Hai«. Damit wurden Voraussetzungen geschaffen, sowohl eine vermehrte Waffen- und Elektronikausrüstung unterzubringen als auch die Einsatzkriterien (Wind/See) und die Seeausdauer (Autonomie) zu vergrößern.

Der Schiffskörper wurde aus sowjetischem Schiffbaustahl 09G2 in Längsspantenbauweise mit einem durchgehenden Oberdeck gebaut und durch Querschotte in zehn wasserdichte Abteilungen unterteilt. Eine konstruktive Besonderheit ist das im Vorschiff in Nietkonstruktion eingezogene Zwischendeck aus Leichtmetall, wodurch eine Massenreduzierung erzielt und die Stabilität positiv beeinflußt wurde. Auf dem Oberdeck sind ein Aufbau mit daraufgesetztem Deckshaus und ein nach achtern vom Aufbau getrenntes Deckshaus angeordnet. Der Aufbau trägt zwei weitere Deckshäuser mit dem Brücken- und dem Peildeck. Auf letzterem befindet sich ein Gittermast mit Rah und Saling, wo die verschiedenen Antennensysteme der Funk-, Funkmeß- und Freund-Feind-Kennanlage montiert sind.

Als UAW-Bewaffnung kamen erstmalig zielsuchende UAW-Torpedos vom Typ »SÄT40UÄ« (Kaliber 400 mm) mit Torpedo-Feuerleitanlage »Summer 204A« sowie zwei zwölfrohrige reaktive WaBo-Werfer RBU-6000 mit Feuerleiteinrichtung »Burja« zum Einsatz. Die Werfer besaßen automatisierte Nachladeeinrichtungen. Zusätzlich verfügten die Schiffe noch über zwei im Hinterschiff (unter Deck) eingebaute WaBo-Wurfanlagen mit Wurfluken im Spiegel. Artilleriewaffen waren achtern eine 57-mm-Doppellafette AK725 und auf dem vorderen Aufbau eine 30-mm-Doppellafette AK230. Als Funkmeß-Waffenleitanlage diente die sowjetische Station MR103 mit TV-Zusatzanlage. Zur Nahbereichsabwehr hatte man hinter dem Brückenhaus noch zwei Vierfachstarter FASTA 4 für Raketen »Strela M« (Fliegerfaust) aufgestellt. Zur funkelektronischen Ausrüstung gehörten die Funkmeßstationen »Bison 4B« und »MR302«, eine FFK-Anlage »Nichrom« sowie hydroakustische Stationen MG322, MG329 und MG16.

Als Antriebsanlage wurden drei sowjetische Hochleistungsdieselmotoren des Typs M504 eingebaut, von denen die beiden Außenmaschinen auf Festpropeller, die Mittelmaschine dagegen auf einen Verstellpropeller arbeitete. Bei den Motoren handelte es sich um eine Weiterentwicklung des Schnellbootsmotors M503A, also eine sogenannte Stern-Reihenmaschine, hier allerdings mit 56 Zylindern. Die Motoren verfügten über eine Brückenfernsteuerung sowie über automatisierte Überwachungs- und Sicherheitssysteme. Die

UAW-Schiff Bützow, das spätere Küstenschutzschiff 3. Ranges.

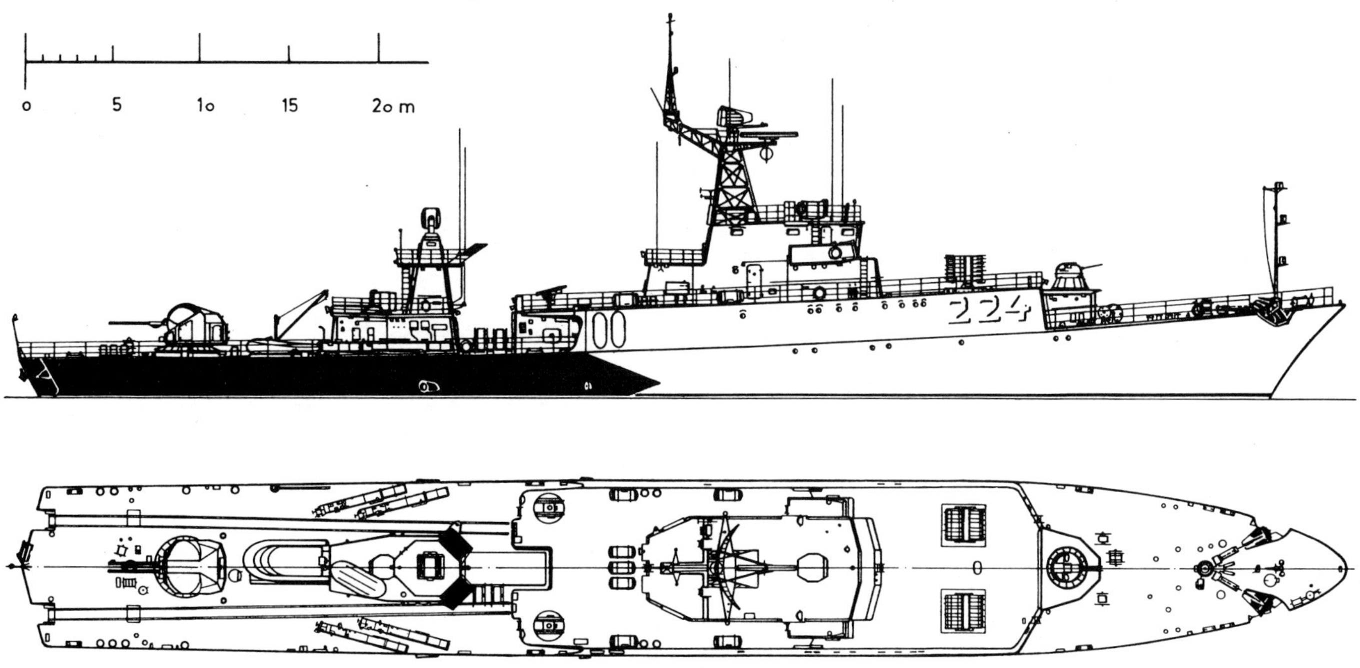

UAW-Schiff Projekt »133.1«, Parchim-Klasse.

Heck-Maschinenraum mit Mittelmotor M 503 A auf Projekt »133.1«.

Überwachung der Haupt- und Hilfsmaschinen sowie diverser Hilfsaggregate erfolgte von einem schallisolierten Maschinenleitstand aus.

Die Antriebsanlage der Schiffe stellte sich allerdings als das schwächste Glied bei dieser »Waffenplattform« heraus. Zum einen durften die Antriebsmaschinen nur eine begrenzte Zeit in der niedrigsten Drehzahl betrieben werden, was dann bei längerer Such- oder Begleitfahrt mit niedrigster Geschwindigkeit zu Problemen führte. Auch galt dieser Motor im allgemeinen nicht als sehr betriebssicher. Noch vor Abschluß der Serie mußten z. B. bereits 21 Hauptmaschinen wegen technischer Mängel oder schwerer Betriebsschäden ausgewechselt werden (Späne im Öl, Pleuelabriß, Getriebeschäden u. a.). Zu einem späteren Zeitpunkt stellten sich darüber hinaus schwere Korrosionsschäden an Motorblöcken und angeschlossenen Aggregaten ein, die auf eine mangelhafte Kühlwasserqualität zurückzuführen waren (Härte, ph-Wert, schlechte Qualität des Korrosionsschutzmittels). Um das Problem des Einsatzes bei niedrigsten Fahrstufen zu verbessern, wurde der Einbau eines elektrischen Zusatzantriebes (Schleichmotor) untersucht, jedoch nicht mehr realisiert. Als Kuriosität sei noch erwähnt, daß diese Schiffe wohl als erste auf der Welt (?) über eine »Ankerauswurfanlage« verfügten. Bei den Hafen- und See-Erprobungen des ersten Schiffes stellte sich heraus, daß der Anker nach dem Lösen der Kette nicht selbständig vom Schweinsrücken abglitt. Obwohl Berechnungen und Modellversuche vorausgegangen waren, erwies sich die Neigung des Schweinsrückens um ein bis zwei Grad zu gering, so daß fast bei jedem Ankermanöver mit einem Hebel nachgeholfen werden mußte. Da die Konstruktion schon bei mehreren Serienschiffskörpern ausgeführt war, wurde die Idee verwirklicht, in die Halterung des Ankerschaftes eine Auswurffeder einzubauen. Unter den gegebenen Bedingungen sicher eine »patentreife« Konstruktion, die fortan keine Probleme mehr beim Ankern mit sich brachte.

Als erstes Serienschiff wurde die Bau-Nr. »133.102« am 6. April 1981 »anläßlich des X. Parteitages der SED drei Monate vorfristig übergeben«. Es erhielt den Namen PARCHIM und die Bord-Nr. 242. Das eigentliche Erstschiff, die Bau-Nr. »133.101« folgte nach Abschluß erforderlicher Erprobungen erst am 3. Juli 1981 (i. D. am 9. Juli 1981). Auf Grund der »vorgezogenen«, in der Presse bekanntgegebenen Übergabe erhielt diese Typreihe auch international die Bezeichnung »Parchim-Klasse«, obwohl die erste Bau-Nummer den Namen WISMAR trug (Bord-Nr. 241).

Mit Einführung der neuen Klassifizierung gemäß Befehl 119/84 wurden diese Schiffe zu »Küstenschutzschiffen 3. Ranges« umklassifiziert. Trotz der relativ empfindlichen Maschinenanlage bewährten sich diese Schiffe bei strengster Einhaltung der Betriebsinstruktion auch in schwerem Wetter. Bewaffnung und Ausrüstung waren weitestgehend zuverlässig und moderne Antihavariesysteme (Havariekabelsystem, Gasfeuerlöschanlage, Hermetisierung u. ä.), verbunden mit ersten Maßnahmen zur Schocksicherheit, gewährleisteten eine relativ hohe Standkraft. Per 20. September 1990 gehörten acht Schiffe zur 1. Flottille und acht Schiffe zur 4. Flottille.

Nach kurzzeitiger Übernahme von fünf Schiffen durch die Bundesmarine wurden 1993 alle 16 Einheiten an Indonesien verkauft (s. Tab. 1.2)

Schnellboote

In Anlehnung an traditionelle Bezeichnungen wurden alle Fahrzeuge der Volksmarine, die eine Geschwindigkeit über 36 sm/h erreichten, als Schnellboote klassifiziert. Zur Unterscheidung der Typen beziehungsweise der Unterklassen wurden nähere Bestimmungen entweder nach der Bewaffnung (Torpedo, Rakete) oder nach der Größe der Fahrzeuge vorgenommen. Fahrzeuge mit einer Wasserverdrängung größer als 300 Tonnen wurden in Anlehnung an sowjetische Klassifizierungen als »Schiff« bezeichnet, obwohl sie von der Geschwindigkeit her durchaus zu den Schnellbooten gehörten. Um eine Unterscheidung von der Kampfkraft her zu verdeutlichen, wird hier die Unterklasse der Flugkörperschnellboote gesondert dargestellt.

Torpedoschnellboot Projekt »183«

Zum Aufbau sogenannter »Stoßkräfte« wurden ab 1957 sowjetische TS-Boote des Projekts »183« (P6) importiert. Dieser Schritt und auch die Übernahme anderer sowjetischer Kampfschiffe wurden in der Vergangenheit vielfach als »brüderliche Hilfe und Unterstützung der Sowjetunion bei der Gewährleistung der Verteidigungsbereitschaft der DDR« dargestellt. Vom Schiffsmaterial her bedeuteten diese Lieferungen durchaus eine wesentliche Erhöhung der Kampfkraft und Gefechtsmöglichkeiten der Seestreitkräfte beziehungsweise der Volksmarine, aber an dieser Stelle sollte daran erinnert werden, daß jede Granate, jedes Geschütz und jedes Boot mit »harten Rubeln« (Verrechnungskurs: 1 Rubel = 5,2 Mark) in Form von »Industrie- und Konsumgüterlieferungen« zu begleichen waren. Die von der UdSSR festgelegten Preise für Waffensysteme aller Art erwiesen sich dabei durchaus als »weltmarktgerecht«.

Vom Projekt her waren diese 50-t-Boote offensichtlich in Anlehnung an US-amerikanische Vorbilder (Elco-Boote) entwickelt worden. Bekanntlich erhielt die UdSSR im Rahmen des Lend-Lease-Abkommens 72 amerikanische TS-Boote. Der Bootskörper, die Anordnung der kleinen Brücke sowie eine Reihe von Ausrüstungen glichen der amerikanischen Ausführung aufs Haar. Dieser Typ war als reines Gleitboot konzipiert und vollständig aus Holz gefertigt. Die Spanten, Bodenwrangen, Schotte sowie Stringer und Unterzüge waren überwiegend aus mehrfach verleimtem Sperrholz hergestellt. Die Außenhaut bestand aus doppeldiagonal aufgebrachten Kiefernplanken mit einer Zwischenlage aus imprägnierter Leinwand. Sieben Querschotte unterteilten den Bootskörper in acht wasserdichte Abteilungen, in denen folgende Einrichtungen und Ausrüstungen untergebracht waren:

Abteilung I	Achterpiek mit Notruderstand und Munitionsregal;
Abteilung II	drei Kraftstoffbehälter;
Abteilung III	Heck-Maschinenraum;
Abteilung IV	Bug-Maschinenraum;
Abteilung V	Offizierskammern, Funkraum, WC und Aggregateraum;
Abteilung VI	Unteroffizierskammern und Kombüse;
Abteilung VII	Mannschaftsdeck;
Abteilung VIII	Vorpiek mit Kettenkasten, WC, Fendern und Farbenregal.

Im Stabholzdeck gab es außer den Niedergangsluken drei große Montageluken zum Wechseln der Hauptmotoren und zur Instandsetzung der Kraftstoffbehälter. Bei dem mittschiffs aufgesetzten Brückenfahrstand bestanden die Seitenwände und die Rückwand mit der Durchgangstür aus Panzerstahl. In der offenen Brücke waren die Ruderanlage »Samschit« mit Sympatik-Ruder und Autopilot, die Füllungsgeber für die Antriebsmotoren sowie die elektrische Torpedoabfeuerung angeordnet. Im vorderen, in das Deck eingelassenen Teil des Brückenaufbaus befanden sich der Kartenraum und das Funkmeßsichtgerät. Kurz hinter der Brücke stand auf einem Sockel ein Profilmast, der das Antennensystem der Funkmeßanlage trug. Der leichte Rohrmast mit Rah trug die UKW-Antenne (Gruppenboot zwei Antennen) und die Antenne der Freund-Feind-Kennanlage »Nichrom«. Zur Durchfahrt unter niedrigen Brücken konnte der Rohrmast eingefahren und der

TS-Boot Projekt »183« während der Flottenparade am 1. Mai 1958 in Warnemünde.

Generalplan TS-Boot Projekt »183«.

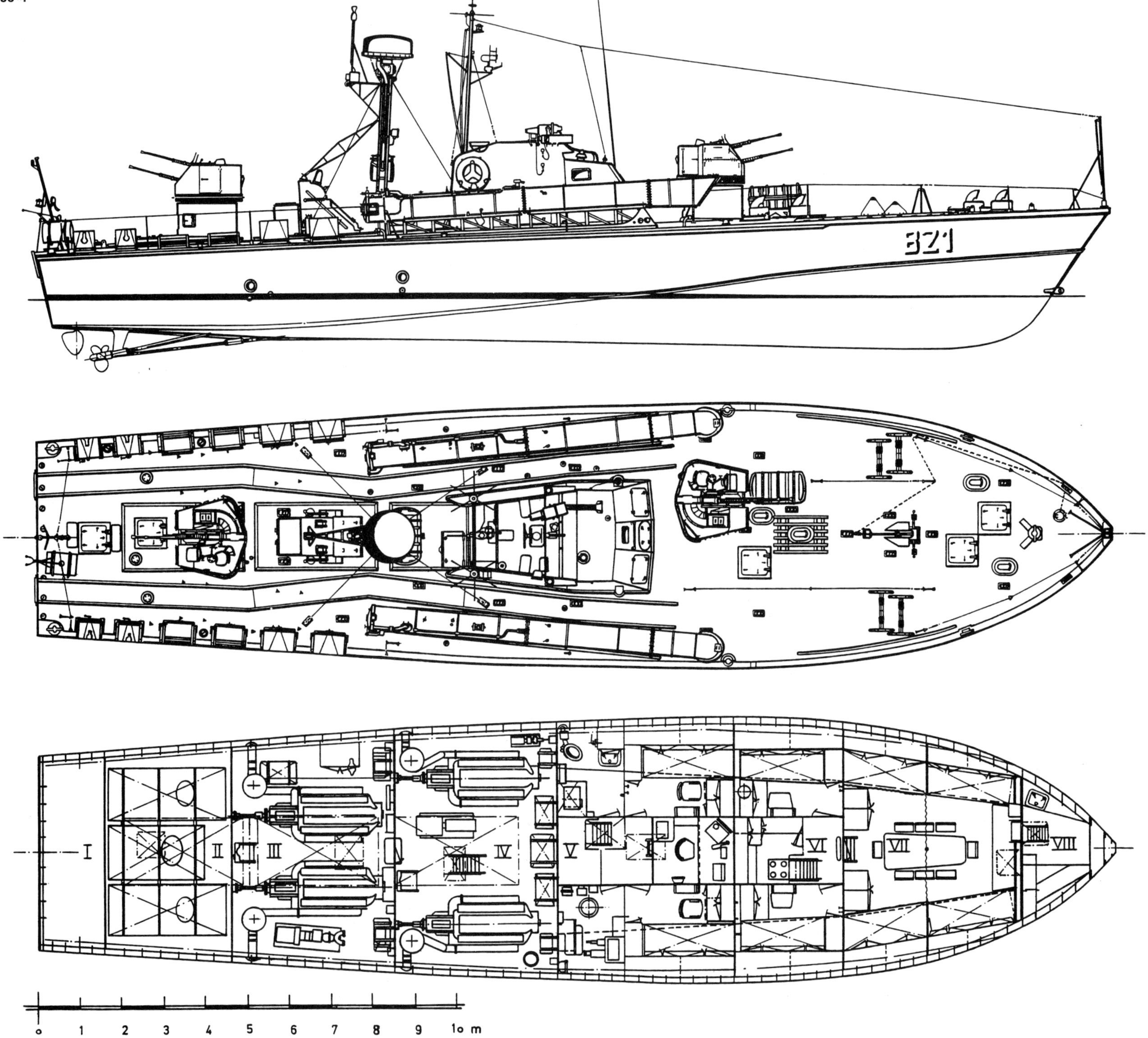

Funkmeßmast umgelegt werden. Die beiden Torpedorohre waren unter einem festem Schußwinkel zur Längsachse des Bootes angeordnet. Der Ausstoß des Torpedos erfolgte mit Hilfe einer Treibladungskartusche durch elektrische oder Handabfeuerung. Die Boote verfügten über zwei halbautomatische 25-mm-Doppellafetten 2-M-3 mit elektro-hydraulischem Richtantrieb. Die Artilleriewaffen konnten zur Luft- und Seezielbekämpfung eingesetzt werden. Zur U-Bootbekämpfung befanden sich an jeder Bordseite vier WaBo-Einzellager. Eine Nebelwand konnte man vor oder nach einem Torpedoangriff durch geworfene Nebelbomben oder mit Hilfe einer am Heck aufgebauten Nebelanlage erzeugen (Anlage DA–7 auf Säurebasis). Ein Minenschienensystem an Oberdeck gestattete das Mitführen und Verlegen von Seeminen.

Die Antriebsanlage dieser Boote bestand aus vier nichtumsteuerbaren 12-Zylinder-V-Motoren des Typs M50 F-3 mit einer Gesamtleistung von 3530 kW (4800 PS). Dieser Motorentyp ist ein »großer Bruder« des bewährten sowjetischen Panzermotors W–2 (T–34 und folgende), der auch in einer Vorläuferversion als Flugzeugmotor beim viermotorigen Bombenflugzeug »Petljakow Pe-8« im Einsatz war. Zur Reduzierung der hohen Drehzahlen (max. 1850 U/min) sowie zur Umkehr der Drehrichtung hatte man bei der Bootsmotorenversion ein Wendegetriebe mit hydraulischer Umsteuerung direkt an die Motoren angeflanscht. Der Vortrieb mit vier Propellern ergab bei diesen äußerst leicht gebauten Booten eine Höchstfahrt von 45 sm/h (83,3 km/h), verbunden mit guten Manövriereigenschaften und hoher Standkraft der Antriebsanlage.

Zur Energieversorgung waren ein reiner Diesel-Generatorsatz (110 V Gleichstrom) und ein kombiniertes Diesel-Kompressor-Generator-Pumpaggregat vorhanden. Ein 24-V-Bordnetz wurde außerdem von Akkumulatoren, Umformern und an den Hauptmotoren angeflanschten Marsch-Generatoren gespeist. Die funkelektronische Ausrüstung bestand aus UKW- und KW-Stationen sowie aus einer Funkmeßstation mit FFK-Anlage. Die 1957/58 übernommenen Boote waren mit der Funkmeßstation »Sarnitza« ausgerüstet, deren Antenne mit einem kleinen Radardom abgedeckt war. Die später gelieferten Boote verfügten über eine Funkmeßstation »Reja« mit Tochtersichtgerät auf der Brücke. Auf diese Station wurden später alle Boote umgerüstet.

Eine erste Gruppe von neun Booten wurde am 5. Oktober 1957 von sowjetischen Besatzungen im Marinestützpunkt Parow an die DDR-Seestreitkräfte übergeben. Weitere fünf Boote folgten dann 1958, und die restlichen 13 Boote eines leicht verbesserten Typs erhielt die Marine 1960. Mit den insgesamt 27 gelieferten Booten wurde eine TS-Bootsbrigade im Bestand von drei Abteilungen zu je neun Booten gebildet (2., 4. und 6. TSA). Nach 1960 erhielten alle Boote Namen von Widerstandskämpfern und von Teilnehmern am Spanienkrieg.

Die Boote dieses Typs bewährten sich in harten Wettersituationen als ausgereifte Konstruktionen. In den Einsatzkriterien (Wind/See) praktisch unbegrenzt, mußte lediglich mit der Geschwindigkeit variiert werden. Ein Torpedoeinsatz war beispielsweise noch bis See 3 möglich. Einen gewissen Nachteil stellte die aufwendige Instandhaltung des hölzernen Bootskörpers dar. Um eine hohe Feuchtigkeitsaufnahme zu begrenzen, erfolgte ein jährlicher »Sommerslip«. Das Boot mußte austrocknen, z. T. der Unterwasseranstrich erneuert werden.

Nach rund 10jähriger Nutzungszeit wurden die ersten Boote außer Dienst gestellt. Das Boot WILLI BÄNSCH (844) ging am 31. August 1968 nach einer tragischen Kollision im Nebel mit dem schwedischen Fährschiff DROTTNINGEN verloren, wobei sieben Besatzungsmitglieder den Tod fanden.

Die TS-Boote »183/3« und »183/17« wurden 1968 desarmiert, umgebaut (geschlossene Brücke) und am 10. Oktober 1969 als schnelle Rettungsboote R-71 und R-72 wieder in Dienst gestellt. Die Boote »183/2 und 9« wurden ebenfalls waffenmäßig abgerüstet und erhielten einen größeren Gittermast mit einem Rundum-Radarreflektor. Sie wurden noch einige Zeit als Zielboote Z-84 und Z-85 genutzt. Drei TS-Boote (»183/8, 11 und 13«) wurden am 1. November 1967 außer Dienst gestellt, ebenfalls umgebaut (geschlossene Brücke) und ohne Torpedobewaffnung im November 1969 an Tansania geliefert. Weitere drei Boote fanden vorübergehend Verwendung als Grenzfahrzeuge (ohne Torpedorohre). Das Boot »183/19« wurde dagegen für kurze Zeit als Erprobungsfahrzeug (V–41) bei der Entwicklung einer Schnellschleppscheibe eingesetzt. Brigadestab und Besatzungen übernahmen ab 1968 neue sowjetische TS-Boote des Projekts »206«.

Torpedoschnellboot Projekt »Forelle«

Mit den ab 1952 begonnenen Entwicklungsarbeiten für ein größeres TS-Boot des Projekts »Lachs« wurden die ersten Schritte eingeleitet, um eine eigene Schnellbootsfertigung in der DDR aufzubauen. Etwa im gleichen Zeitraum begann das Konstruktionsbüro in Roßlau mit dem Entwurf eines etwas kleineren TS-Bootes, das den Projektnamen »Forelle« erhielt. Obwohl das Schnellboot »Lachs« durch das ISW noch bis zum technischen Projekt weiterbearbeitet wurde, ist seine Entwicklung dann 1957 abgebrochen worden. Das Projekt des TS-Bootes »Forelle« wurde dagegen zügig entwickelt und nach Abschluß der Konstruktion begann 1952 der Bau des Nullbootes. Das Vorhaben »Forelle« stand in engem Zusammenhang mit dem bereits erwähnten Nachbau des deutschen Schnellbootmotors Daimler-Benz MB511 als Typ 20KVD25 im Motorenwerk Ludwigsfelde.

Die Bootskörper der »Forelle« wurden vollständig aus Leichtmetall gefertigt. Mit L/B/T von 27,7/7,16/1,05 Metern hatte sie eine Verdrängung (voll) von rund 65 Tonnen. Zur Bewaffnung gehörten zwei 533-mm-Torpedorohre, eine 25-mm-Doppellafette 2-M-3, ein 12,7-mm-MG Dschk sowie Einzellager für Wasserbomben. Als Funkmeßanlage kam die sowjetische Station »Sarnitza« zum Einsatz. Das Nullboot erhielt zwei weitestgehend aus Originalteilen zusammengebaute Motoren MB511 mit einer Leistung von je 1839 kW (2500 PS).

Das erste Boot »Forelle O« wurde im Oktober 1955 über Binnenwasserstraßen und das Oderhaff nach Peenemünde überführt. Noch im November des gleichen Jahres erfolgten erste See-Erprobungen im Greifswalder Bodden (ohne TR), die jedoch schon nach wenigen Kabellängen wegen einer Motorstörung abgebrochen werden mußten. Am 23. Dezember 1955 wurde das Boot dann nach Wolgast geschleppt und im Januar 1956 in der Peene-Werft aufgeslipt. Dabei wurden erste Deformierungen und Ausblühungen am Bootskörper festgestellt. Zwischenzeitlich stellte man auf dem Prüfstand in Roßlau Kolbenschäden an weiteren Motoren fest, so daß im

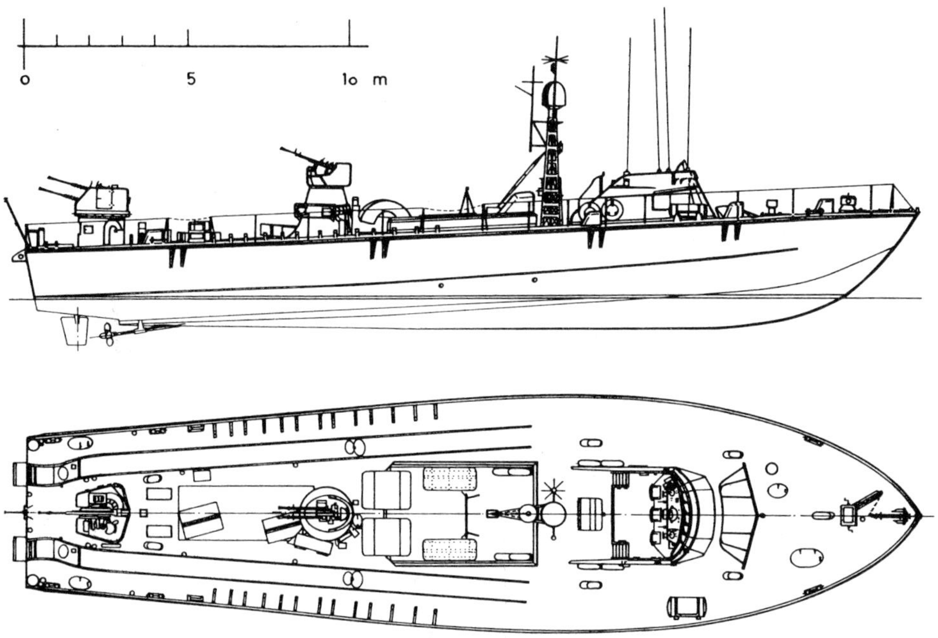

TS-Boot Projekt »Forelle«.

Achterschiff mit Artilleriegeschützen auf TS-Boot »Forelle«.

TS-Boot Projekt »Forelle«.

April 1956 beide Maschinen aus der »Forelle O« ausgebaut und nach Roßlau zur Instandsetzung gebracht wurden. Ende Juli 1956 konnten die instandgesetzten Motoren wieder zum Einbau ausgeliefert werden. Es folgten diverse kleinere Umbauten. Erst ab September 1957 wurden die Erprobungen fortgesetzt. Motoren- und Bootsschäden verzögerten wiederholt eine weitere Erprobung. Letztlich wurde im November 1958 die Entscheidung getroffen, alle Arbeiten zum Bau der Motoren 20KVD25 einzustellen, womit man gleichzeitig die Erprobung der »Forelle O« abbrach.

Inzwischen war festgelegt worden, die ab 1955 gebauten Boote »Forelle M5 und M6« mit einer anderen Antriebsanlage auszurüsten. Dazu erfolgte eine Überarbeitung des Projekts, indem nunmehr vier sowjetische Dieselmotoren des Typs M50F vorgesehen wurden. Um die Zweiwellenanlage beizubehalten, entwickelte man ein neues Getriebe, so daß zwei M50F-Motoren auf eine Welle arbeiteten. Mit dieser Antriebsvariante wurden beide Boote nacheinander fertiggestellt. 1961 erfolgte die Überführung an die Küste, wo bei ersten Erprobungen nunmehr Störungen an den Getrieben auftraten. Trotzdem wurden beide Boote 1963 als Grenzboote in Dienst gestellt (G-01, G-02). Das »Aus« kam jedoch schon am 10. Juli 1965, so daß das gesamte Projekt »Forelle« trotz erheblicher Aufwendungen nur ein Zwischenspiel war. Fortan wurde bei den größeren Schnellbooten auf sowjetische Typen zurückgegriffen.

Torpedoschnellboot Projekt »206«

Ab Herbst 1968 wurde die Torpedoschnellbootsbrigade mit neuen sowjetischen TS-Booten des Projekts »206« (Shershen) aufgefüllt. Die in der sowjetischen Flotte als Große Torpedoboote (BTK) klassifizierten Fahrzeuge hatten ein Normaldeplacement von 145 t (voll: 161 t) und erreichten eine Höchstgeschwindigkeit von 46 sm/h. Der Bootskörper dieser Fahrzeuge war aus Schiffbaustahl in vollgeschweißter Ausführung hergestellt. Auf dem Oberdeck hatte man ähnlich wie bei den RS-Booten ein schmales Deckshaus aus Leichtmetall aufgesetzt, neben dem an beiden Bordseiten je zwei hintereinander angeordnete Torpedorohre mit festem Schußwinkel zur Bootslängsachse für 533-mm-Torpedos aufgestellt waren. Das Ausstoßen der Torpedos erfolgte mittels einer Pulverkartusche, die elektrisch oder mechanisch von Hand gezündet werden konnte. Zur Bekämpfung von See- und Luftzielen hatten die Boote zwei 30-mm-Turmwaffen AK230 in Doppellafette, die mit einer Funkmeß-Waffenleitanlage MR-104 gekoppelt waren. Ein Handrichten beider Geschütze konnte synchron auch über eine Fernbediensteuerung »Kolonka« mit optischer Visiersäule vorgenommen werden. Ein Vierbein-Gittermast trug die Antenne der Funkmeßstation MR 102 sowie die Antennen der FFK-Anlage und UKW-Stationen. Auf Befehl konnten die Boote auch mit Wasserbombenablaufgerüsten ausgerüstet werden. Darüber hinaus waren sie zum Minenlegen eingerichtet und verfügten über Nebelanlagen. Als Antrieb dienten drei 42-Zylinder-Stern-Reihenmotoren M503A mit je 2942 kW (4000 PS). Sie konnten über eine Fernbedienanlage »Orion« mit drei Fahrständen eingesetzt werden (Brücke außen, innen und Maschinenleitstand). Die Energie erzeugten drei Diesel-Generatorsätze mit den Motoren 6Tsch9,5/11.

Das erste übernommene Boot wurde am 14. Oktober 1968 unter dem Namen ARTUR BECKER in Dienst gestellt. Mit den insgesamt 15 übernommenen Booten blieben die 2., 4. und 6. TSA mit je fünf Booten vorerst im Bestand der TS-Brigade bestehen. Ab Juli 1971 wurden nochmals drei Boote dieses Typs übernommen, so daß die Brigade nunmehr über 18 Boote verfügte. Gleichzeitig fand mit Wirkung vom 1. Dezember 1971 eine Umstrukturierung der 6. Flottille statt. Anstelle der typenreinen Brigaden wurden drei gemischte Raketen- und TS-Bootsbrigaden gebildet (1., 3. und 5. RTSB). Beim gemeinsamen Handeln dieser gemischten Brigaden waren die TS-Boote für das taktische Verfahren »Ausweitung des Erfolges« vorgesehen. Ferner setzte man nun auch Große TS-Boote als Führerboote für LTS-Bootseinheiten ein.

Ab 1971 sind drei TS-Boote (»206/1, 3 und 7«) zur Nutzung als Ausbildungsboote in die Schulbootsbrigade abgestellt worden (Kennung S vor zweistelliger Bord-Nr).

Am 1. September 1984 sind dann die ersten drei Boote »206/2, 3 und 4« zum Abbruch außer Dienst gestellt worden. Die Verschrottung der letzten Boote erfolgte ab Februar 1990.

Abschuß zweier Übungstorpedos.

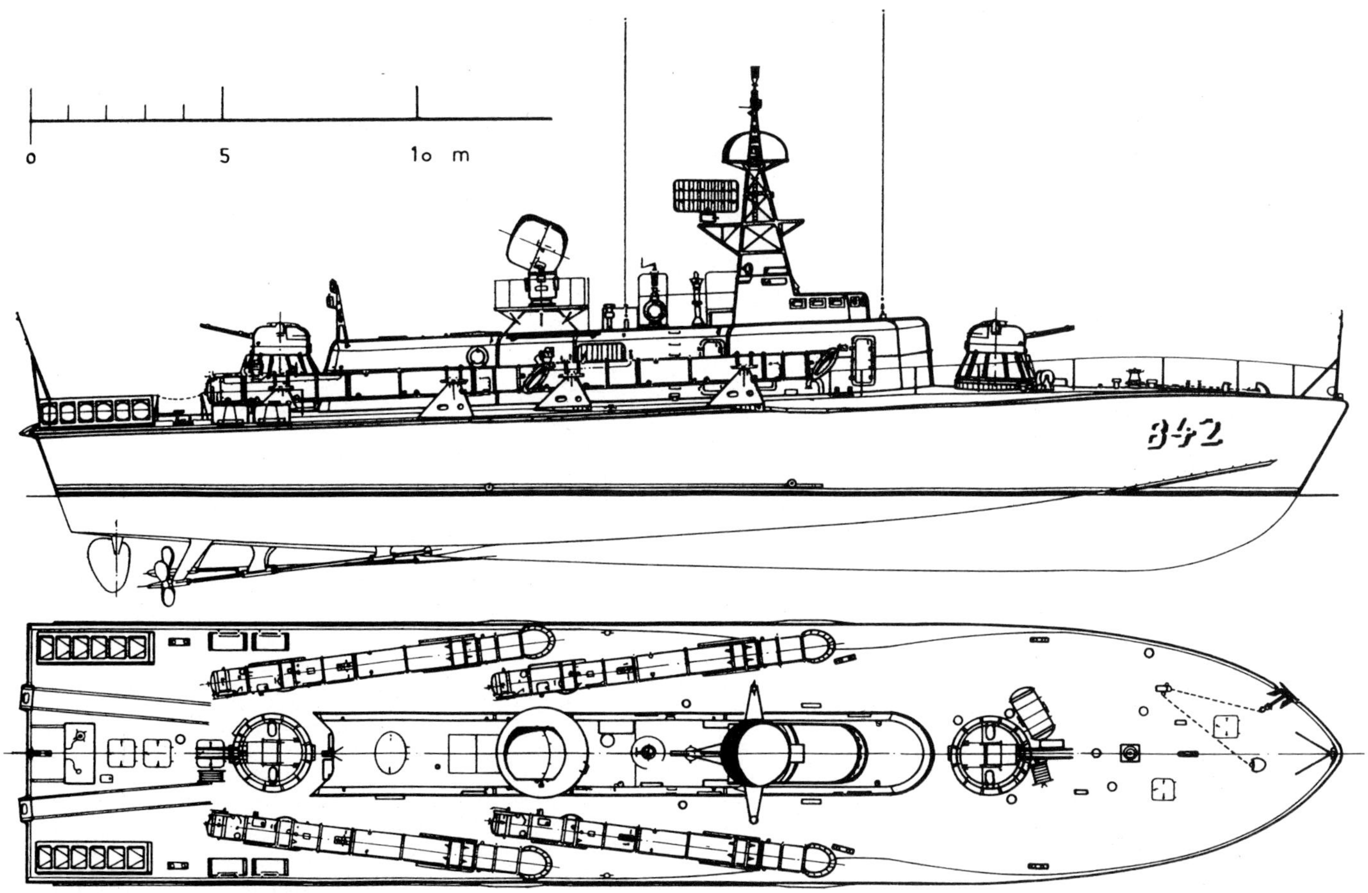

Großes TS-Boot Projekt »206«.

Leichtes Torpedoschnellboot Projekt »Iltis«

1958 kam es zu einer Art Ausschreibung, im Rahmen derer eine neue Generation von maritimen Kleinkampfmitteln entstehen sollte, die durchaus als DDR-spezifisch anzusehen war. Obwohl es verschiedene Vorläufer dieser Kleinst-Torpedoboote bereits im Ersten und Zweiten Weltkrieg gab (brit. CBM, ital. MAS, dt. LS-Boot, sowj. G5), gestattete es der Entwicklungsstand des Schiffbaus, der Motorenfertigung sowie der E-Technik/Elektronik, Anfang der 60er Jahre neue Typen von kleinen Torpedoträgern zu entwickeln, die spezifischen Anforderungen voll gerecht werden konnten und eine hohe Zuverlässigkeit aufwiesen.

An der Entwicklung der LTS-Boote wurden ab 1958 im

Das Versuchsboot V–01 beim Torpedoschuß.

Eine LTS-Abteilung am Schwimmenden Stützpunkt in Dranske. Im Hintergrund auf Slip die umgebauten Zielboote Z 84 und Z 85 (Projekt »183«).

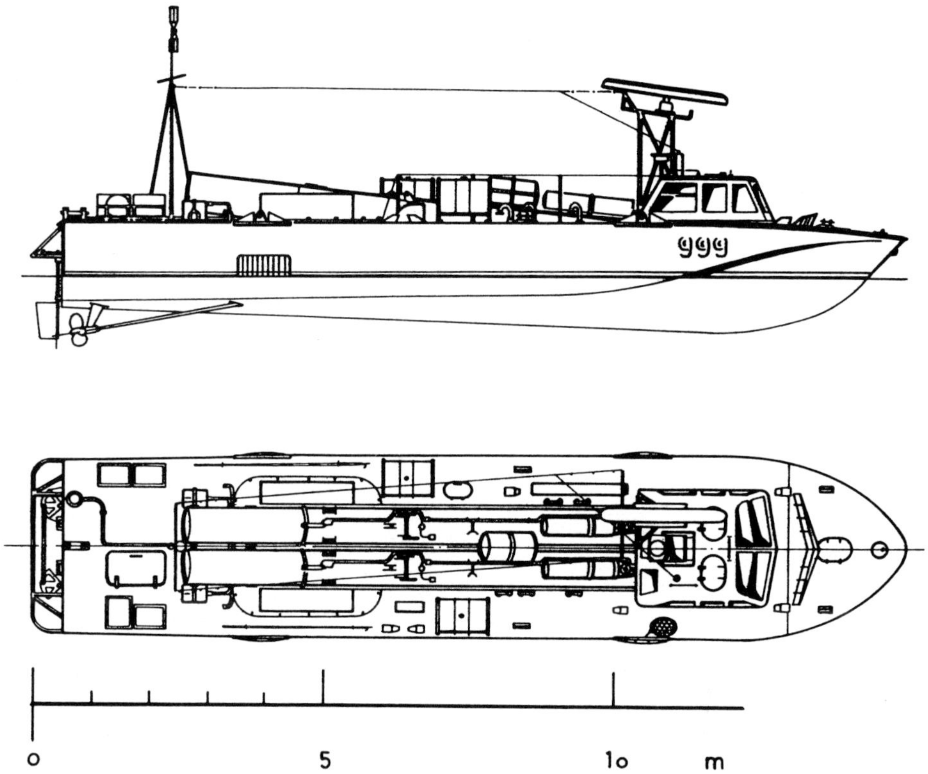

LTS-Boot Projekt »63.3«.

Rahmen einer Aufgabenstellung das Institut für Schiffbautechnik (ISW) in Wolgast, die Yachtwerft Berlin mit dem übernommenen Rennbootskollektiv Johannisthal und das Konstruktionsbüro der Roßlauer Schiffswerft beteiligt. Die allgemeinen Forderungen für einen kleinen Torpedoträger beinhalteten folgende Rahmenbedingungen:
- ausreichende Stabilität und Festigkeit für eine Spitzengeschwindigkeit von 50 sm/h (92,6 km/h);
- Bewaffnung mit zwei Ausstoßrohren für 533-mm-Torpedos;
- funkelektronische Ausrüstung zum Einsatz bei verschiedenen Wetterbedingungen zu jeder Tages- und Nachtzeit;
- kurzzeitiges Herstellen der Gefechtsbereitschaft;
- Einsatz des Bootes durch eine Besatzung von drei Mann.

Das vom ISW unter der Projekt-Nr. »63« entwickelte Boot sah eine Leichtmetallkonstruktion mit Zwei-Wellenanlage und einer Bewaffnung mit zwei 533-mm-Torpedorohren vor. Für den Torpedoeinsatz wurde eine Ausstoßvariante mittels Druckluft gewählt, bei der die Torpedos entgegen der Fahrtrichtung des Bootes, aber mit dem Gefechtskopf in Schußrichtung, abgefeuert wurden. Im Vorschiff war eine kleine Fahrerkabine eingelassen, von der aus das Boot anfänglich durch zwei, später durch drei Mann Besatzung gefahren wurde. Für das Projekt »63« waren von Anbeginn zwei sowjetische Dieselmotoren M50F-3 mit einer Leistung von 882 kW (1200 PS) je Motor vorgesehen. Die geplante Höchstgeschwindigkeit sollte mindestens 50 sm/h bei Glattwasser betragen. Die Entwicklung dieses Bootes schloß umfangreiche Versuche mit Schleppmodellen, Propellern sowie technologische Entwicklungen zur Verarbeitung von Leichtmetall (AlMg4,5) ein.

Die ersten drei Versuchsboote des Projekts »63.1« wurden ab 1959 in der Peene-Werft gebaut und ab März 1960 ersten Erprobungen unterzogen. Diese Boote hatten mit L/B/T von 13,8/3,6/0,52 Metern ein Volldeplacement von 16 t. Die beiden Antriebsmotoren waren in Normallage mit Zwischenwellen eingebaut. Diese Erprobungsträger waren noch instabil und erreichten nicht die geforderte Geschwindigkeit. Das überarbeitete Projekt »63.2« sah nun eine Veränderung der Hauptabmessungen und der Einbaulage der Motoren vor. Um die Schwerpunktlage zu verbessern, wurden die Maschinen weiter nach achtern versetzt, wodurch aber ein Einbau mit dem Abtriebsflansch in Fahrtrichtung erfolgen mußte (Neigung der Propellerwellen!). Zur Kraftübertragung wurde nunmehr eine kleine Gelenkwelle und ein Umkehrgetriebe je Motor erforderlich. Das Versuchsboot »63.2« wurde 1961 kurzzeitig erprobt. Es erreichte bereits die geforderte Geschwindigkeit, jedoch trat noch eine gewisse Instabilität auf. Nach nochmaliger Veränderung erfolgte dann ab 1962 die Erprobung des Versuchsbootes »63.3«, welches bereits alle Grundsatzforderungen weitestgehend erfüllte. Bereits im November 1961 war mit dem Bau einer Nullserie von sechs Booten begonnen worden, die man nach ihrer Fertigstellung als »63.31« bis »63.36« ab August 1963 in Dienst stellte, aber anschließend im WTZ der Volksmarine weiter erprobte und zur Baubelehrung der ersten Besatzungen nutzte. Das erste Serienboot »63.301« wurde am 25. Juli 1964 in Dienst gestellt. Die Serienausführungen umfaßten nun auch die Ausrüstung mit einer Funkmeßstation KSA V und mit einem Hilfsdiesel 1KVD8. Das Nachladen der Druckluftbehälter für den Maschinenstart und den Torpedoausstoß mußte allerdings von Land beziehungsweise von einem schwimmenden Stützpunkt aus vorgenommen werden.

Insgesamt sind von diesem Projekt 30 Serienboote gebaut worden, mit denen drei Abteilungen zu je zehn Booten im Rahmen einer LTS-Brigade formiert wurden. Zum taktischen Einsatz dieser Boote wurde u.a. auch eine Variante mit mobilem Führungspunkt an Land eingeführt. Zur Heranführung an ein Ziel diente die auf einem erhöhten Standort aufgestellte mobile Funkmeßstation Typ »MIS«. Die Führung in See wurde auch – durch eine eingeschiffte Führungsgruppe des Brigadestabes – von größeren Fahrzeugen aus praktiziert. Im Verlauf der Indiensthaltung wurden alle Boote dieses Typs einer Modernisierung unterzogen. An Stelle der Funkmeßstation KSA V kam die leistungsstärkere Anlage TSR222 an Bord. Zur Aufnahme der Antennen neuer Funksende- und -empfangsanlagen (GKWR130, UKWR619) wurde achtern ein leichter Vierbeinmast montiert. Zur Vergrößerung der Fahrstrecke erhielten die Boote Halterungen für zusätzliche Kraftstoffbehälter (Fässer) an Oberdeck.

Mit Zuführung der neuentwickelten Kleinen TS-Boote des Projekts »131« wurden die »63er« Boote ab 1973 nacheinander außer Dienst gestellt und abgebrochen. Mehrere Boote wurden zur Traditionspflege an Land aufgestellt (Wolgast V–01, Bug/Dranske »63.313«). Ein Boot ist heute beim Schiffbaumuseum in Rostock-Schmarl Sachzeuge dieser Typentwicklung.

Leichtes Torpedoschnellboot Projekt »Hydra«

Eine zweite Entwicklungsrichtung zur Realisierung der genannten Aufgabenstellung schlug die Yachtwerft Berlin ein. Unter Beachtung der Rahmenbedingungen wurde hier 1959 das Projekt »68« entwickelt, welches im Unterschied zu den »63er« Booten eine Holzkonstruktion vorsah. Der Bootskörper wurde aus Mahagoni-Holz gefertigt, wobei die Festigkeitsverbände und das Deck aus mehrfach verleimtem Sperrholz beziehungsweise aus kombinierten Holz-Sperrholzteilen hergestellt wurden. Eine originelle Lösung war der Einbau einer Hohlgummiplanke im Unterwasserteil jeder Bordseite, wodurch die bei Holzbooten üblichen Quellerscheinungen abgefangen wurden. Bevor jedoch akzeptable Ergebnisse erzielt werden konnten, waren diverse Schwierigkeiten und Hürden zu überwinden. Das betraf die Gewährleistung einer ausreichenden Festigkeit der Boote, die Bereitstellung geeigneter Klebe- und Anstrichstoffe u. a. m. Wiederholt traten Rückschläge auf, hielten die Verbindungen nicht, und auch die Längsfestigkeit mußte mehrmals neu berechnet werden, was bei einer Holzkonstruktion bekanntlich keine einfache Sache ist. Im Zuge dieser Überarbeitungen erhielten die späteren Boote auch die charakteristisch geschwungene Scheuerleiste (Teil des Festigkeitsverbandes), die den inoffiziellen Konstruktionsnamen »Seepferdchen« erhielt.

Ein erstes Versuchsboot »68.1« hatte noch die kleineren Abmessungen L/B von 13,01/3,6 Metern. Den Antrieb übernahm ein Motor des Typs M50F-3. Beim zweiten Boot »68.2« erfolgten konstruktive Änderungen und der Einbau von zwei Antriebsmaschinen M50F-3. Ab 1962 wurde bereits mit dem Serienbau begonnen, obwohl klar war, daß die ersten Fahrzeuge noch nicht den Anforderungen eines See-Einsatzes genügten. Die Werft führte mit einigen Booten weitere Tests durch, während die Boote »68.201, 202, 203 und 209« 1964 dem WTZ zur Erprobung übergeben wurden. An dem Boot »68.205« wurden Festigkeitsprüfungen vorgenommen. Diese und weitere Erprobungsboote wurden bereits 1967/68 wieder abgebrochen. Nach nochmaliger Überarbeitung des Technischen Projekts begann man ab Bau-Nr. »68.210« mit einer zweiten Bauausführung, von der jedoch ebenfalls einige Boote verworfen wurden. Ab August 1967 war die Entwicklung dann so weit gediehen, daß der LTS-Brigade acht Boote der 1. Bauausführung und zehn Boote der 2. Bauausführung nacheinander übergeben werden konnten.

Die nunmehr 20,9 t verdrängenden Boote waren mit drei Torpedorohren ausgerüstet. Der Ausstoß der Torpedos erfolgte wie bei den »63er« Booten nach achtern. Anstelle der zwei äußeren Torpedorohre ließen sich bei diesem Bootstyp Minenabwurfeinrichtungen für insgesamt sechs Fernzündungsminen KMD-500 montieren. Außerdem waren diese Boote relativ schnell auf eine Transportvariante umzurüsten. Dazu konnten die Torpedorohre abgenommen und an ihre Stelle flache Sitze für 32 Mann Sturmtruppen oder Kampfschwimmer montiert werden. Als Funkmeßstation diente die Anlage KSA III. Als Funkstation verfügten die Boote über eine GKW-S/E US9DM und eine UKW-S/E R800. Die F/E-Kosten für diesen Typ betrugen 790000 Mark, die Serienkosten für die 1. und die 2. Bauausführung dagegen 18,0 Mill. Mark.

Die in Dienst gestellten Boote erfüllten die speziellen Anforderungen zur vollen Zufriedenheit. Mit einer sehr aufwendigen Entwicklung war hier der technische Beweis erbracht worden, daß diese Konstruktion auch härtesten Seebelastungen gewachsen war. Nach Ablauf der vorgesehenen Lebensdauer wurden die meisten Boote bis 1977 außer Dienst gestellt und abgebrochen. Ein Boot wurde im WTZ für Erprobungszwecke zu einem funk-ferngesteuerten »LTS-Schlepper« umgebaut (V12). Ein weiteres Boot fand seinen

links:
Das Berliner LTS-Boot des Projekts »Hydra« (Projekt Nr. »68.2«).

Projekt »68.2« in Minenvariante, 1969.

Projekt »68.2« in Transportvariante, 1968.

Das Roßlauer Versuchs-LTS-Boot Projekt »81«.

Platz im damaligen Armeemuseum in Dresden, und ein Boot wurde zum Wohnboot für betriebliche Nutzung in der Bootswerft Wieck umgebaut. Der Vollständigkeit halber sei noch die LTS-Bootsentwicklung der Roßlauer Schiffswerft erwähnt. Außer einigen kleinen Versuchsbooten (M1 bis M4) war hier ein ähnliches Projekt wie das »63er« Boot entwickelt worden, welches in der Abschlußphase als Projekt »81« noch mit einem flachtauchenden Bugtragflügel ausgerüstet wurde. Als Antrieb diente nur ein Dieselmotor des Typs M50F-3. Obwohl das Boot bei Glattwasserversuchen die geforderte Geschwindigkeit erreichte, wurde diese Entwicklung nicht weiter verfolgt.

Dieses Versuchsboot war dann lange Zeit im Armeemuseum in Potsdam zu besichtigen. Ein weiteres Versuchsboot des Projekts »Möwe« (Projekt Nr. »58«) wurde aus GUP-Verbundwerkstoffen auf der Bootswerft in Greifswald hergestellt. Als Antrieb war ein Junkers-Dieselmotor »Jumo 205C« vorgesehen. Auch dieses Boot wurde nur zu Versuchszwekken sowie für Erprobungen gebaut und anschließend wieder abgebrochen.

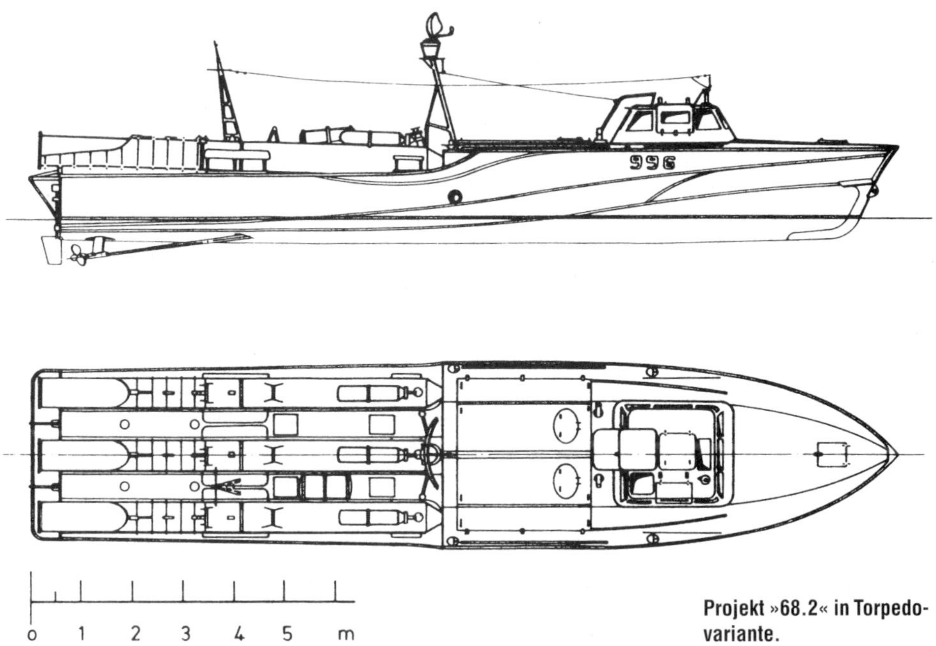

Projekt »68.2« in Torpedovariante.

Kleines TS-Boot Projekt »131«

Um insbesondere die Einsatzmöglichkeiten der kleinen Torpedoträger universeller gestalten und gleichermaßen die Einsatzkriterien Wind/See erhöhen zu können, wurden bereits Ende der 60er Jahre Entwurfsuntersuchungen für ein Kleines Torpedoschnellboot (KTS) unter der Projekt-Nr. »131« (Libelle) eingeleitet. Auf den bisherigen Erfahrungen aufbauend, wurde nun ein 30-t-Boot entworfen, das sowohl eine zusätzliche Bewaffnung als auch eine Verbesserung der funkelektronischen Ausrüstung zuließ. Als Antriebsanlage waren drei sowjetische Dieselmotoren des Typs M50F mit einer Gesamtleistung von 2647 kW (3600 PS) vorgesehen, womit eine maximale Geschwindigkeit von rund 45 sm/h erzielt werden sollte. Bootskörper und eingelassenes Deckshaus mit Kommandantenkanzel wurden wiederum aus Leichtmetall in vollgeschweißter Ausführung gefertigt. Die beiden Torpedorohre waren diesmal in den Bootskörper eingelassen. Nur der hintere Teil war in den seitlich abgesetzten Taschen kurz über der Wasserlinie sichtbar. Das Ausstoßverfahren wurde analog zu dem der LTS-Boote beibehalten. Als zusätzliche Bewaffnung wurde auf dem Achterdeck eine modifizierte 23-mm-Zwillingsflak DL2V23 mit einem Wetterschild angebracht, und seitlich neben dem Deckshaus montierte man zwei Minenausstoßrohre für die Mine UDM. Als Funkmeßstation kam die leistungsfähigere Anlage TSR333 zum Einsatz. Zur Besatzung zählten nunmehr fünf Mann. Auch dieser Bootstyp konnte in eine Transportvariante umgerüstet werden. Dazu ließen sich die Minenbehälter abbauen und an deren Stelle je Bordseite eine Sitzreihe mit festem Schanzkleid und einer Persenningabdeckung aufrüsten.

Das erste Versuchsboot »131.1« wurde ab Oktober 1971 auf der Peene-Werft in Wolgast gebaut und am 30. Mai 1972 zur Erprobung dem WTZ der Volksmarine übergeben. Ihm folgten 1972/73 zwei weitere Versuchsboote (»131.2 und 3«), mit denen eine umfangreiche Erprobung – auch unter Truppenbedingungen – durchgeführt wurde. Nochmalige Änderungen und Verbesserungen der Ausrüstung führten dann zum Bau des Bootes »131.400« (später als »131.4« eingeordnet), bei dem der Bootskörper und die Aufbauten von der Schiffswerft Rechlin ausgeführt wurden. Dorthin war ab Mai 1972 die Fertigung der geplanten Serienfahrzeuge verlagert worden, so daß die Peene-Werft später nur noch die Endausrüstung und die Bewaffnung vornahm. Alle Serienboote wurden dazu in einem abgestimmten Taktverfahren auf dem Landwege von Rechlin nach Wolgast überführt.

Das erste Serienboot »131.401« wurde am 20. Dezember 1974 an die Volksmarine übergeben und am gleichen Tag mit Befehl Nr. 88/74 in Dienst gestellt. Ihm folgten bis 31. März 1977 weitere 29 Boote. Mit den insgesamt 30 übergebenen Serienbooten wurden nacheinander zwei LTS-Brigaden zu je 15 Booten formiert. Das Versuchsboot »131.4« diente noch längere Zeit als Ausbildungsboot beziehungsweise als Versuchsträger für Langzeiterprobungen (Werkstoffe, Laufzeit der Motoren u.ä.).

Das Projekt »131« galt als ausgereifte Konstruktion, selbst

KTS-Boot in Transportvariante.

KTS-Boot Projekt »131«.

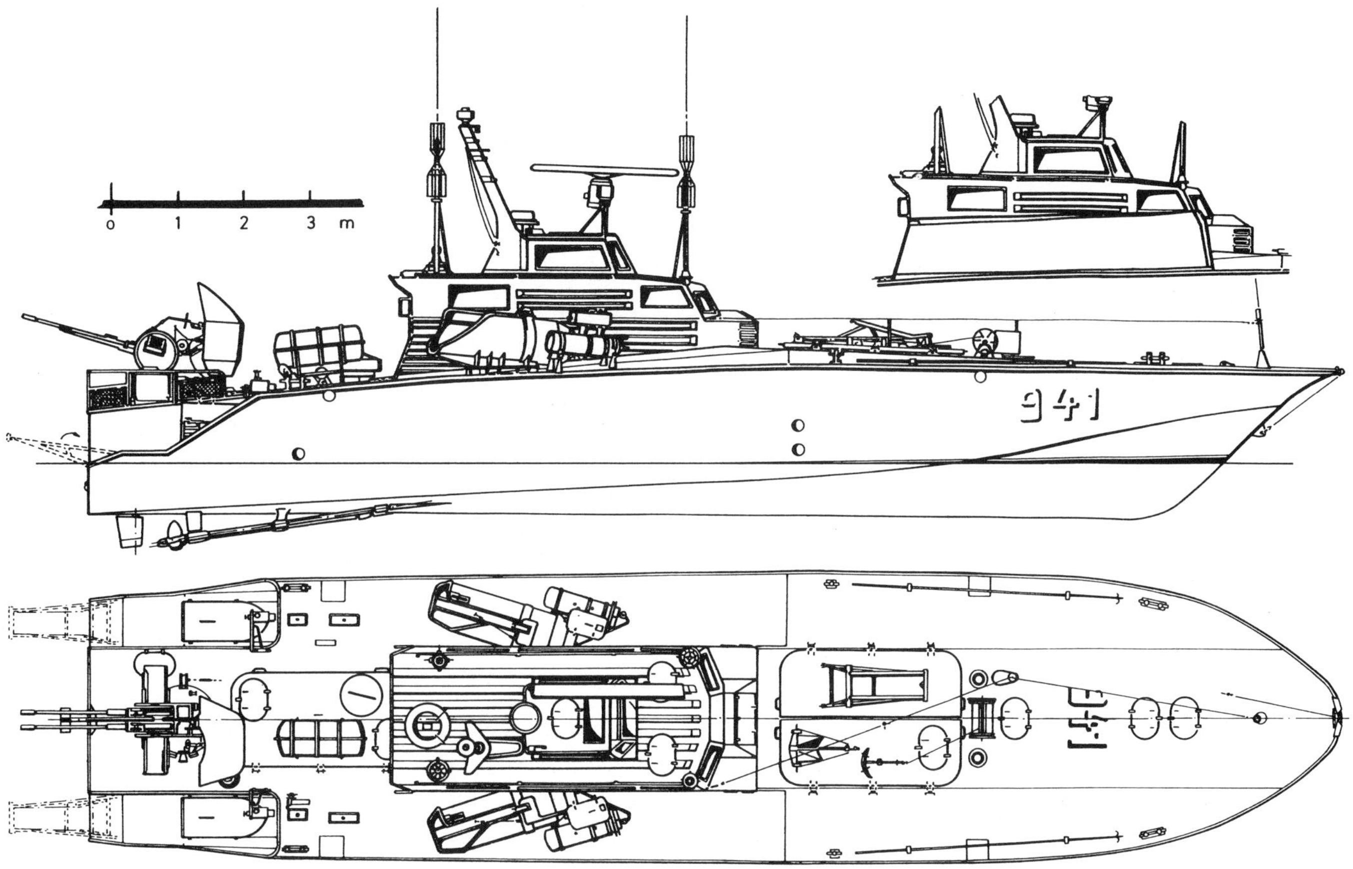

wenn vereinzelt Nachbesserungen vorgenommen werden mußten. Wegen der hohen Beanspruchung ursprünglich nur für 500 Fahrstunden zugelassen, konnte dieser Grenzwert auf Grund der ermittelten Festigkeitsreserve später auf 750 Stunden erhöht werden. Es gab auch Überlegungen, dieses Projekt zu einem kleinen Raketenschnellboot weiterzuentwickeln (Projekt »141.1«, ca. 95 t), jedoch wurden diese Arbeiten nach einer Studie abgebrochen. Außerdem war vorgesehen, ein Musterboot einschließlich der Dokumentation an Kuba zu liefern (für den Nachbau oder eine Bestellung bei der Peene-Werft). Das Vorhaben wurde jedoch aufgegeben.

Nach knapp zehnjähriger Nutzung wurden die ersten 16 KTS-Boote 1984 außer Dienst gestellt und abgebrochen. Das Boot »131.421« (Bord-Nr. 951) war 1986 nach einer schweren Kollision mit einem RS-Boot gesunken, wobei ein Besatzungsmitglied den Tod gefunden hatte. Wegen der schweren Beschädigung wurde das Fahrzeug nach seiner Bergung verschrottet. Zwei Boote gingen nach ihrer Außerdienststellung an Museen (»131.423« – Rostock, »131.426« Dresden). Das Boot »131.410« (Bord-Nr. 925) wurde als Museumsboot vom Institut für Schiffahrts- und Marinegeschichte in Hamburg erworben, und die Bau-Nr. »131.408« wurde an das Marinemuseum Dänholm abgegeben.

Flugkörper – Schnellboote

Zum Aufbau der geplanten Stoßkräfte wurden auf der Grundlage eines Regierungsabkommens ab 1962 Raketenschnellboote des sowjetischen Projekts »205« (Osa I) importiert. Dieses anfänglich durchaus moderne Waffensystem galt trotz des spektakulären Erfolges bei der Versenkung des israelischen Zerstörers Elath am 21. Oktober 1967 durch ägyptische RS-Boote schon bald als veraltet. Hauptsächlich aus ökonomischen Gründen konnte jedoch erst ab 1984 an einen Ersatz dieser Boote durch sowjetische Lieferungen gedacht werden. Eigene Entwicklungen wurden zwar eingeleitet, endeten aber auf Grund der bis 1989 nicht zur Verfügung stehenden Raketenbewaffnung in einem Patrouillenboot. Die bis dahin ausschließlich auf Basis von Flüssigkeitstriebwerken zur Verfügung stehenden Raketen (»P-15«, »P-21«, »P22«) erforderten einen hohen mobilen und stationären logistischen Aufwand (Regelkomplexe, Tank-, Transport- und Neutralisatorenfahrzeuge). Schiffbaulich galten die RS-Boote der 1. Generation als gelungen, während beim Antrieb wiederholt Ausfälle durch Triebwerksschäden auftraten.

Raketenschnellboot Projekt »205«

Die ersten beiden Boote dieses Typs wurden im Herbst 1962 unter strengster Geheimhaltung in einer »Sicherheitszone« in Peenemünde-Nord übernommen. Kommandanten und Fachoffiziere waren zuvor auf Lehrgängen in der Sowjetunion ausgebildet worden. Die Indienststellung des ersten Bootes »205/1« erfolgte am 20. November 1962.

Von der Bootskörperform her waren diese Fahrzeuge kombinierte Verdrängungs-Gleitboote, die sowohl für hohe Geschwindigkeiten als auch für Einsätze bei mittlerem Seegang ausgelegt waren. Der Bootskörper war aus Schiffbaustahl gefertigt, während das Deckshaus aus Leichtmetall bestand (Übergang genietet). Neun Schotte unterteilten den Bootskörper in zehn wasserdichte Abteilungen. Das Projekt war als sogenanntes »Zwei-Abteilungsschiff« entworfen worden, d.h., auch beim Fluten zweier benachbarter Abteilungen behielt das Boot seine Schwimmfähigkeit, wobei sich beim Fluten der achteren Abteilungen allerdings ein negativer Freibord einstellte. Auf dem durchgehenden Oberdeck war ein schmales, langes Deckshaus aufgesetzt, an dessen Seiten man die vier Raketenhangare aufgestellt hatte. Die aus dem Hangar startbaren Seeziel-Raketen des Typs »P-15« (Styx) verfügten über eine autonome Funkmeß-Zielsucheinrichtung sowie über eine abwerfbare Starthilfsrakete und ein Marschtriebwerk (s. Raketenbewaffnung). Die Artilleriebewaffnung bestand aus zwei 30-mm-Doppellafetten AK230 mit der Funkmeß-Waffenleitanlage MR104, welche allerdings bei den ersten Booten zu einem späteren Zeitpunkt nachgerüstet wurde. Als Hauptfunkmeßanlage mit Raketen-Feuerleiteinrichtung war die sowjetische Station »Rangout« mit dem System »Klon«, gekoppelt mit FFK-Anlage »Nichrom RR«, vorhanden. Bei der Funkausrüstung verfügten die Boote in der Erstversion über eine GKW–50W R612 und zwei UKW-Stationen R-619.

Als Antriebssystem war eine Drei-Wellenanlage mit Festpropeller vorgesehen. Mit jeder Welle wurde ein Viertakt-Dieselmotor des Typs M503A über ein Getriebe gekoppelt. Diese aufgeladenen Motoren sind Stern-Reihenmotoren mit je 42 Zylindern (analog TS-Boot Projekt »206«). Die Elektroenergieversorgung übernahmen drei Diesel-Generatorsätze mit Antriebsmaschinen des Typs 6Tsch-12/14 beziehungsweise 6Tsch-10,5/13–2. Zum Maschinengefechtsabschnitt gehörten weiterhin verschiedene Lenzpumpen, Verdichter, ein vollautomatischer Klein-Kessel KOAW–68 sowie Umformersätze und Akkumulatoren.

Bis zum Dezember 1965 wurden nacheinander zwölf Boote übernommen. Mit ihnen formierte sich die Raketenschnellbootsbrigade mit der 1., 3. und 5. RSA zu je vier Booten. Ab 1971 wurden nochmals drei Boote übernommen (»205/13, 14 und 15«), gleichzeitig aber drei der älteren Boote in die Schulbootsabteilung abkommandiert.

Den ersten Raketenschießabschnitt absolvierten zwei RS-Boote vom 5. bis 13. Mai 1964 im Schießgebiet vor Baltisk (Pillau). Zur Geschichte dieser Bootsgattung gehört auch ein ungewollter Raketenstart auf der mittleren Ostsee, bei dem zum Glück das Marschtriebwerk nicht zündete (technisch nicht zünden konnte!). Die nach kurzer Flugbahn abgestürzte Rakete wurde durch Taucher und mit Hilfe von Hebezeugen geborgen.

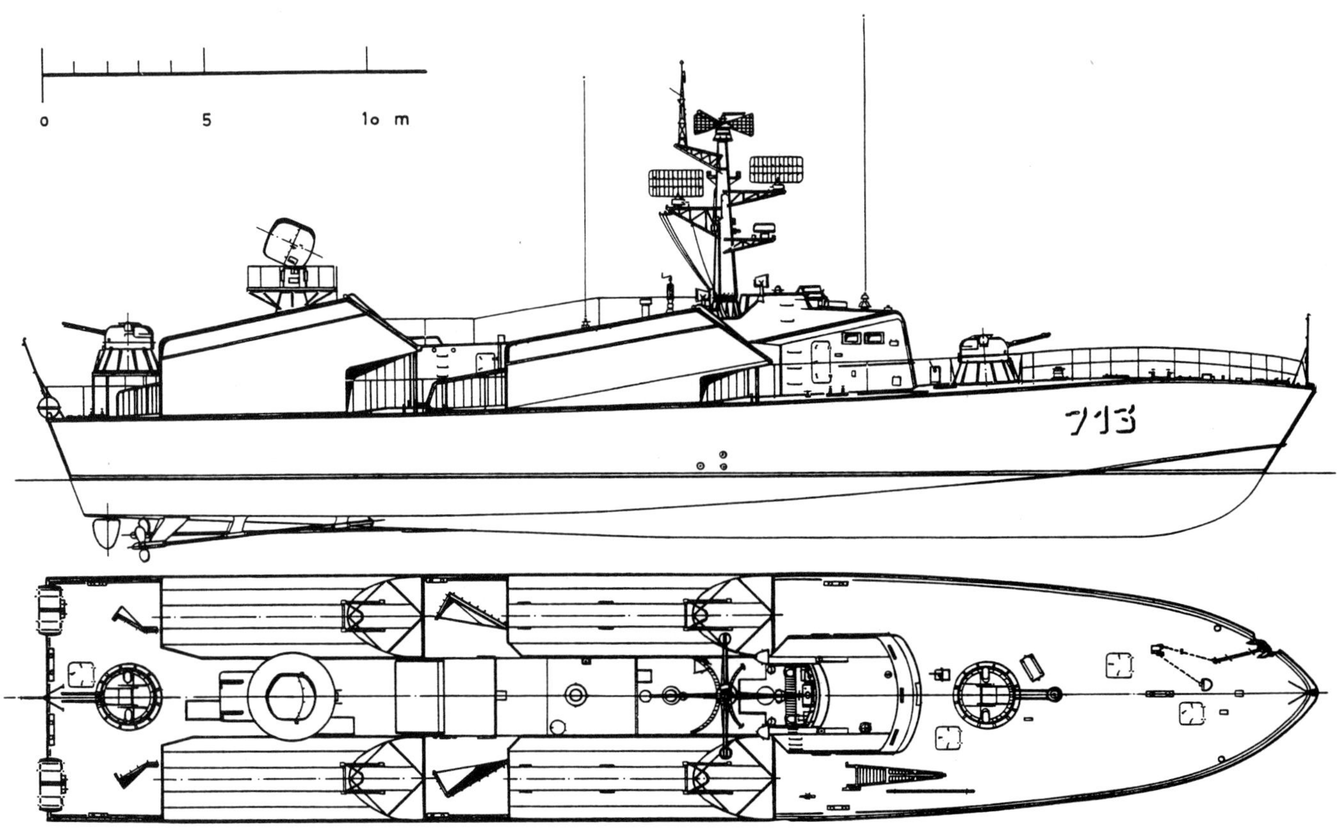

RS-Boot Projekt »205«.

Wegen des hohen Verschleißes und eingetretener Materialermüdung (Risse in Maschinenfundamenten) wurde ab 1981 mit der Außerdienststellung der ersten beiden RS-Boote begonnen (Paul Eisenschneider und Rudolf Eglhofer). Einige der verbliebenen Boote wurden mit dem FASTA 4-Starter für STRELA-Raketen nachgerüstet. Zwei Schulboote kommandierte man nach Auflösung der Schulbootsabteilung in die RS-Brigade zurück. Alle anderen RS-Boote wurden trotz Übernahme der ersten Tarantul-Boote noch bis 1990 in Dienst gehalten. Ihre offizielle Außerdienststellung erfolgte durch die Anordnung 36/90 am 1. Oktober 1990. Im Sommer 1993 wurden drei Boote an Lettland übergeben. Für die restlichen Boote ist eine Weitergabe an Litauen und Estland geplant.

Start eines Seeziel-FK »P-15«.

Kleines Raketenschiff Projekt »1241 RÄ«

Die Kleinen Raketenschiffe (KRS) des sowjetischen Projekts »1241 RÄ« (Tarantul I) wurden ab Oktober 1984 im Stützpunkt Bug/Dranske von Besatzungen der 6. Flottille übernommen. Bei einem Normaldeplacement von 420 t entsprach die Raketenbewaffnung annähernd derjenigen der RS-Boote »205«. Die Artillerie- und die funkelektronische Ausrüstung wurden jedoch mit moderneren Waffensystemen erweitert. In Fachkreisen ist bekannt, daß dieser Schiffstyp in der UdSSR eine Weiterentwicklung erfuhr. Schiffe des Typs Tarantul II unterscheiden sich hauptsächlich durch eine veränderte Funkmeßausrüstung (Radom auf dem Brückenhaus) und eine andere Mastkonstruktion. Auch die an Polen gelieferte Variante des Typschiffs Gornik weist geringfügige Änderungen auf. Auf der Grundlage des Basisprojektes wurde in der UdSSR außerdem ein als Kleines U-Jagdschiff verwendbares Fahrzeug entwickelt (Pauk-Klasse).

Die Hauptbewaffnung bestand aus dem Seeziel-FK-System »P-20« mit zwei Doppelhangars zum Start von Raketen der Typen »P-21« und »P-22« (s. Raketenbewaffnung). Die Artilleriebewaffnung umfaßte ein 76-mm-Decksturmgeschütz AK176 auf dem Vorschiff und zwei 6läufige 30-mm-Revolverkanonen AK630 auf dem achteren Aufbau. Das Achterdeck trug zusätzlich einen Vierfachstarter FASTA 4 für Nahbereichsabwehrraketen STRELA M. Als Funkmeßwaffen-

Ein KRS im Stützpunkt Dranske.

KRS Projekt »1241« (Tarantul I).

leitanlage diente die Station MR 123/176 »Garpun« und als Funkmeßanlage für die Seeraumbeobachtung die Station »Petschora« mit der FFK-Anlage »Nichrom RR«. Für funkelektronische Gegenmaßnahmen (FEK) verfügten die Schiffe über zwei Düppelwerfer PK 16.

Die Zweiwellenantriebsanlage M 15 Ä nach dem System COGAG umfaßte zwei Marsch- und zwei Gefechtsgasturbinen, welche über Verbundgetriebe und Antriebswellen wahlweise auch über Kreuz gefahren werden konnten. Mit den beiden Marschturbinen DM 76 (je 2940 kW) und den Gefechtsturbinen DR 77 (je 8526 kW) betrug die Gesamtleistung dieser Anlage 22 950 kW (31 180 PS), womit eine für diese Schiffsgröße beachtliche Höchstgeschwindigkeit von 44 sm/h erreicht werden konnte.

Bis zum 28. Oktober 1986 wurden fünf dieser Boote von der Volksmarine übernommen (Bord-Nr. 771 bis 775). Sie erhielten teilweise Namen von außer Dienst gestellten RS- beziehungsweise TS-Booten. Ihre Einsatzfähigkeit war kurz nach der Übernahme allerdings zeitweilig eingeschränkt, da bereits Instandsetzungen von Getrieben in einer sowjetischen Werft vorgenommen werden mußten. Auch einige Wellenböcke mußten wegen aufgetretener Risse ausgewechselt werden. Beim ersten übernommenen Boot wurden außerdem deformierte Bodenverbände festgestellt, welche auf eine Grundberührung vor der Übernahme schließen ließen. In intensiven Verhandlungen mußten dazu Qualitätsfragen in der Herstellerwerft erörtert werden. Der Preis eines Schiffes betrug übrigens 77,1 Mill. Mark.

Nach dem 3. Oktober 1990 wurde ein Boot zeitweilig von der Bundesmarine unter dem Namen Hiddensee (P 6166) übernommen und anschließend den USA zu Erprobungszwecken überlassen.

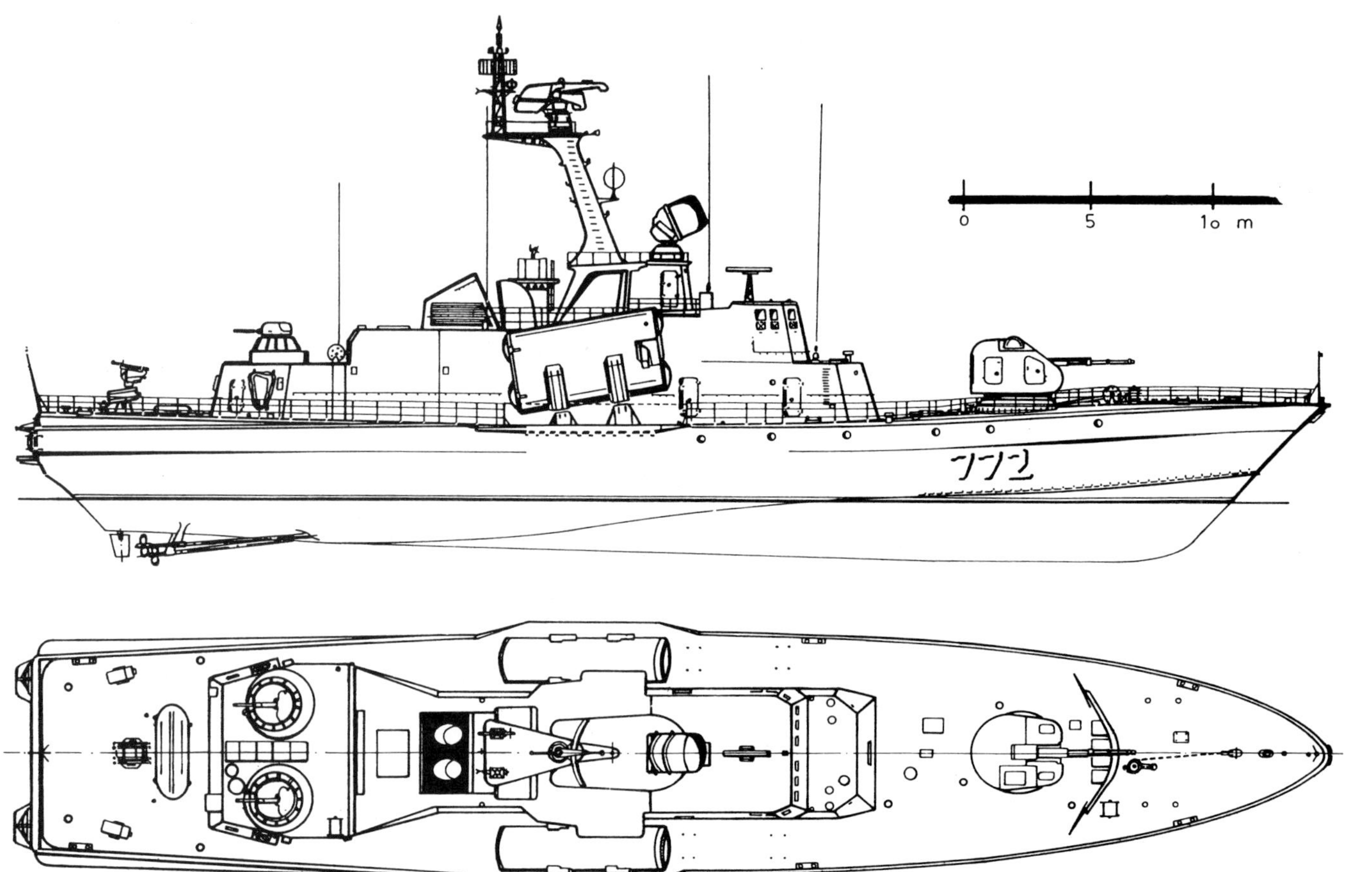

Kleines Raketenschiff Projekt »1241 RÄ«.

Raketenschnellboot Projekt »151«

Als Schlußpunkt einer eigenständigen Kampfschiffentwicklung wurde von der Peene-Werft Wolgast in Zusammenarbeit mit ministeriellen und VM-Dienststellen das Raketenschnellboot »151« (BALCOM-10) entwickelt. Bereits Ende der 70er Jahre erfolgten erste Voruntersuchungen, um mit einem kampfwertgesteigerten Projekt nicht nur eine Ablösung der verschlissenen RS-Boote zu gewährleisten, sondern möglicherweise auch eine Exportversion für die UdSSR anzubieten. Mit diesem Projekt wurde auf der Peene-Werft erstmalig ein Verdrängungs-Schnellboot konzipiert, bei dem eine vorgegebene Geschwindigkeit von etwa 35 sm/h nur eine maximale Wasserverdrängung von ca. 350 t zuließ. Diese harten Projektierungsgrenzen waren hauptsächlich durch die von der UdSSR zu liefernden Antriebsmaschinen mit einer maximalen Leistung je Motor von 3970 kW (5400 PS) gesetzt und zwangen zu einem extremen Leichtbau.

Der Bootskörper mit einer Länge ü. a. von 48,9 m wurde aus Schiffbaustahl in Sektionsbauweise gefertigt, während man die Aufbauten wieder aus Leichtmetall herstellte. Als Raketenbewaffnung waren zwei neuentwickelte Vierfachstarter für damals offensichtlich noch in der Erprobung befindliche sowjetische Seezielraketen vorgesehen. Zur Entwicklung und zum Musterbau der Startcontainer »1520« wurden die Hauptabmessungen und eine Attrappe der Rakete übergeben. Außerdem war bekannt, daß es sich nunmehr um eine Rakete mit Feststofftriebwerk handeln sollte, für die der zukünftige Container zugleich Lager-, Transport- und Schußbehälter war. Der Vierfachkomplex konnte nach Verschuß der Raketen komplett gegen einen neuen ausgetauscht werden. Lediglich das Containeruntergestell war an Bb.- und an Stb.-Seite mit einem festen Seiten- und Höhenwinkel starr montiert. Als Artilleriegeschütze kamen die gleichen Modelle wie beim Projekt »1241« zum Einsatz (1×AK 176), allerdings nur eine 6×30-mm-AK 630. Der FASTA-Starter für kleine STRELA-Raketen (4 Stück) stand bei diesem Projekt auf dem mittleren Teil des schmalen Decksaufbaus. Zur Waffenleitung der Geschütze wurden die Systeme MR 123/76 mit der Station »Wympel-AMÄ« eingesetzt. Als Funkmeßanlage diente die Station »Garpun-Ä« mit der FFK-Anlage »Nichrom RR«. Für eine funkelektronische Täuschung konnten zwei Düppelwerfer SGW–3 und ein in der DDR neuentwickeltes Schiffsdüppelgebläse SDG-1 eingebaut werden.

Den Antrieb des Bootes übernahmen drei 56-Zylinder-Stern-Reihenmotoren des weiterentwickelten Typs M 520. Zwei Maschinen waren im vorderen und eine Maschine im hinteren Maschinenraum aufgestellt. Der Maschinenleitstand befand sich vor dem zweiten Maschinenraum. Zur Energieversorgung dienten drei Diesel-Generatorsätze mit den Motoren 6 VD 18/152 (2) beziehungsweise 6 VD 18/15A2 (1), die zwei E-Werke einspeisten. Als Propulsionsmittel wirkten

Raketenschnellboot Projekt »151«.

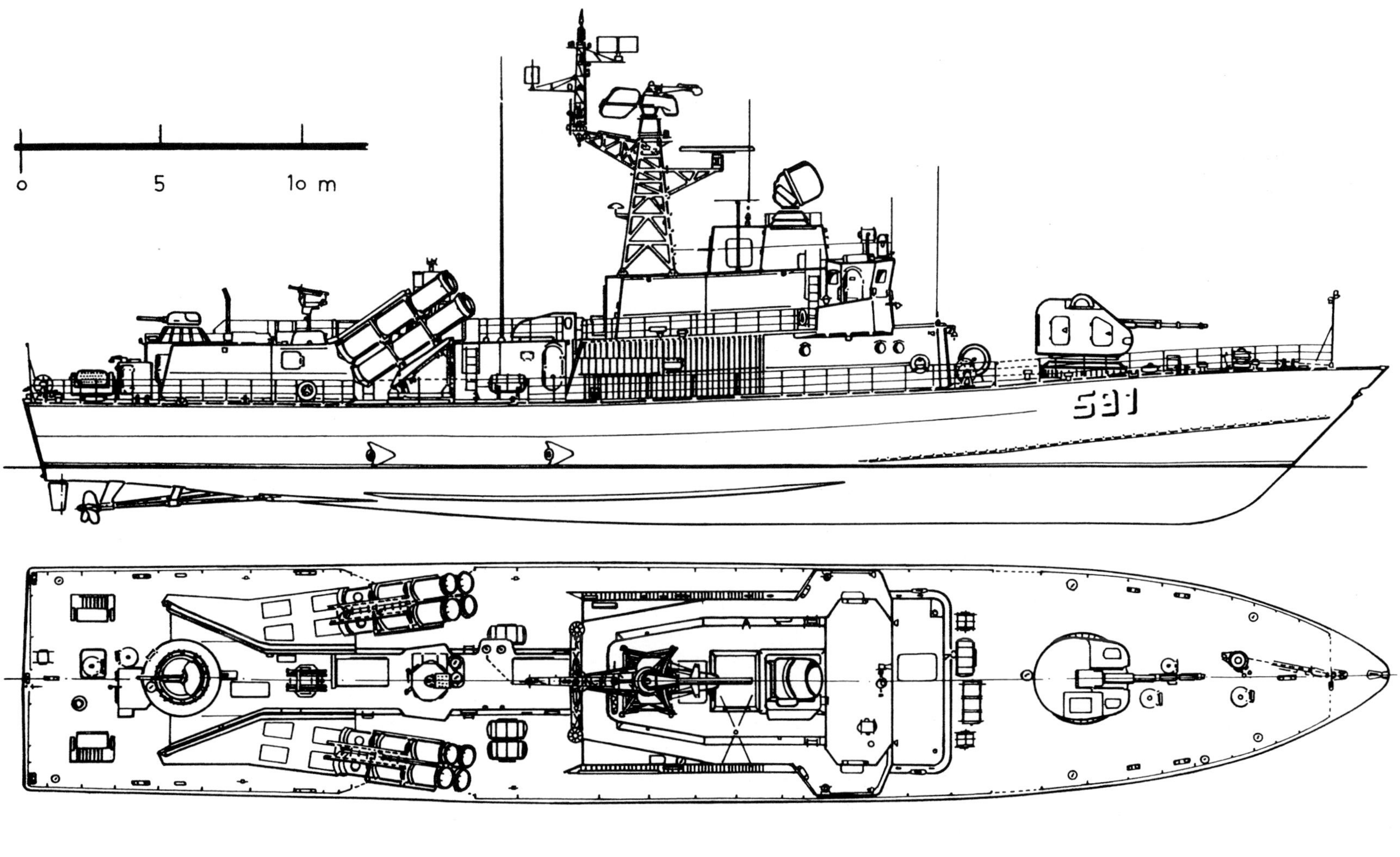

Festpropeller. Die Fahrstrecke sollte normal 1600 sm (max. 2400 sm möglich) mit einer Autonomie von fünf Tagen betragen. Als Besatzung waren sieben Offiziere und 26 Unteroffiziere/Mannschaften vorgesehen. Bei einem Schätzpreis von 77,1 Mill. Mark je Boot war ein Gesamtfinanzierungsbedarf von 925,2 Mill. Mark geplant.

Wegen der politischen Entwicklung in der DDR im Frühjahr 1990 war abzusehen, daß die UdSSR die geplanten Raketen nicht mehr liefern würde. Im Rahmen der Reformbestrebungen in der NVA wurde beschlossen, von der Raketenvariante abzugehen und die ersten Boote als Patrouillenboote in Dienst zu stellen. Das erste vorgezogene Serienboot »151.0« stellte man dann am 31. Juli 1990 mit dem Namen SASSNITZ in Dienst. Dieses Boot wurde nach dem 3. Oktober 1990 mit der Kennung P 6165 von der Bundesmarine übernommen und nach einem Totalumbau 1993 als BGS-Boot NEUSTRELITZ (BG 22) weitergenutzt. Einer gleichen Verwendung werden auch die Boote 151.1 und 151.2 zugeführt. Drei weitere Bootskörper wurden an Polen geliefert, die dort inzwischen als Projekt 660/151 unter den Namen ORKAN, HURAGAN und PIORUN in Dienst stellten.

Fregatten

Wie im Kapitel »Studien und Projekte« bereits erwähnt, wurden ab 1952 durch das ISW und die Peene-Werft Wolgast Entwicklungen für einen Fregattentyp eingeleitet, der in Anlehnung an sowjetische Klassifizierungen als Küstenschutzschiff bezeichnet wurde. Von den Gefechtsmöglichkeiten her wurde hier ein klassischer Artillerieträger mit einer UAW-Komponente angestrebt. Die geplante Torpedobewaffnung war allenfalls als Gelegenheitswaffe anzusehen beziehungsweise zur Ausweitung des Erfolges oder ggf. zum Angriff auf einzeln fahrende Transporter vorgesehen. Da der Bau der Küstenschutzschiffe »Falke« Mitte der 50er Jahre noch völlig ungewiß war, wurden vor dem offiziellen Abbruch dieser Entwicklungen sowjetische Küstenschutzschiffe importiert.

Zwei Typen dieser Unterklasse waren dann bis zur Auflösung der Volksmarine ständig im Bestand.

Küstenschutzschiff Projekt »50«

Die Lieferung von zwei Schiffen dieses sowjetischen Projekts (Riga-Klasse) begann 1956. Bei den ersten beiden Schiffen »50/1« und »50/2« handelte es sich um Gebrauchtschiffe, die in der sowjetischen Marine bereits kurzzeitig als OLEN (Rentier) und TUR (Auerochs) im Dienst standen. Der Preis je Schiff betrug 24 Mill. Mark. Zur Ausbildung (Baubelehrung) war zuvor das sowjetische KSS BARZUK (Dachs) nach Saßnitz verlegt worden.

Batterieschießen der »100er«, 1967.

Vom Projekt her waren diese 1200-Tonner universelle Kampfschiffe, welche die UdSSR auch an andere Länder (Bulgarien, Indonesien, Finnland, China) geliefert hatte. Ihr Schiffskörper war als Glattdecker nach der Längsspantenbauweise gefertigt und durch Querschotte in zwölf wasserdichte Abteilungen unterteilt. Das stark hochgezogene Vorschiff und der ausfallende, gerade Steven sowie weitere konstruktive Maßnahmen zur Gewährleistung einer hohen Festigkeit und Stabilität erbrachten für diesen Schiffstyp eine außergewöhnliche Seetüchtigkeit. Im vorderen Aufbau waren Unterkunftsräume, die Offiziersmesse, der Funk- und Waffenleitraum sowie der Hauptbefehlsstand (HBS) untergebracht. Im achteren Aufbau befanden sich der Wachraum, eine ölgefeuerte Kombüse sowie andere technische Räume.

Die Antriebsanlage, bestehend aus zwei Hauptkesseln und zwei Hauptturbinen, befanden sich in den Abteilungen V und VI. Beide Dampferzeuger waren ölgefeuerte Drei-Trommel-Wasserrohrkessel mit Überhitzerteil. Jeder Kessel war an der vorderen und hinteren Feuerraumseite mit je acht halbautomatisch gesteuerten Brennern bestückt. Der Betriebsdruck der Kessel betrug 2,8 MPa. Mit einer Heizfläche von 309,5 m^2 wurde eine Dampfleistung von 52 t/h, maximal von 57 t/h, mit Überhitzung auf 370°C erreicht. Die Kessel wurden mit sowjetischem Flottenmasuth M20 gefahren. Die beiden Antriebsturbinen besaßen je eine Voraus- und eine Rückwärtsturbine im gleichen Gehäuse. Die Vorausturbine bestand aus einem zweikränzigen Curtissrad und einem anschließenden 14stufigen Trommelläufer mit Überdruckbe-

KSS »50/2« der Riga-Klasse, 1. Bauausführung.

schaufelung. Die Rückwärtsturbine mit einer Leistung von 1838,75 kW (2500 PS) war ebenfalls ein zweikränziges Curtissrad. Die Turbinendrehzahl wurde durch ein Untersetzungsgetriebe im Verhältnis 15:1 auf eine optimale Propellerdrehzahl reduziert. Zum Maschinengefechtsabschnitt gehörten weiterhin ein 5-Tonnen-Hilfskessel, Diesel-Generatorsätze, Kompressoren sowie diverse Turbo-Hilfsaggregate.

Die Artilleriebewaffnung der Schiffe bestand aus drei 100-mm-Universalgeschützen B-34 mit Zünderstellmaschine SSM-A82 und zwei 37-mm-Doppellafetten W–11-M. Letztere hatten wassergekühlte Rohre und verfügten über eine Handstabilisierung. Der Munitionsvorrat betrug für die 100er 630 und für die 37er 4000 Schuß. Als Torpedobewaffnung war auf dem Oberdeck zwischen den Aufbauten ein schwenkbarer Zwillingsrohrsatz zum Verschuß von 533-mm-Torpedos vorhanden. Als U-Boot-Abwehrwaffen waren bei den ersten beiden Schiffen vor der Brücke jeweils ein reaktiver WaBo-Salvenwerfer des Systems »Hedgehog« 35U aufgebaut. Weiterhin verfügten die KSS achtern über vier WaBo-Einzelwerfer sowie unter Deck über Ablaufgerüste für Wasserbomben WB-1 mit Wurfluken im Spiegel. Ein Minenschienensystem an Oberdeck gestattete das Mitführen und Verlegen von Seeminen verschiedener Typen.

Zur funkelektronischen Ausrüstung gehörten bei den ersten Schiffen eine Seeraum-FuMe-Station »Lin«, eine Luftraumbeobachtungsstation »Gys«, beide mit Freund-Feind-Kennanlage sowie eine Artilleriefeuerleitanlage »Jakor-2M« und eine hydroakustische Station »Pegas 2« mit der Feuerleitanlage »Uragan« für die WaBo-Salvenwerfer.

Die Indienststellung dieser ersten beiden Schiffe erfolgte gemäß Befehl Nr. 232/56 am 15. Dezember 1956. Die Lieferung von weiteren zwei Schiffen (»50/3« und »50/4«) fand dann im Herbst 1959 statt. Obwohl älteren Baudatums als die Erstlieferung (vom Stapel: 5. November 1953 beziehungsweise 9. April 1954), hatten letztere bereits eine Modernisierung durchlaufen. Anstelle des leichten Dreibeinmastes hatten diese Schiffe einen kompakten Gittermast zur Aufnahme der Antennen neuer Funkmeßstationen »Fut-N« und »Neptun«. Die technisch überholten »Hedgehog«-Werfer waren durch vier reaktive WaBo-Werfer des Typs RBU-1200 ersetzt worden (Vorrat 80 RGB-12). Die Indienststellung erfolgte am 10. Oktober 1959. Am 16. Januar 1961 erhielten die Schiffe

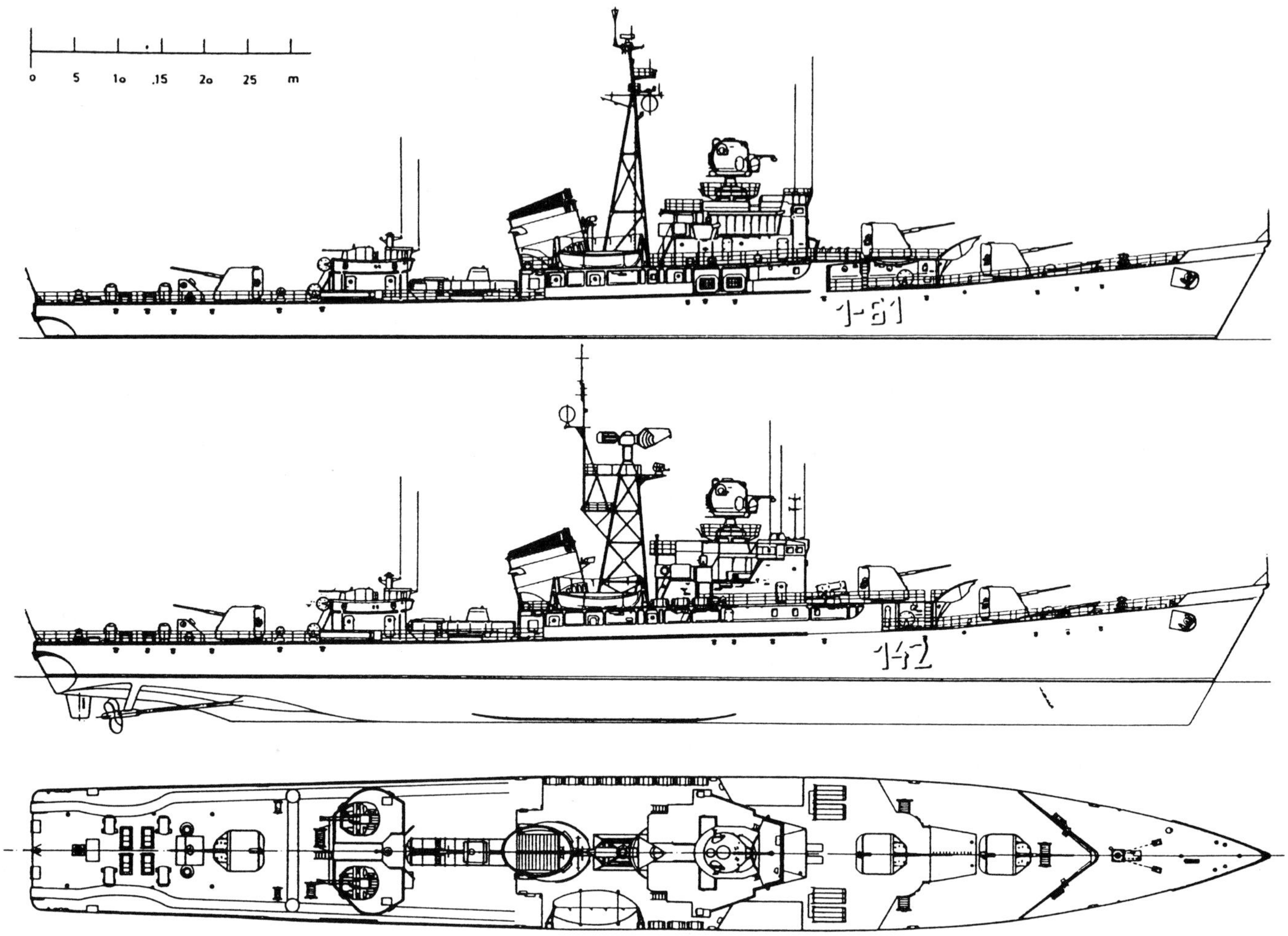

KSS Projekt »50«: oben 1. Bauausführung; unten 2. Bauausführung.

die Namen Ernst Thälmann (»50/1«), Karl Marx (»50/2«), Karl Liebknecht (»50/3«) und Friedrich Engels (»50/4«). Im Jahre 1963 überführte man die zwei Schiffe der 1. Bauausführung für längere Zeit nach Leningrad. Dort fand eine Hauptinstandsetzung und die Modernisierung analog zur 2. Bauausführung statt. Die bis dahin im Bestand der 6. Flottille handelnde KSS-Brigade wurde ab November 1965 der 4. Flottille in Warnemünde unterstellt. Während ihrer Dienstzeit hatten die Besatzungen dieser »Dickschiffe« der Volksmarine wiederholt harte Bewährungssituationen gemeistert. Dazu gehörten einige schwere Kesselschäden, auf der Ernst Thälmann ein größerer Brand im Turbinenraum sowie im Oktober 1967 eine Orkanfahrt der Karl Marx mit gestörter Maschinenanlage.

Regelmäßig waren die KSS an Flottenbesuchen in Polen und in der UdSSR beteiligt, die bei den Besatzungen als einzige Möglichkeit eines dienstlichen Auslandaufenthaltes hoch im Kurs standen.

Ab 1968 wurden die Schiffe mit großen Abständen nacheinander außer Dienst gestellt. Das KSS Karl Marx fand nach seiner Außerdienststellung am 31. August 1976 noch einige Jahre als Wohnschiff Verwendung (desarmiert).

rechts: KSS Berlin (Koni-Klasse).

Fla-Raketenstarter auf KSS Rostock.

Küstenschutzschiff Projekt »1159«

Eine zweite Generation von Küstenschutzschiffen (KSS) wurde ab 1978 mit dem sowjetischen Projekt »1159« (Koni-Klasse) übernommen. Diese ausschließlich für den Export produzierten Schiffe stellten von der Grundkonzeption her eine schiffbauliche und waffentechnische Weiterentwicklung der traditionellen sowjetischen Wachschiffe dar. Mit rund 1500 t Normaldeplacement und einer ausgewogenen Bewaffnung, die je nach Kundenwunsch noch modifiziert beziehungsweise erweitert werden konnte, waren diese Schiffe besonders für kleinere Flotten beziehungsweise für Marinen der »Entwicklungsländer« offensichtlich »maßgeschneidert«. Für den Einsatz im begrenzten Seeraum und mit relativ fest umrissenen Schwerpunktaufgaben, wie sie beispielsweise in der Volksmarine mit der Minen- und U-Bootabwehr gesetzt waren, blieb der Import dieser personalintensiven Schiffe (Besatzung 110 Mann) umstritten. Wie bereits erwähnt, wurde eine Nachrüstung mit Seeziel-FK beziehungsweise mit UAW-Torpedorohr-systemen mehrfach untersucht, jedoch aus Kostengründen immer wieder zurückgestellt.

Der Schiffskörper wurde als Glattdecker mit einem Decksprung zum Bug hin konzipiert, das Heck leicht gewölbt und nach den Seiten eingezogen. Die Fahrzeuge waren als »Zwei-Abteilungsschiff« projektiert, d.h., auch beim Fluten von zwei am ungünstigsten gelegenen Abteilungen blieb die Schwimmfähigkeit erhalten. Etwa ab der Mitte des Schiffes war zum Bug hin ein Aufbau vorhanden, auf dem zwei weitere Deckshäuser aufgesetzt wurden. Im achteren Schiffsdrittel war ein separates Deckshaus angeordnet, auf dem mit einem Unterbau die Raketenleitstation MPZ-301 stand. Auf dem Vor- und dem Achterschiff befand sich jeweils ein 76-mm-Decksturmgeschütz AK-726 in Doppellafetten. Zwei 30-mm-Doppellafetten AK-230 waren an den Bordseiten auf dem Aufbau installiert. Zu den Artilleriegeschützen gehörten die Funkmeß-Waffenleitanlage FUT-B und MR104, deren Antennensysteme auf dem Peildeck beziehungsweise auf einem kleinen Trapezturm vor dem Schornstein standen. An der Vorderseite des Aufbaus standen zwei reaktive Wasserbombenwerfer RBU-6000 mit vollautomatischer Nachladeeinrichtung. Die Werfer wurden mit Hilfe der Bombenwurf-Leitanlage »Burja-1159« eingesetzt. Zur Ortung von Unterwasserzielen verfügten die Schiffe über die hydroakustische Station »MG-322 T« (Hull-Sonar). Als Navigations- und Seeraumbeobachtungsstation dienten die Funkmeßanlagen »DON« sowie »MR-302« und als FFK-Anlagen die Stationen »Nichrom« und »Nickel K«. Weitere Stationen, wie Infrarot »Ogon-50«, die Such- und Peilanlage »Bisan-4B«, das Warngerät »MG-409K« u.a., ergänzten die funkelektronische Ausrüstung. Mehrere Funksende- und -empfangsstationen einschließlich der Schlüsselgeräte gewährleisteten die Aufrechterhaltung der Nachrichtenverbindungen.

Als Antrieb diente eine kombinierte Dieselmotoren- und Gasturbinenanlage nach dem System CODAG. Auf den beiden Außenwellen war jeweils ein 18-Zylinder-Zweitakt-Gegenkolbenmotor vom Typ 68B gekoppelt, während die Mittelwelle über ein Untersetzunggetriebe von einer Schiffsgasturbine M8G angetrieben wurde. Letztere wurde erst bei erforderlichen hohen Fahrstufen des Schiffes zum Dieselmotorenantrieb hinzugeschaltet. Mit einer Gesamtantriebsleistung von 25750 kW wurde eine Höchstgeschwindigkeit von 30 sm/h erreicht (Marschfahrt 18 sm/h). Das gesamte Antriebssystem war mit moderner BMSR-Technik ausgestattet, so daß der Einsatz der verschiedenen Antriebsvarianten weitestgehend automatisch vonstatten ging. Zur Ausrüstung gehörten weiterhin umfangreiche Anlagen und Aggregate zur Energieversorgung, zum Brandschutz sowie zur Aufrechterhaltung der Kampf- und Standkraft des Schiffes bei gegnerischer Einwirkung. Zur Minderung der Krängungen bei stärkerem Seegang waren die Schiffe mit einer Schlingerdämpfungsanlage UKA-135 mit einziehbaren Flossen ausgestattet.

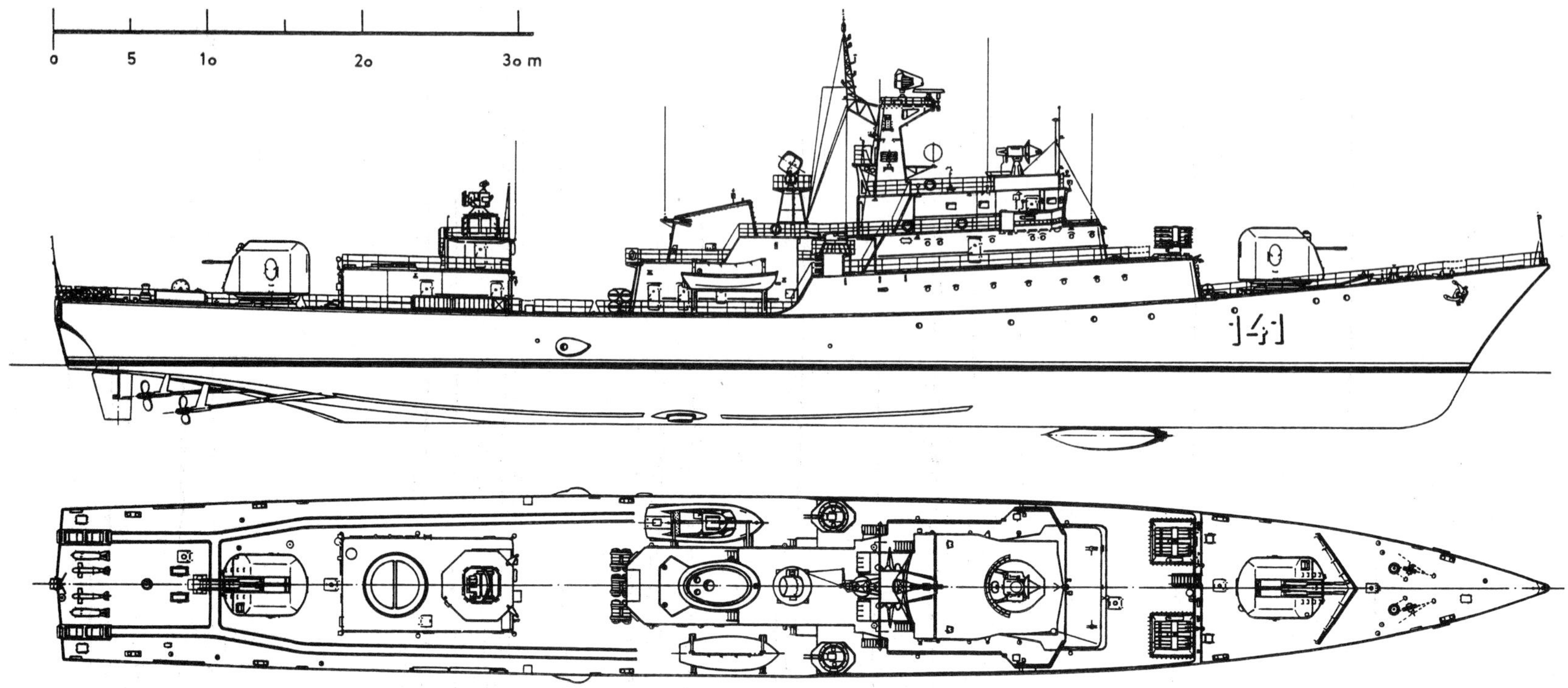

Küstenschutzschiff Projekt »1159«.

Das erste Schiff »1159/1« wurde am 25. Juli 1978 unter dem Namen Rostock in Dienst gestellt. Die zweite Einheit folgte am 10. Mai 1979 mit dem langen Namen Berlin – Hauptstadt der DDR. 1986 wurde dann noch ein drittes Schiff, die Halle, übernommen (in Dienst: 28. Januar 1986). Der Preis je Schiff betrug 120 Mill. Mark. Die vorgesehene Lieferung eines vierten Schiffes war bereits früher annulliert worden. Nach der Vereinigung Deutschlands wurden die Rostock und die Halle kurzzeitig von der Bundesmarine übernommen. Während die Rostock für Erprobungen bei der WTD 71 genutzt wird, warten die Halle und die Berlin auf ihre Weitergabe oder den Abbruch.

Landungsfahrzeuge

Die Entwicklung von Landungsfahrzeugen für die Seestreitkräfte wurde mit einem taktisch-operativen Auftrag zum Entwurf und zur Projektierung eines Landungsbootes vom 26. November 1955 an das ISW eingeleitet. Nach dem Bau der ersten Typserie gehörten diese Fahrzeuge in weiterentwickelter Form zum festen Bestand der Volksmarine. Wie bereits erwähnt, standen für mögliche Anlandungen keine eigenen Marineinfanteriekräfte zur Verfügung. Die Rolle einer spezialisierten Landungstruppe übernahm das Mot.-Schützenregiment-28 mit Standort in Rostock. Bei größeren Übungen und Manövern wurde außerdem das Anlanden von Kräften der polnischen Marineinfanterie wiederholt geübt. Im Zuge der militärischen Entspannung sowie eingeleiteter Reformen wurden die Landungsschiffe der letzten Generation Ende der 80er Jahre zu Transportschiffen umklassifiziert. Von einer Landungsausbildung nahm das Kommando der Volksmarine Abstand.

Landungsboot (Labo) Projekt »46«

Die Typskizze mit den taktisch-technischen Daten dieses Projekts wurde am 6. Juni 1957 vom ISW zur Stellungnahme an die Seestreitkräfte übergeben. Nach Bestätigung des Technischen Projekts ging am 11. Juli 1959 der Auftrag an die Peene-Werft zum Bau eines Null-Bootes. Der pontonartige Bootskörper kam mit den Abmessungen L/B/T von 39,96/7,10/1,42 Metern auf ein Normaldeplacement von 232,5 Tonnen. Den Laderaum mit einer Fläche von 22,5 × 5,2 Metern verschloß vorn eine absenkbare Landeklappe. Nach oben war dieser Raum im hinteren Teil durch verzurrte und im vorderen Abschnitt durch verschiebbare Lukendeckel geschlossen. Die Maschinenanlage mit vier Antriebsmotoren war achtern angeordnet. Um einen minimalen Tiefgang zu erzielen, wurde der Vortrieb über vier kleine Propeller realisiert, die von je einem Dieselmotor des Typs 6 NVD 26 A angetrieben wurden. Bei einer Marschfahrt von 10 sm/h konnte eine Reichweite von 540 sm gewährleistet werden. Ein Einsatz dieser Boote war maximal bis See/Wind der Stärke 6/8 möglich. Die Autonomie war für acht Tage ausgelegt (ohne Landungstruppen). Ebenfalls achtern waren auf dem Hauptdeck der Gefechtsstand (Brücke) und die zwei 25-mm-Fla-Waffen 2-M-3 M110 aufgesetzt. Der gepanzerte Gefechtsstand bestand aus 25-mm-Kesselstahl mit Sehschlitzen und war nach oben durch eine gegossene Stahlglocke abgeschlossen. Alle Boote verfügten über einen Kreisel-Magnet-Kompaß DGMK-3 (Flugzeuganlage) sowie über die Funkmeßstation TSR-222.

Als maximale Zuladung konnten zwei schwere Panzer des Typs »JS-2« oder zwei »T–34« mit aufgesessener Infanterie transportiert werden. Das gleiche galt für die nachfolgende Panzertechnik der NVA. Ebenso war der Transport anderer Kampftechnik oder vollausgerüsteter Mot.-Schützen möglich. Der Werftabgabepreis je Boot betrug 1,372 Mill. Mark.

Das Null-Boot (»46.0«) wurde im Oktober 1960 fertiggestellt und zur Truppenerprobung vorläufig in Dienst gestellt. Nach seiner letzten Abnahmefahrt vom 15. bis 17. September 1962 erfolgte die offizielle Indienststellung am 10. Oktober 1962 in Wolgast. Nach einem bereits während der Erprobung überarbeiteten Projekt wurden anschließend elf Serienboote gebaut (»46.1« bis »46.11«). Auch die Hauptabmessungen wurden nochmals geringfügig geändert. Das letzte Boot stellte man am 14. Dezember 1962 in Dienst. Drei dieser Boote (»46.6, 7 und 8«) erhielten am 1. März 1967 die Namen GERHARD PRENZLER, ROLF PETERS und HEINZ WILKOWSKI.

Im Verlauf ihrer Einsatzzeit bewährten sich die Labo's als robuste und zuverlässige Fahrzeuge. Wiederholt meisterten die Besatzungen komplizierte Landemanöver bei schwierigen Wetterverhältnissen. Auch zu verschiedenen Sondertransporten wurden diese Boote verwendet. Nach 14jähriger Nutzung wurden die ersten Fahrzeuge außer Dienst gestellt

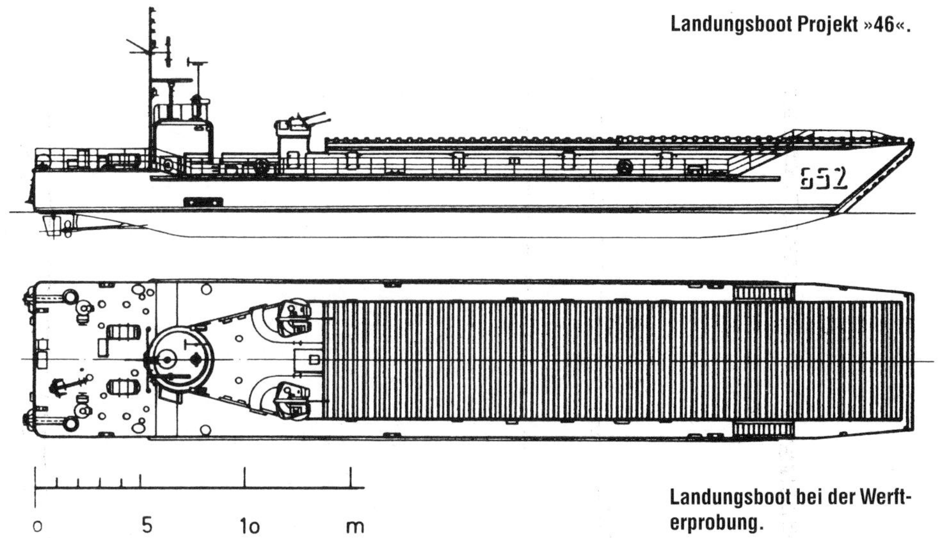

Landungsboot Projekt »46«.

Landungsboot bei der Werfterprobung.

und abgebrochen. Das Boot »46.7« wurde noch bis 1981 als allgemeiner Versorger genutzt. Ein Labo erhielt die Weiße Flotte in Stralsund. Nach dem Umbau auf einer polnischen Werft wurde dieses Boot als Schwerlast-Transportschiff mit dem Namen NEUENDORF weiterhin genutzt.

Mittleres Landungsschiff Projekt »Robbe«

Unmittelbar im Anschluß an den Bau der Landungsboote wurden ebenfalls vom VEB Peene-Werft Wolgast sechs mittlere Landungsschiffe des Typs »Robbe« (Projekt »47«) gebaut. Diese rund 700 Tonnen verdrängenden Schiffe (Volldeplacement 1263 t) verfügten über einen bis zum Spiegel durchgehenden Laderaum und konnten über See transportierte Kampftechnik von Landungskräften an nichteingerichteten Küstenabschnitten anlanden. Ihre strömungsgünstig geformte Bugklappe diente gleichzeitig als Laderampe. Durch eine Luke im Oberdeck konnte über eine zusätzliche Auffahrrampe leichtere Technik mit Hilfe einer Winde an Oberdeck gezogen und dort gestaut werden. Als Artilleriebewaffnung verfügten diese Schiffe über eine auf dem Vorderschiff aufgebaute 57-mm-Doppellafette, Modell SIF-31B sowie über zwei an den Bordseiten auf dem Peildeck aufgestellte 25-mm-Doppellafetten 2-M-3 M110. Der Munitionsvorrat für die 57er betrug 900 und der für die 25er 3944 Schuß.

Auf den Aufbauten stand ein leichter Gittermast, der die Antennen der Funkmeßstation (KSA3, später TSR333) und andere funkelektronische Anlagen trug. Die Antriebsanlage bestand aus zwei sowjetischen 12-Zylinder-V-Motoren des Typs 40DM. Bei einer Marschfahrt von 12 sm/h hatten diese Schiffe eine Reichweite von 1060 sm. Ihr Einsatz konnte bis maximal See/Wind der Stärke 6/8 erfolgen. Die Besatzung betrug 32 Mann.

Von dieser Serie wurde vorerst ein Null-Schiff gebaut, welches man am 10. April 1964 in Wolgast in Dienst stellte. Der Baupreis des Null-Schiffes betrug 3,99 Mill. Mark. Unter der Bord-Nr. V71 wurde dieses Schiff in Regie des WTZ der Volksmarine erprobt. Ihm folgten dann die fünf Serienschiffe »47.1« bis »47.5«. Alle Schiffe erhielten Namen nach Kreisstädten der ehemaligen DDR.

Auch diese Fahrzeuge nahmen an regelmäßigen Verladeübungen beziehungsweise an größeren Manövern der verbündeten Ostseeflotten des Warschauer Vertrages teil. Im Laderaum mit einer Grundfläche von 343 m² konnten maximal elf

Landungsschiff »Robbe«, Projekt »47«.

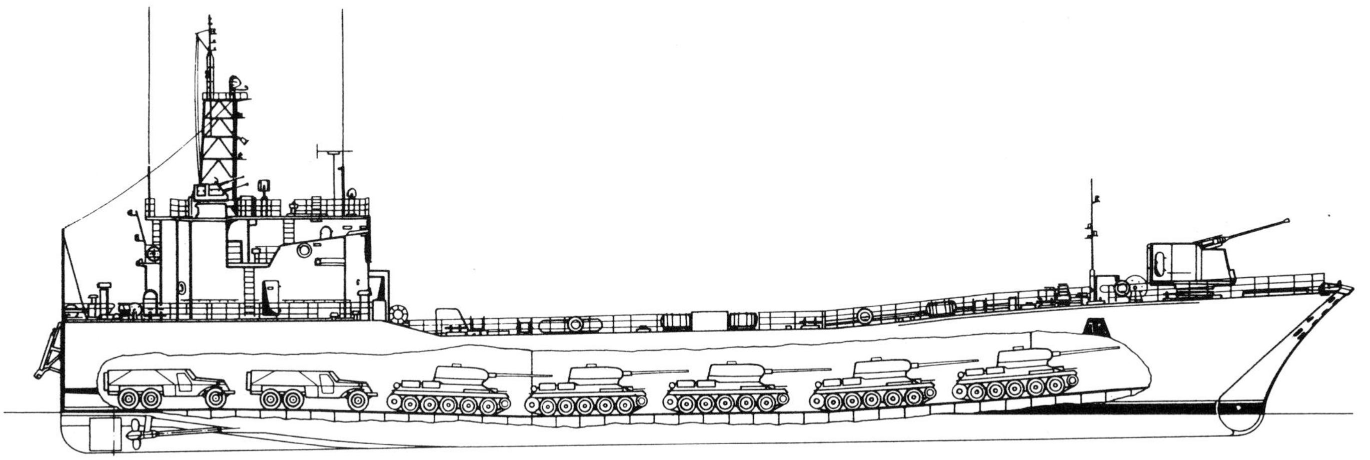

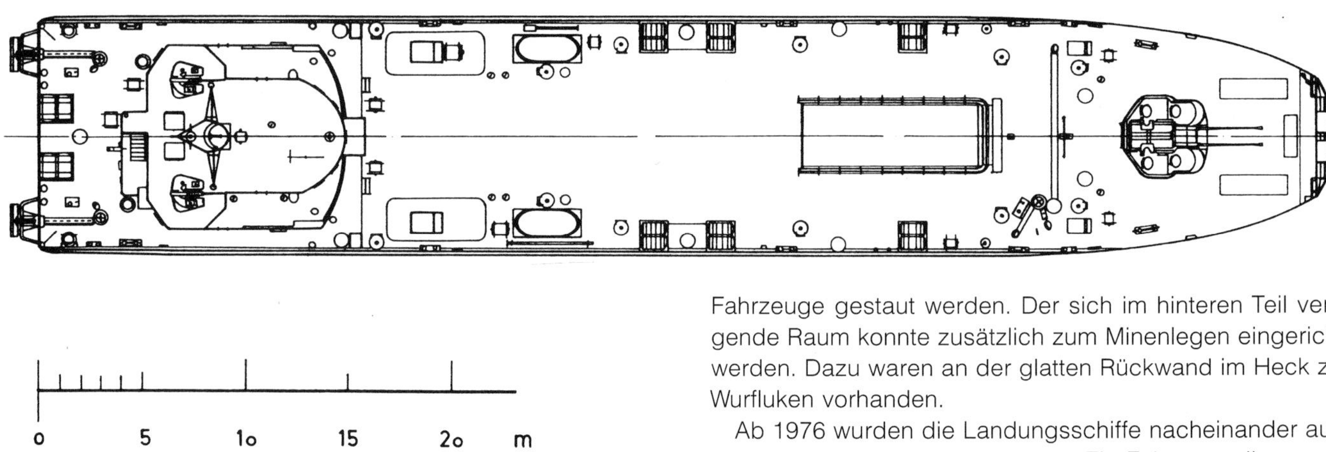

Beladevariante auf »Robbe«.

Landungsschiff Projekt »Robbe«.

Fahrzeuge gestaut werden. Der sich im hinteren Teil verengende Raum konnte zusätzlich zum Minenlegen eingerichtet werden. Dazu waren an der glatten Rückwand im Heck zwei Wurfluken vorhanden.

Ab 1976 wurden die Landungsschiffe nacheinander außer Dienst gestellt und abgebrochen. Ein Fahrzeug diente noch einige Zeit als Wohnschiff im Stützpunkt Peenemünde.

Mittleres Landungsschiff Projekt »108«

Anfang der 70er Jahre wurde durch die Peene-Werft Wolgast – in Zusammenarbeit mit der Verwaltung Schiffbau – das Projekt eines mittleren Landungsschiffes entwickelt, welches als Ablösetyp für die verschlissenen Landungsschiffe des Projekts »Robbe« eingeführt werden sollte. Unter Beibehaltung des Grundkonzepts – Laderaum mit Bugklappe – wurde zugleich eine wesentliche Erhöhung des Gefechtswertes dieser Schiffe angestrebt. Obwohl mit einer geringeren Ladekapazität konzipiert, war durch die Bereitstellung sowjetischer Waffensysteme insbesondere eine Erhöhung der Feuerkraft vorgesehen. Bei einer Länge ü. a. von 90,7 und einer Breite von 11,12 Metern kamen die Schiffe auf ein Normaldeplacement von 1745 t (Anlandedeplacement mit sieben Panzern).

Der Schiffskörper war wiederum als Glattdecker ausgeführt, wobei durch die Wahl einer mehrteiligen Bugklappe mit Landerampe eine optimale Vorschiffskonstruktion erzielt wurde. Ein minimaler vorderer Tiefgang garantierte, daß die einzusetzende Rad- und Kettentechnik der Landstreitkräfte auch an nichteingerichteten Küstenabschnitten zügig von beziehungsweise an Bord gelangen konnte. Trimm- und Ballastzellen gestatteten außerdem das schnelle Vertrimmen der Schiffe während des An- und Ablaufs bei der Landung. Darüber hinaus war beim Be- und Entladen die Nutzung des Pontonparks PMP der Marinepioniere der Volksmarine gegeben. Im Oberdeck hatte man ähnlich wie beim Landungsschiff »Robbe« eine absenkbare Rampe eingelassen, über die leichtere Technik aus dem Laderaum an Oberdeck genommen und dort verzurrt werden konnte. In den zur »Robbe« vergleichsweise größeren Aufbauten befanden sich der Hauptbefehlsstand (Brücke), verschiedene technische Räume sowie die Kombüse, die Kammern und die Messen.

Als Artilleriebewaffnung dienten zwei 57-mm-Doppellafetten AK 725 und zwei 30-mm-Doppellafetten AK230. Ab Bau-Nr. »108.05« erhielten die Schiffe zwei 40rohrige Geschoßwerfer des Typs A215. Für diese navalisierten Werfer der Landstreitkräfte waren unter dem Werferdeck vollautomatische Kassetten-Nachladeeinrichtungen mit Trommelmagazinen vorhanden. Zusätzlich konnten von allen Schiffen jeweils zwei Gassensprenggeräte SOSNA–100 eingesetzt werden. Zum Minenlegeeinsatz verfügten die Fahrzeuge über kurze Minenschienen an Oberdeck mit Ablaufbahnen im Heck.

Die funkelektronischen Mittel umfaßten die Funkmeßwaffenleitanlage MR103, die Funkmeßanlage MR302 sowie die FFK-Anlage »Nichrom RR«. Zur KBC-Aufklärung waren eine Strahlungswarnanlage KDU-4 und ein automatischer Gassignalgeber AGF-IM vorhanden. Für die Nachrichtenverbindungen konnten insgesamt sieben Sende- und Empfangsstationen beziehungsweise Sender und Empfänger eingesetzt werden. Die Schiffe »108.09 bis 12« waren außerdem mit Arbeitsmöglichkeiten für einen eingeschifften Stab ausgerüstet.

Als Hauptantriebsmaschinen wurden zwei sowjetische 16-Zylinder-Gegenkolben-Dieselmotoren vom Typ 61B eingesetzt (Zweitakter), nach ihrer Konstruktionsform als Doppelreihen-H-Motoren bezeichnet. Bei diesem Motortyp arbeiteten zwei parallel angeordnete Zylinderreihen mit insgesamt vier Kurbelwellen auf einen gemeinsamen Antriebsflansch. Jede dieser Maschinen gab 4500 kW an die Welle ab. Zum Maschinengefechtsabschnitt gehörten Dieselgenerator-

Landungsschiff Projekt »108« (Frosch I).

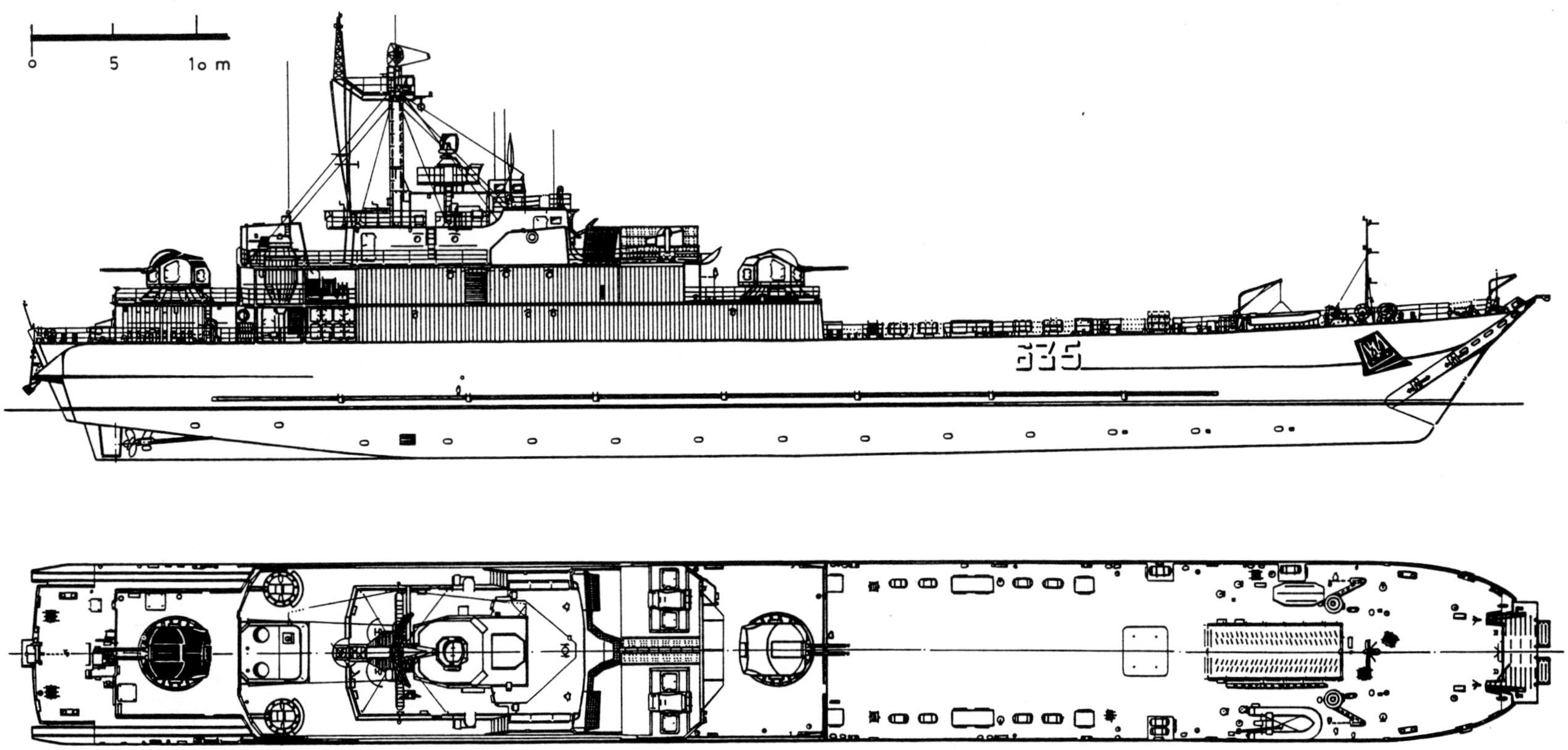

sätze, Verdichter und Pumpen, das E-Werk sowie diverse Hilfsaggregate. Haupt- und Hilfsmaschinen wurden von einem modern eingerichteten Maschinenleitstand aus gesteuert und überwacht.

Beim ersten Serienschiff HOYERSWERDA (»108.01«) fand der Baubeginn am 26. November 1974 und die Indienststellung am 12. November 1976 statt. Das letzte der zwölf Schiffe wurde am 15. Juni 1979 mit dem Namen GRIMMEN in Dienst gestellt. Die sonst durchaus zuverlässigen Fahrzeuge waren allerdings von Anfang an mit einem technischen Mangel behaftet. Infolge des hohen Ölverbrauchs der Antriebsmotoren bei nicht ausreichenden Abgastemperaturen (An- und Ablegen, Manöverfahrt usw.) kam es wiederholt zu gefährlichen Abgasbränden. Erst verschiedene konstruktive Veränderungen beziehungsweise durch Anweisungen für ein besonderes Fahrregime (Freibrennen der Abgasleitungen durch Fahren mit höheren Drehzahlen) konnte dieser Mangel weitestgehend behoben werden.

Alle zwölf Schiffe wurden am 1. Oktober 1990 außer Dienst gestellt. Nach einigen Umbauten und ihrer Demilitarisierung wurden sie 1993 an Indonesien verkauft (s. Tab. 2).

Schwimmende Stützpunkte

Mit dem Aufbau der verschiedenen Schnellbootsbrigaden ging die Beschaffung von Schwimmenden Stützpunkten einher. Sie unterschieden sich von einem reinen Wohnschiff hauptsächlich in der Einrichtung und Ausrüstung für die unmittelbare Unterstützung anliegender S-Bootseinheiten. Ein operativ-taktischer Hintergrund dieser Entwicklung bestand darin, solche Schwimmenden Stützpunkte auch zur zeitweiligen Stationierung von S-Booten in sogenannten Manöver-Basierungspunkten (MBP) – kleinen, nicht eingerichteten Häfen an der Küste der ehemaligen DDR – zu nutzen. Als solche fungierten einige Jahre lang z.B. die Häfen auf Rügen, auf dem Darß bei Prerow sowie von Barhöft bei Stralsund. Die Schwimmenden Stützpunkte waren ausschließlich für den Küsteneinsatz konzipiert. Die Rolle als Tender konnten nur die Projekte der letzten Generation bedingt übernehmen. Sie verfügten über einen eigenen Hilfsantrieb, aber nicht über die erforderliche Hochseezulassung.

Wohnschiff GROBIAN

Dieser Oldtimer war bereits 1928 auf der holländischen Werft Gebr. Pot in Bolnes als Tankschleppschiff SALLANDIA gebaut worden. Am 16. August 1942 durch die Deutsche Kriegsmarine beschlagnahmt, sank es nach einem Bombentreffer auf der Elbe bei Wittenberg. Durch das Wasserstraßenamt Magdeburg gehoben, wurde das Schiff zum Umbau als Hebeschiff (Hubkraft 120 t) nach Plaue an der Havel geschleppt. Der Umbau wurde 1954 abgeschlossen, jedoch kam das Schiff wegen einer nicht einsatzbereiten Heberzylindergruppe so gut wie nicht zum Einsatz. Am 31. Mai 1956 wurde es dann an die Seestreitkräfte zur Weiternutzung abgegeben.

Nach seiner Überführung wurde das Schiff in Rostock auf der Neptun-Werft zum Wohnschiff umgebaut. Der Kranausleger wurde entfernt und im Schiffsinneren wurden zusätzliche

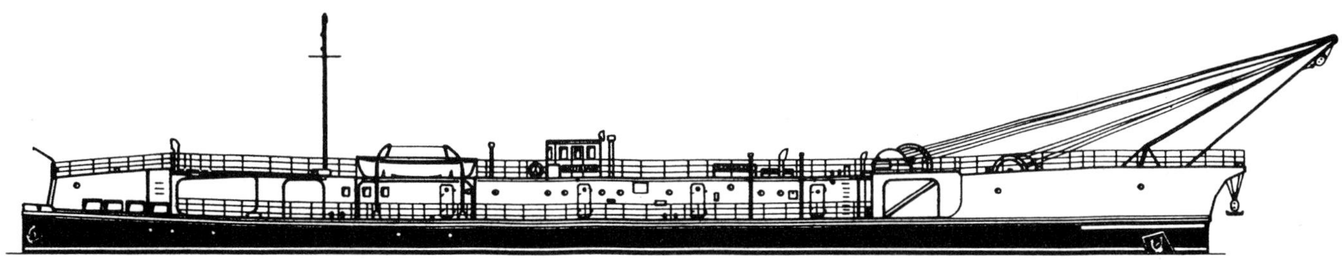

Bb.-Ansicht

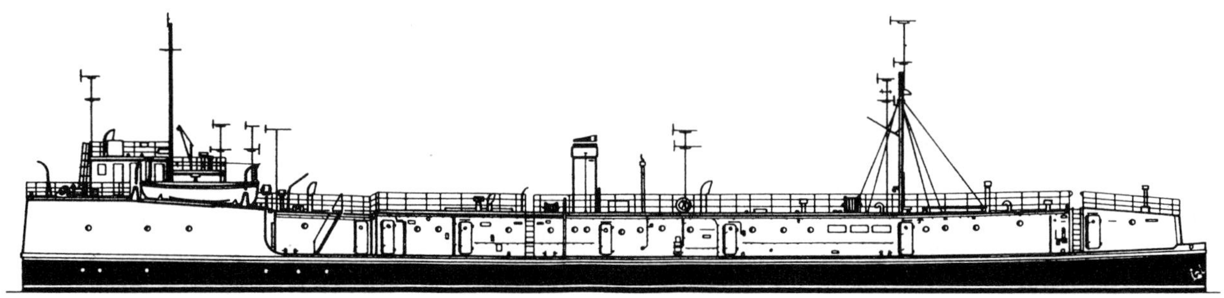

Stb.-Ansicht

Wohnschiff GROBIAN vor und nach Umbau.

Wohnkammern, eine neue Kombüse, Sanitäranlagen und Proviantlasten eingerichtet. Das Schiff hatte keinen Eigenantrieb, sondern mußte bei der Verlegung mit Schlepperhilfe überführt werden. Für den Kombüsen- und Heizungsbetrieb war eine Dampfkesselanlage mit ölgefeuertem Flammenrohrkessel (Betriebsdruck 1 MPa) eingebaut worden. Seine Indienststellung als Wohnschiff der 6. TSA erfolgte am 8. Oktober 1958. Unter seiner späteren Bord-Nr. H-01 war das Schiff zeitweilig in verschiedenen Manöverhäfen (Gager, Prerow) stationiert. Bis zur Außerdienststellung am 18. September 1981 unterstand es der Schulbootsabteilung in Parow (Bord-Nr. S-92); Abbruch 1982 beim MAB-Betrieb, Rostock.

Wohnschiff Grobian, 1980.

Schwimmender Stützpunkt Projekt »62«

Zur Verwirklichung des eingangs erwähnten Vorhabens wurde ab 1958 mit der Projektierung eines Schwimmenden Stützpunktes in der Peene-Werft Wolgast begonnen. Neben der Unterbringung und Betreuung der Besatzungen von Torpedo- und Raketenschnellbooten sollten diese Stützpunkte auch eine allseitige Versorgung der anliegenden Bootseinheit mit Kraft- und Schmierstoffen, mit Trinkwasser, Munition und Proviant gewährleisten. Die Schiffskörper wurden pontonartig mit geraden Enden ausgeführt. In den Räumen unter dem Hauptdeck waren verschiedene Lasten, Kühlräume, die Kombüse und die Mannschaftsmesse eingerichtet. Letztere diente auch kulturellen Veranstaltungen, wie z. B. Weihnachts- und Silvesterfeiern. Für Filmveranstaltungen war vor der Messe ein separater Vorführraum eingebaut. Unter dem Hauptdeck befand sich der Kessel- und Maschinenraum. Auch diese Schiffe verfügten über keine eigene Antriebsanlage, sondern wurden beim Verlegen in andere Stützpunkte oder besondere Seeräume mit Schlepperhilfe überführt. In dem erwähnten Maschinenraum waren die Diesel-Generatorsätze, verschiedene Umformer, Pumpen und Kompressoren aufgestellt. Zur Eigen- und Fremdversorgung mit Elektroenergie verfügten die Schiffe über zwei Hilfsdieselaggregate mit dem Motor 6NVD26 und einem Dieselgeneratorsatz mit dem Motor 3NVD26 (147 und 60 kW). Mit den Hilfsdieseln, in der Flotte allgemein als »Jockel« bezeichnet, wurden die verschiedenen Umformer eingespeist, so daß die anliegenden Kampfboote mit Spannung über ihren Landanschluß versorgt werden konnten. In der Originalausführung waren die Stützpunkte mit zwei ölgefeuerten Dampfkesseln vom Typ »SHK106« für Heiz- und Wirtschaftsdampf ausgerüstet. Während einer Modernisierung wurden diese Kessel gegen einen vollautomatischen Eintrommel Wasserrohrkessel vom Typ »ESHK1,0« für 24-Stunden-wachfreien-Betrieb ausgetauscht. Zur Brandschutzausrüstung gehörten starke Feuerlöschpumpen, Gas- und Schaumfeuerlöschanlagen sowie tragbare Druckluftatemgeräte. Einige der Stützpunkte waren mit Lagerräumen für Torpedos und mit einer Torpedoregelstelle ausgerüstet. Zur Übergabe der Torpedos und verschiedener Versorgungsgüter befand sich am Heck je Bordseite ein elektrischer Bordwippkran mit einer Traglast von 24 kN. Neben den Kränen wurden auf speziellen Pallungen ein Motordingi und ein Kutter aufgestellt, die ebenfalls mit dem jeweiligen Kran ausgesetzt werden konnten.

Im 1. und 2. Aufbaudeck waren die Wohnkammern für

Schwimmender Stützpunkt mit Anlieger auf Reede (KTS-Boote, Schlepper 270, Binnenschlepper Hai und Schnellschleppscheibe).

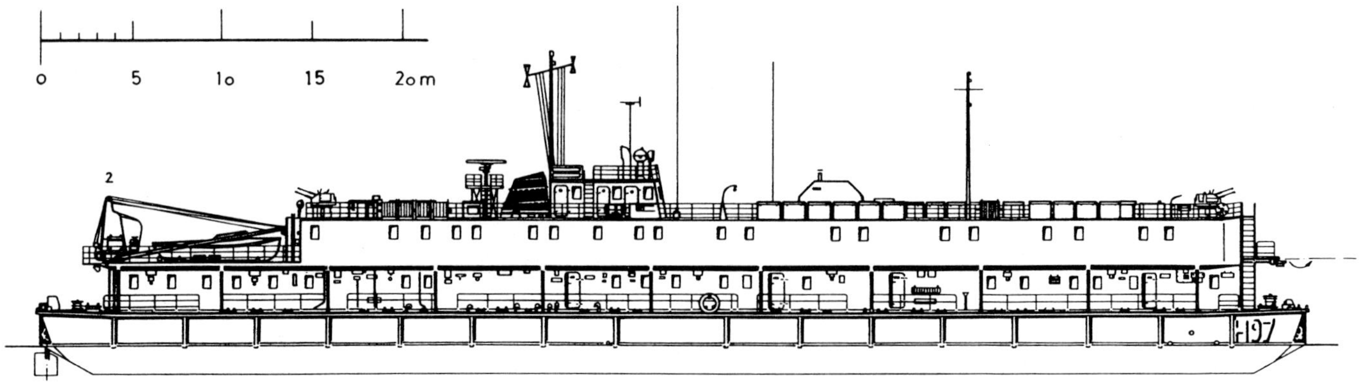

Schwimmender Stützpunkt Projekt »62«, Peene-Werft Wolgast.

Offiziere, Unteroffziere und Mannschaften eingerichtet. Weiterhin befanden sich in diesen Decks die Messen für Offiziere und Unteroffiziere, die Sanitärräume, ein kleines Schiffslazarett und verschiedene Diensträume. Auf dem 2. Aufbaudeck war ein Brückenhaus angeordnet, von dem aus die Ruderanlage bei Schleppfahrt bedient wurde. Auf diesem Deck standen auch zwei 25-mm-Fla-Waffen vom Typ 2-M-3 für die Selbstverteidigung. Bei starker Sonneneinstrahlung wurde das 2. Aufbaudeck mit einem Sonnensegel überspannt.

Das erste Schiff »62.0« wurde in Wolgast am 29. März 1961 in Dienst gestellt und zur Nutzung an die 4. TSA in Gager übergeben. Das zweite Schiff »62.1« wurde als Stabs- und Führungsschiff unter der Bord-Nr. H-02 in Dienst gestellt. Es diente u.a. als Reserve-Gefechtsstand für den Chef der Volksmarine und war hierfür mit umfangreichen nachrichtentechnischen Hilfsmitteln ausgestattet (Richtfunk). Bis 1963 folgten noch sieben weitere Schiffe für die RS-, die TS- und die LTS-Brigaden. Nach über 20jährigem Einsatz wurden ab 1985 die ersten Schiffe außer Dienst gestellt und abgebrochen. Die restlichen wurden zu reinen Wohnschiffen umfunktioniert (Bord-Kennung N). Die Bau-Nr. »62.8« ist nach Außerdienststellung in der Volksmarine am 27. November 1984 als Wohnschiff an die Peene-Werft Wolgast übergeben worden. Unter dem Namen MARIA diente es als Unterkunft für sowjetische Besatzungen während der Baubelehrung und Übernahme der Exportschiffe »133.1 M« (Parchim 2 – Klasse). Das ehemalige Stabswohnschiff (ex H-02, ex N-82) wurde am 15. Mai 1990 außer Dienst gestellt und an die »Mawia GmbH« Rostock zur Nutzung als Segelstützpunkt verkauft. Die Bau-Nr. »62.7« ist ab November 1990 auf der Volkswerft Stralsund für die FOREIGN-TRADE und TRANSPORTS GmbH Meyer GmbH Duisburg als Flußwohnschiff (Kapazität 143 Personen) modernisiert worden. Nach seiner Übergabe am 31. Januar 1991 ging das Schiff im Schlepp via Ost- und Nordsee rheinaufwärts zu seinem neuen Heimathafen in Mainz. Zwei weitere Wohnschiffe wurden ab Februar 1991 auf der Warnow-Werft in Warnemünde zu schwimmenden Wohnheimen umgerüstet.

Schwimmender Stützpunkt Projekt »162«

Mit der Übergabe einer OTF im August 1975 an die Verwaltung Schiffbau des MfNV wurde die Entwicklung eines Ablösetyps für die verschlissenen Stützpunkte des Projekt »62« eingeleitet. Durch eine Reihe von Umständen (Überlastung der Peene-Werft, mehrmalige Projektänderungen infolge neuer Forderungen) verzögerte sich die Erarbeitung eines endgültigen Technischen Projekts bis zum Jahre 1981. So mußten neben einer Variante mit Torpedolagerung bereits die Anforderungen für die erwarteten Kleinen Raketenschiffe der Projekt »1241« und »151« berücksichtigt werden.

Mit einem Normaldeplacement (ohne Zuladung) von 2391 t wurden die Schiffe grundsätzlich größer als die Projekte »62« ausgeführt. Als Schiffskörper wurde weitestgehend die Konstruktion für einen Baggerrumpf genutzt. Gegenüber den früheren Stützpunkten wurden diese Schiffe mit einem Eigenantrieb ausgestattet, so daß sie in die Lage versetzt wurden, Überführungsfahrten oder Verlegungen unter bestimmten Bedingungen selbständig durchzuführen. Große Aufmerksamkeit wurde der Verbesserung von Dienst- und Lebensbedingungen der an Bord untergebrachten Besatzungen gewidmet. So verfügten die Schiff u.a. über eine Sauna, eine Bordbäckerei, verschiedene Klub- und Freizeiträume sowie über einen Kino- und einen Sportraum. Für die Einhaltung geltender Umweltschutzbestimmungen wurden eine Müllverbrennungsanlage sowie Anlagen zur Bilgenwasserentölung und zur Abwasserreinigung eingebaut. Zur Übernahme von Versorgungsgütern waren diese Schiffe mit dem 80-kN-Kran vom Typ 2Hy SWK8 ausgerüstet. Ursprünglich war für diesen Kran eine Seegangsfolgeeinrichtung in der Entwicklung, welche jedoch unter DDR-Bedingungen nicht realisiert werden konnte und deshalb abgebrochen wurde. Demzufolge war eine Übergabe von Versorgungsgütern in See nur bedingt möglich. Zum Vortrieb des Schiffes dienten zwei 6-Zylinder-Viertaktdieselmotoren vom Typ 6VD 18/15 A1–1 mit je 347 kW Leistung. Zwei Motoren vom gleichen Typ, aber mit Generatoren gekoppelt, übernahmen die Energieversorgung der Schiffe. Für Sanitär- und Wirtschaftsanlagen stand außerdem ein vollautomatischer Hilfsdampfkessel DGS 1,6 zur Ver-

Schwimmender Stützpunkt VOGTLAND (Bau-Nr. 162.01), Bundesmarine: Y 890.

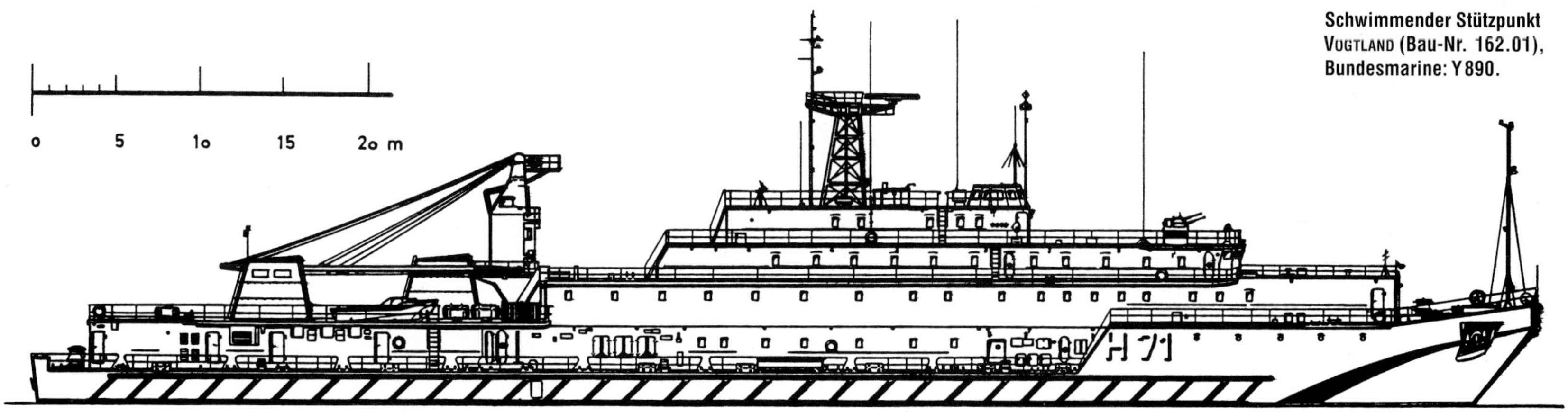

Schwimmender Stützpunkt Projekt »162«.

fügung. Die Schiffe wurden zur Selbstverteidigung mit zwei 25-mm-Doppellafetten 2-M-3M 110 und zwei »FASTA 4«-Startern für STRELA-Raketen bewaffnet.

Der Serienbau von sechs Schiffen erfolgte im Zeitraum von September 1982 bis November 1985. Das erste Schiff »162.01« stellte man unter dem Namen VOGTLAND am 5. September 1984 in Dienst. Auch die folgenden fünf Schiffe erhielten Namen nach Landschaftsgebieten. Als Stammbesatzung waren 34 Mann vorgesehen. Die F/E-Kosten betrugen 32,1 Mill. Mark, und der Preis eines Schiffes kam auf rund 38 Mill. Mark.

Im praktischen Betrieb erfüllten die Schiffe weitestgehend die gestellten Anforderungen. Für den Seebetrieb galten allerdings eine Reihe von wetterabhängigen Einschränkungen (zu schwache Maschinenleistung, nicht ausreichende Längsfestigkeit für den Hochsee-Einsatz). Durch die Ruderanlage nach dem System »Jenckel« und durch die Querstrahlanlage (Bugstrahlruder) verfügten die Schiffe über gute Manövriereigenschaften. Alle sechs Schiffe wurden nach der Vereinigung von der Bundesmarine übernommen (Kennung Y890 bis 895). Da mit dem Betriebsstofftransporter HARZ bereits ein Namensvetter in der Bundesmarine vorhanden war, wurde die Bau-Nr. »162.03« in WISCHE umbenannt.

Der Vollständigkeit halber sei noch ein kleines Wohnschiff aufgeführt, welches nach dem modifizierten Projekt »413« als Arbeits- und Wohnschiff (AWS) für das WTZ der Volksmarine gebaut worden ist, und zwar in der Yachtwerft Berlin, Betriebsteil Eisenhüttenstadt. Hier wurde auch das Typschiff MERCATOR nach dem Projekt »412« für den SHD gefertigt. Das AWS »413« hat ein Deplacement von 138 t, verfügt über bordeigene Energieerzeugungsanlagen, jedoch über keinen eigenen Antrieb. An Bord sind Arbeits- und Wohnmöglichkeiten für maximal 16 Personen eingerichtet. Die Indienststellung erfolgte am 12. September 1986 unter der Bord-Nr. V 88.

Versorger

Bei der ersten Generation von kleinen Versorgern und Tankern handelte es sich überwiegend um modifizierte Serienfahrzeuge, die hauptsächlich im damals laufenden Lieferprogramm für sowjetische Auftraggeber gefertigt wurden. Sie alle zeichnete eine hohe Zuverlässigkeit und ein lange Lebensdauer aus, wobei ihre taktisch-technischen Parameter, insbesondere die Geschwindigkeit, schon bald nicht mehr den international gebräuchlichen Anforderungen genügten.

Logger und Trockenleichter

Von den Anfang der 50er Jahre gelieferten drei Loggern waren zwei als allgemeine Versorger ausgelegt. Den Logger »233«, er erhielt später den Namen RÜGEN, hatte die Schiffswerft Roßlau geliefert. Nach Einführung der TS-Boote des Projekts »183« wurde dieses Schiff ab 1959 zum »Torpedo-Logger« umgebaut (s. Erprobungsschiffe). Den Logger »236«, ebenfalls von der Roßlauer Schiffswerft geliefert, stellte man am 1. April 1952 in Dienst. Kurze Zeit später wurde dieses Schiff jedoch zu einem Hilfskabelleger umgebaut. Mit Hilfe einer Bugrolle sowie Kabeltrommeln am Ladegeschirr konnte das Fahrzeug Seekabel verlegen. Während eines erneuten Umbaus in den Jahren 1968/69 erhielt der Logger neue Proviantlasten und eine größere Kühlanlage. Unter dem Namen RUDEN (E-79) diente dieses Schiff als kleiner Versorger bis zu seiner Außerdienststellung am 29. Oktober 1971. Danach wurde der Logger in der Peene-Werft zu einem Taucherausbildungsschiff für die GST umgebaut und erhielt den neuen Namen ARTUR BECKER. Bis 1990 wurde dieses Fahrzeug noch an der Marineschule der GST in Greifswald genutzt.

Zwei weitere Versorger waren die abgezweigten Trockenleichter des Projekt »505« von der Schiffswerft in Brandenburg. Die Bau-Nr. »505/1« wurde am 14. November 1953 und die Bau-Nr. »505/2« am 2. April 1954 in Dienst gestellt.

Die Schiffskörper waren aus Schiffbaustahl nach der

Trockenleichter Projekt »505«.

Versorgerlogger RUDEN (Logger »236«).

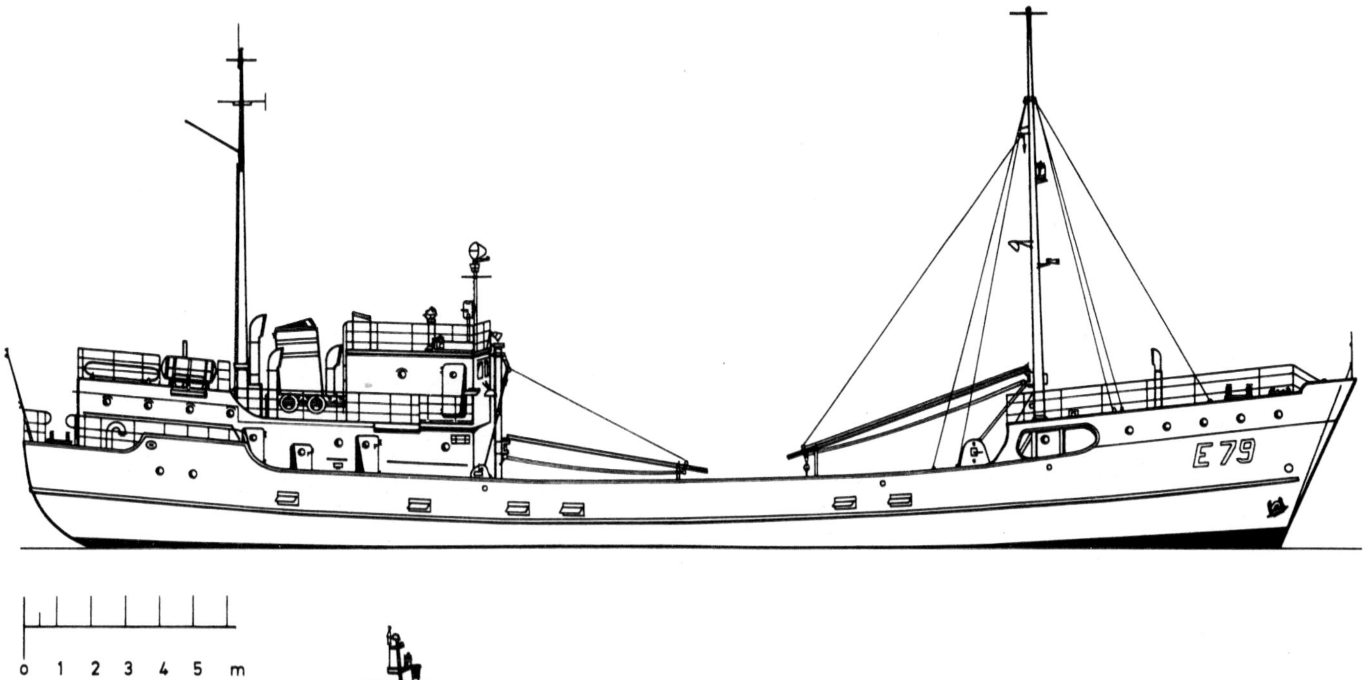

Logger »236« als Versorger.

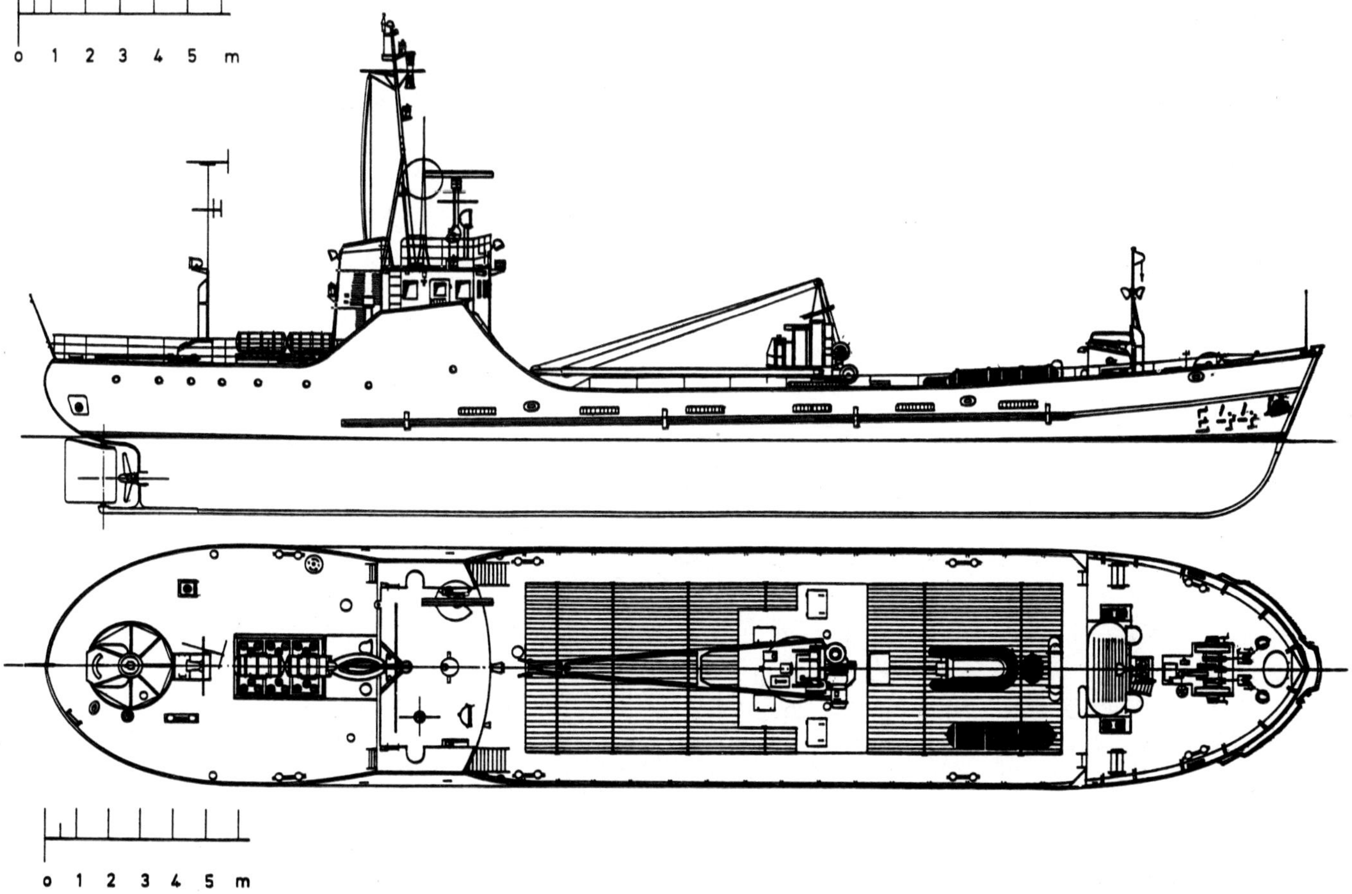

Trockenleichter Projekt »505«.

Querspantenbauweise gefertigt. Das Achterschiff war mit einem Poopdeck und einem Kreuzerheck ausgeführt. Im vorderen Hauptdeck hatte man zwei Luken für den Laderaum vorgesehen. Die Schiffe waren Einschrauber mit einer Hauptmaschine R8DV136, geliefert vom VEB Schwermaschinenbau »Karl Liebknecht« in Magdeburg. Während ihrer Dienstzeit sind beide Schiffe grundlegend umgebaut worden, wobei insbesondere das Brückenhaus und der Schornstein verändert wurden. Außerdem erhielten beide Fahrzeuge einen elektrischen Bordwippkran mit einer Traglast von 24 kN zwischen den Ladeluken aufgesetzt. Unter den Bord-Nr. E-18 und E-44 erfüllten diese Schiffe mehr als 30 Jahre lang stets zuverlässig alle übertragenen Transportaufgaben. Nach der Bereitstellung neuer Versorger des Projekts »602« wurden beide Schiffe 1983 außer Dienst gestellt und abgebrochen.

Versorger TIMMENDORF

Der Versorger TIMMENDORF (E81).

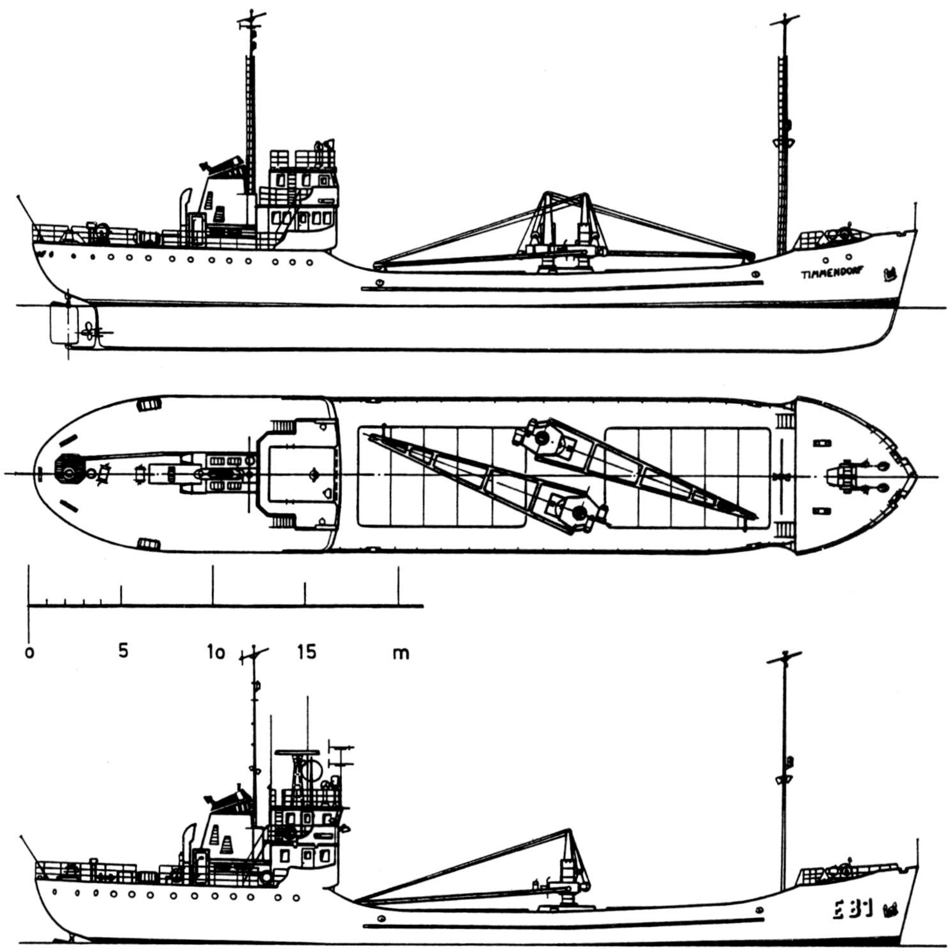

Die Projektvarianten des Versorgers TIMMENDORF.

Ursprünglich als Schrott-Transporter projektiert, wurde dieses Schiff nach Modifizierung des Projekts im damaligen VEB Schiffswerft Laubegast bei Dresden unter der Bau-Nr. »120« als Küstenmotorschiff fertiggestellt und am 30. April 1955 vom Stapel gelassen. Seine Indienststellung bei der Deutschen Seereederei erfolgte am 10. April 1956. Das Schiff war als Volldecker mit Back, Poop und achtern eingebauter Maschinenanlage ausgeführt. Der Laderaum war durchgehend ohne Mittellängsschott und hatte ein Fassungsvermögen von 660 m³ (Schüttgut). Die Be- und Entladung konnte über zwei Luken mittels zwei elektrischer 30-kN-Bordwippkrane oder pierseitiger Krantechnik erfolgen. Die Hauptantriebsmaschine war ein Viertakt-Dieselmotor Typ R8 DV136 vom VEB Schwermaschinenbau »Karl Liebknecht« in Magdeburg. Die Versorgung mit Elektroenergie (220 Volt Gleichstrom) übernahmen ein Diesel-Generatorsatz mit Motor 2NVD14 (14 kW) und ein Wellengenerator mit 7 kW Leistung. Das Kümo wurde hauptsächlich in der Stück- und Schüttgutfracht verwendet. Da hier nicht mehr rentabel, wurde das Schiff von der Volksmarine übernommen und als Versorger E-62 in Warnemünde am 14. Juli 1962 in Dienst gestellt.

Während der Dienstzeit wurde das Schiff mehrmals umgebaut und teilweise modernisiert. Mit seinen »300 Pferdestärken« war der Versorger zwar nicht das schnellste Schiff, dafür aber eines der zuverlässigsten. Kam es bei einer längeren Marschfahrt im Verband darauf an, so früh wie möglich auf einer Reede einzutreffen, wurde die »Timme« kurzerhand von einem schnellen Schiff, z.B. von einem Tanker »600«, in Schlepp genommen. Drehte die Maschine der TIMMENDORF dann noch mit, schaffte man bequem seine 12 Knoten, was für den alten Versorger allein eine »utopische« Geschwindigkeit bedeutet hätte. Mehr als zehnmal war dieses Schiff u.a. als Versorger bei den Raketenschießabschnitten vor Pillau eingesetzt. In seinen letzten Dienstjahren fungierte er wiederholt als Schrotttransporter. Nach mehr als 27 Dienstjahren wurde das Schiff am 14. Juni 1983 außer Dienst gestellt und abgebrochen.

Hochseeversorger Projekt»109«

Die ursprünglich mit der Typenbezeichnung »Gefechtsversorger« entworfenen Schiffe stellen ein modifiziertes Projekt von Landungsschiffen der Frosch-Klasse dar. Die schiffbauliche Grundkonzeption hinsichtlich Hauptabmessungen, Schiffskörper, Laderaum, Bugklappe und Antriebsanlage entsprach im wesentlichen denjenigen der Landungsschiffe des Projekt »108«, wohingegen die Ausrüstung und ein Teil der Einrichtung aufgabenbezogen modifiziert wurde. Ins Auge fallendes Hauptmerkmal – ein hydraulischer Schiffswippkran 2Hy SWK8 mit einer Tragfähigkeit von 80 kN. Zur Übernahme und Übergabe von festen Versorgungsgütern in See oder in Basierungspunkten mit Hilfe des Bordkrans befinden sich im Oberdeck dieser Schiffe Ladeluken. Im Laderaum können außer Fahrzeugen aller Art auch Paletten und Container gestaut werden. Die Beibehaltung der Landungsschiff-Konzeption gestattete sowohl die Versorgung von Schiffen in See, als auch die Anlandung von Nachschubgütern und speziellen Ausrüstungen an nichteingerichteten Küstenabschnitten. Darüber hinaus war der Einsatz als Landungsschiff zum Anlanden von Rad- und Kettentechnik nach wie vor vorgesehen. Die Bewaffnung der Gefechtsversorger mit zwei 57-mm-Doppellafetten Ak725 wurde wie bei den Landungsschiffen beibehalten, an Stelle der zwei 30-mm-Zwillingsgeschütze waren bei diesen Fahrzeugen jedoch auf dem Vorschiff zwei 25-mm-Doppellafetten des Typs 2-M-3 aufgestellt. Die 57-mm-Geschütze verfügten ebenfalls über eine FuMe-Waffenleitanlage MR103. Als Navigationsfunkmeßanlagen standen die Stationen TSR333 und MR302 zur Verfügung.

Das erste von der Peene-Werft fertiggestellte Schiff stellte man am 3. Oktober 1979 unter dem Namen NORDPERD (E35) in Dienst. Das zweite Schiff erhielt den Namen SÜDPERD (E36). Im Verlaufe ihrer Dienstzeit waren beide Schiffe sowohl als Begleitversorger bei Flottenbesuchen als auch bei Geschwaderfahrten der verbündeten Ostseeflotten des Warschauer Vertrages eingesetzt. Nach ihrer Außerdienststellung wurden beide Schiffe 1993 an Indonesien verkauft.

Hochseeversorger SÜDPERD, Bau-Nr. »109.02«.

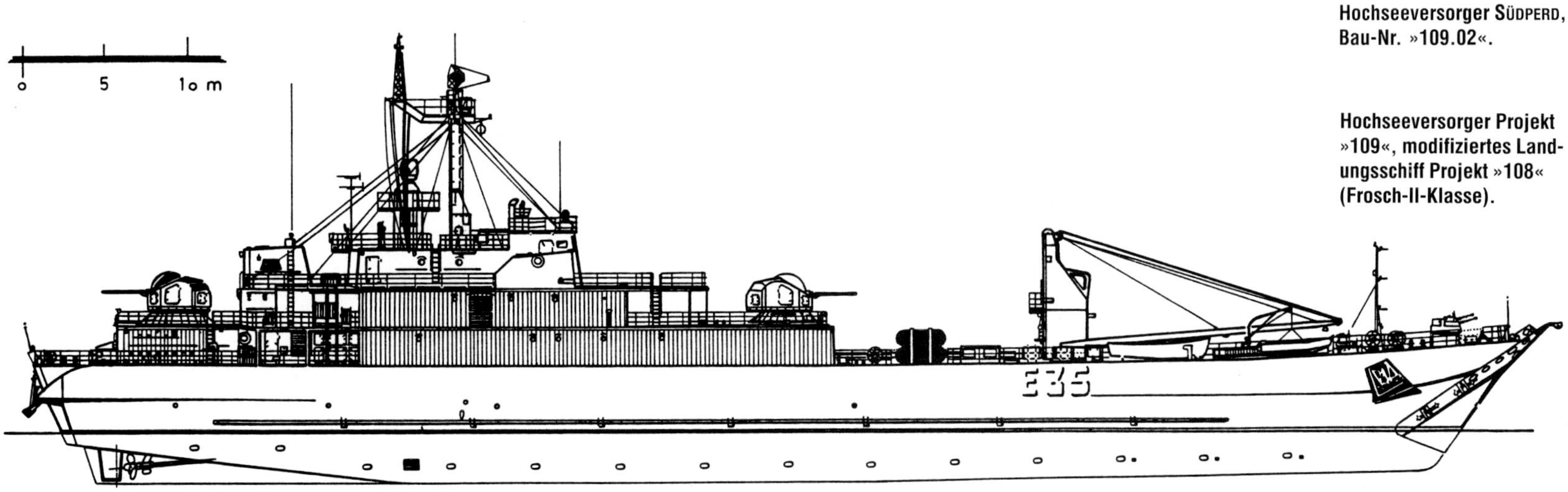

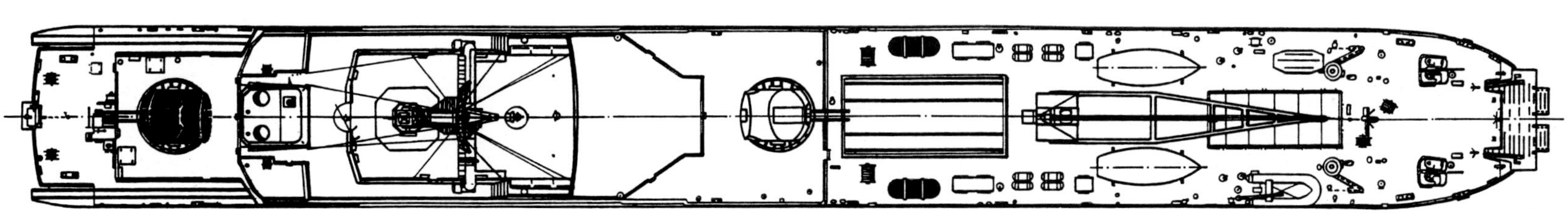

Hochseeversorger Projekt »109«, modifiziertes Landungsschiff Projekt »108« (Frosch-II-Klasse).

Hochseeversorger Projekt »602«

Die Entwicklung dieses Versorgertyps wurde durch eine OTF im August 1975 ausgelöst. Auf der Grundlage eines Basisprojektes war ursprünglich der Bau von vier modifizierten Typen vorgesehen (»603« – Meß- und Erprobungsschiff, »604« – Aufklärungsschiff, »605« – Werkstattschiff). Zusätzliche Forderungen betrafen eine Modifikation von drei Schiffen als Entmagnetisierungs-Werkstattschiff. Wie bereits erwähnt, sollte der Bau von den Elbewerften Boizenburg/Roßlau ausgeführt werden. Aus Gründen der Sicherheit und Geheimhaltung – die Schiffe hätten via Hamburg überführt werden müssen – wurde der Bauauftrag an die Neptun-Werft in Rostock übergeben. Das zwischenzeitlich von Boizenburg erarbeitete Technische Projekt wurde ebenfalls zur Neptun-Werft übergeleitet, mußte hier aber nochmals überarbeitet werden. 1978 wurden dann sechs Versorger Projekt »602« und ein Erprobungsschiff Projekt »603« als Modifikation des Projekts »602« bestellt. Gleichzeitig wurde eine neue OTA zur Entwicklung eines Aufklärungsschiffes »604« (Mod. »602«) übergeben. Im Ergebnis mehrerer Realisierbarkeitsstudien wurde letztlich der Bau von sechs Versorgern des Projekt »602« und ein Aufklärungsschiff auf der Basis des Projekts »602« beschlossen. Gewünschte Modifikationen (Werkstattschiff »605«) sollten dann später bei der ersten Werftliegezeit realisiert werden.

Die nach dem bestätigten Projekt »602« gebauten Schiffe wurden als Backdecker mit achtern angeordneter Maschinenanlage ausgeführt. Der Schiffskörper verfügt über zwei Decks, das Vorschiff ist mit einem Bugwulst versehen. In dem achtern angeordneten Deckshaus befinden sich die Brücke, die Unterkunfs- und Versorgungsräume sowie die technischen Räume. Zwischen den Ladeluken ist der gleiche hydraulische 80-kN-Bordwippkran aufgestellt, mit dem auch die Gefechtsversorger ausgerüstet wurden. Außerdem verfügen die Schiffe über spezielle Übergabeausrüstungen, die die Versorgung von Kampfschiffen im Querab-Verfahren sowie die Bevorratung mit Kraftstoff und Trinkwasser achteraus ermöglichen. Zur Übergabe achteraus konnten eine automatische 50-kN-Schleppwinde, eine Kraftstoffschlauch- und eine Trinkwasserschlauchwinde genutzt werden. Als Antriebsmotor sollte ursprünglich ein neuentwickelter Dieselmotor 6VD36/30AE-1 eingesetzt werden. Da eine entsprechende Betriebsreife nicht vorlag und außerdem höhere Kosten entstanden, wurden in die Schiffe instandgesetzte sowjetische Motoren vom Typ 40D eingebaut. Der Vortrieb erfolgte mit Hilfe eines vierflügeligen Verstellpropellers, der in einer festen Kortdüse lief. Die Energieversorgung übernahmen vier Diesel-Generatorsätze (Motor 6VD18/15) mit einer Leistung von je 130 kW. Zur Dampfversorgung der Heizungs- und Sanitäranlagen verfügten die Schiffe über einen Hilfsdampfkessel DGS04. Eine Ruderanlage nach dem System »Jenckel« verlieh den Schiffen sehr gute Manövriereigenschaften. Auf Befehl konnten die Hochseeversorger mit drei 25-mm-Doppellafetten 2-M-3 bewaffnet werden.

Das erste Schiff »602.131« wurde am 27. Januar 1983 unter dem Namen DARSS (E41) in Dienst gestellt. Die Schiffe MÖNCHGUT (E11) und WITTOW (E61) folgten im Juni 1983. Das vierte Schiff »602.134« wurde als Werkstattschiff KÜHLUNG (P41) zugeführt und das fünfte sowie sechste Objekt als Erprobungsschiff übergeben (GRANITZ, WERDAU). Die Bau-Nr. »602–137« wurde unter der Tarnbezeichnung »Ausbildungsschiff« nur vorgerüstet und anschließend zur Peene-Werft nach Wolgast überführt (s. Aufklärungsschiffe).

Hochseeversorger WITTOW der 6. Flottille.

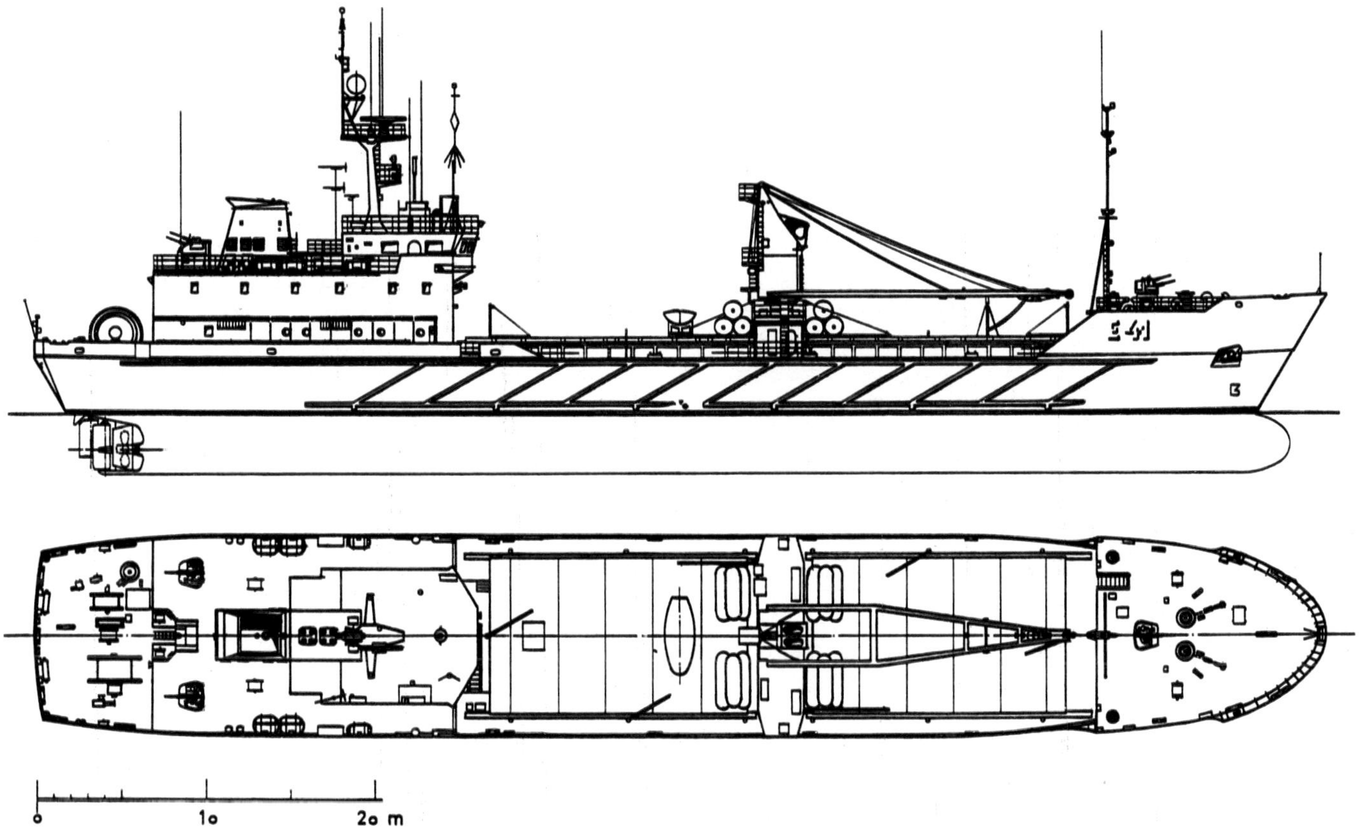

Hochseeversorger Projekt »602«, Neptun-Werft Rostock.

Nach ihrer Indienststellung wurden einige der Versorger wiederholt bei Fernfahrten (Geschwaderfahrten) beziehungsweise Flottenbesuchen bis in das Mittelmeer und das Schwarze Meer eingesetzt. Ihre Ausrüstung als Einschrauber mit gebrauchten Motoren war in Fachkreisen umstritten. Mehrmals mußten die Schiffe mit Maschinenschaden per Schlepperhilfe aus entfernten Seegebieten heimgeholt werden. So z.B. im Juni 1986 die Kühlung von den Shetland-Inseln bis zur Reede Warnemünde – 4. Flottille. Eine Umrüstung auf einen anderen Maschinentyp beziehungsweise der Einbau eines Hilfsantriebes war ins Auge gefaßt. Nach dem 3. Oktober 1990 erfolgte eine kurzzeitige Übernahme von fünf Schiffen durch die Bundesmarine. Im September 1991 wurden alle Schiffe nach Norwegen verkauft (s. Tab. 2).

Tanker

Bis zur Übernahme der Hochseeversorger wurde eine Versorgung der Kampfsschiffe in See ausschließlich von unterschiedlichen Betriebsstofftransportern durchgeführt. Darüber hinaus oblag den größeren Tankern noch die Zuführung spezieller Kraftstoffe beziehungsweise Heizöle aus der Sowjetunion. Im Hafenbetrieb wurde die Kraft- und Schmierstoffversorgung außerdem von den Schwimmenden Stützpunkten bzw. den Tankfahrzeugen der Rückwärtigen Dienste ergänzt.

Tanklogger und Leichter

Analog wie bei den kleinen Versorgern wurden auch einige spezielle Tankschiffe aus den Bauserien für die UdSSR abgegeben beziehungsweise modifiziert. Das erste Tankfahrzeug für die damalige VP-See war der von der Roßlauer Schiffswerft gebaute Tanklogger »235«. Seine Indienststellung erfolgte am 1. April 1952. Das Fahrzeug war wie die Versorgerlogger mit durchlaufendem Hauptdeck und achtern aufgesetztem Quarterdeck ausgeführt (Außenhaut genietet). Als Antriebsmotor diente der gleiche Typ R8DV136 vom Schwermaschinenbau Magdeburg. Die Ladekapazität des Loggers betrug 147 t Kraftstoff, 6,4 t Motorenöl und 28 t Trinkwasser. Er erhielt später den Namen Vilm (C15).

Nach der Zuführung leistungsfähigerer Tanker wurde der Logger zu einem Bilgenwassertransporter umgebaut. Durch Sammlung und Abfuhr von diesel- und ölverschmutztem Bilgenwasser sowie von Altölen, erfüllte das Schiff eine wich-

Tanklogger Vilm (Logger »235«), der spätere Bilgenwassertransporter.

tige Funktion im Rahmen des Umweltschutzes. Seine Außerdienststellung war erst nach der Zuführung neuer Entsorger vorgesehen.

Als weiterer Kraftstofftransporter (Ladekapazität 290 t) wurde den Seestreitkräften der sogenannte Tankleichter »506/1« zugeführt. Dieses Schiff wurde ebenfalls nach einem modifizierten Projekt der Trockenleichter in der Schiffswerft »Ernst Thälmann« in Brandenburg erbaut. Der Stapellauf erfolgte am 9. August 1954 und die Indienststellung am 27. Juli 1956. Das Fahrzeug wurde unter Aufsicht der DSRK fertiggestellt und erhielt die Klasse »AIN (Eis) Tanker«. Der Schiffskörper in Querspantenbauweise mit Kreuzerheck hat die gleichen Hauptabmessungen wie die Trockenleichter. Auch die gesamte Antriebsanlage mit dem Hauptmotor R8DV136 entsprach jener der Trockenleichter. 1969 wurde dieses Fahrzeug zu einem Wassertanker umgebaut. Nach dem Einbau eines größeren Dampfkessels und einer Verdampferanlage konnte auf diesem Schiff aus Seewasser Trinkwasser erzeugt werden. Mittels der eingebauten Wassertanks konnten außerdem Einheiten in See mit Trinkwasser versorgt werden. Während seiner Dienstzeit wurde das Schiff hauptsächlich im Brückenbereich umgebaut und modernisiert. Nach der Einführung der einheitlichen Klassifizierung wurde dieses Schiff als »Hochseewassertransporter« mit der Kennung C443 eingestuft. 1992 wurde das Schiff nach Abu Dhabi verkauft.

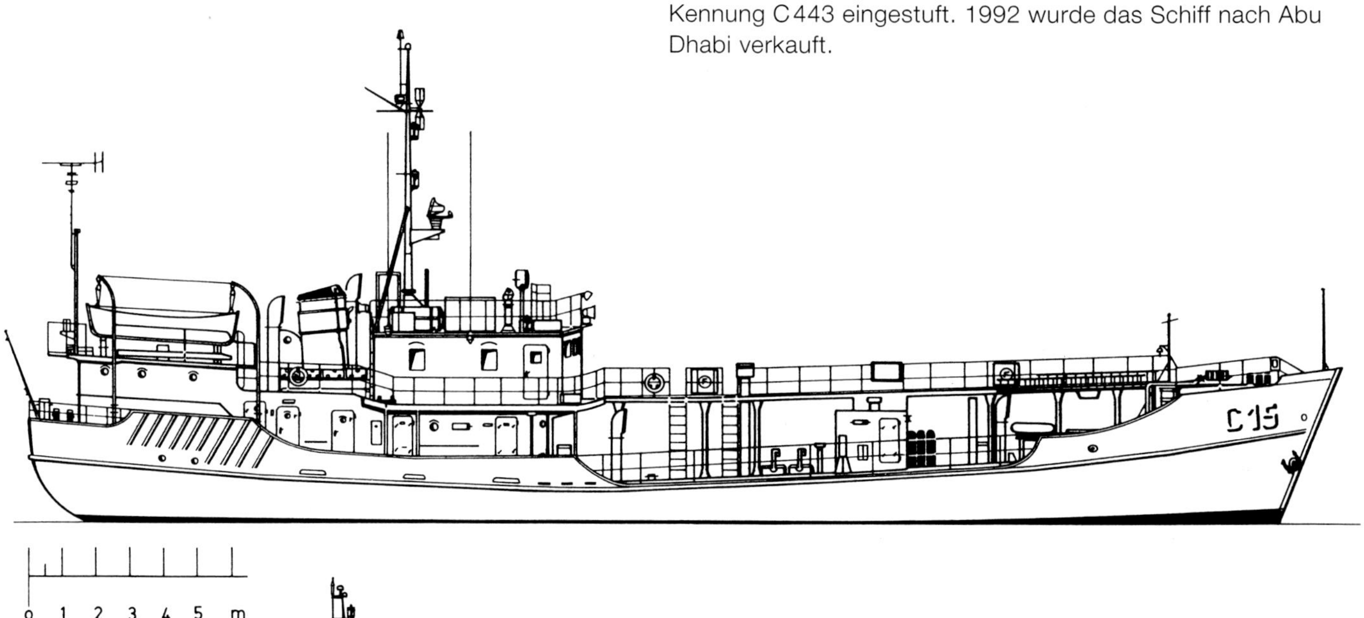

Tanklogger »235«.

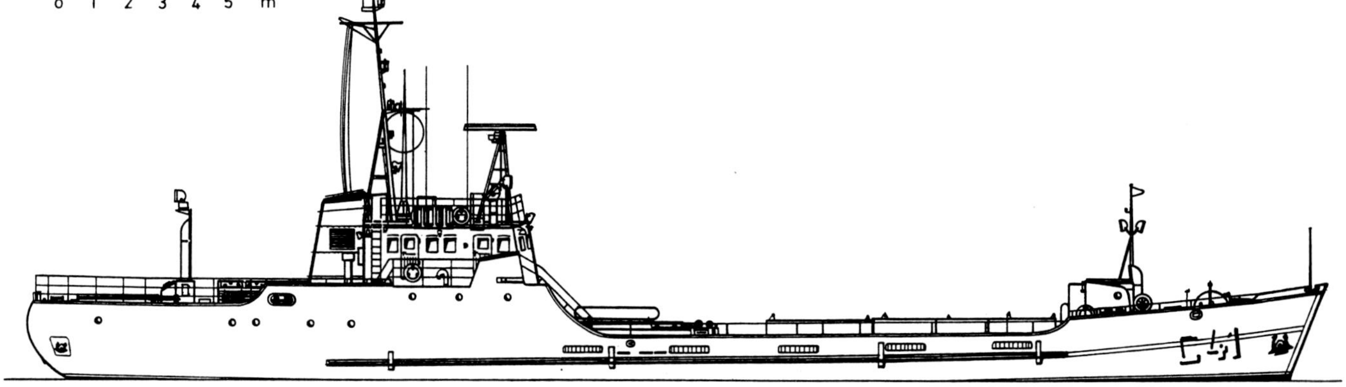

Wassertanker »506/1«.

Der Wassertanker »506/1« im Winter auf der Peene.

Tanker Projekt»600«

Tanker Hiddensee vor Peenemünde-Hafen, im Hintergrund Kröslin.

Tanker »600«, Peene-Werft Wolgast.

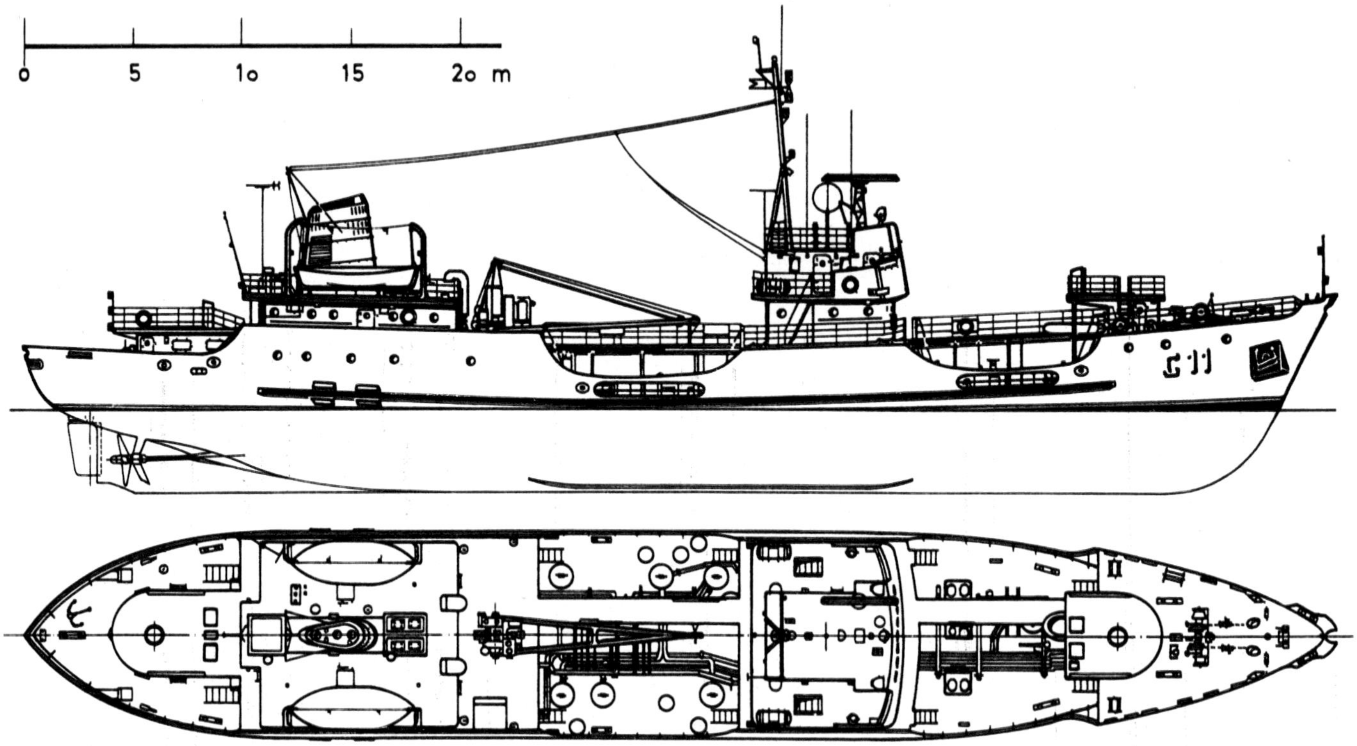

Von 1958 bis 1962 wurden von der Peene-Werft Wolgast drei Tanker mit einem Volldeplacement von 1225 t gebaut. Nach der klassischen Bauweise früherer Tanker hatten die Schiffe ihre Brückenaufbauten im vorderen Schiffsdrittel, während im achteren Deckshaus die Wohnräume, die Versorgungsräume und die Kombüse lagen. Die Maschinenanlage wurde im Achterschiff untergebracht. Als Hauptmaschinen für die Zweiwellenanlage dienten Viertakt-Dieselmotoren des Typs 6KVD43 vom Dieselmotorenwerk Rostock – die gleichen Antriebsmotoren, mit denen auch die MLR-Schiffe des Projekt »Habicht« und »Krake« ausgerüstet waren. Zur Beheizung verschiedener Bunker und Tanks verfügten die Schiffe über eine Hilfs-Dampfkesselanlage mit dem Kessel SHK 116a. Die Bunkerkapazität betrug 496 t Kraftstoff, 49 t Motorenöl und 73 t Trinkwasser. Die Übergabe von Flüssigkeiten in Fässern oder von anderen Versorgungsgütern erfolgte mit Hilfe eines elektrischen Bordwippkranes von 24 kN Traglast. Alle drei Tanker verfügten über Waffenplattformen, um im Mob.-Fall mit zwei 37-mm-Fla-Waffen W–11-M bestückt zu werden.

Nach 1960 erhielten diese drei Tanker die Namen RIEMS (»600/1«), POEL (»600/2«) und HIDDENSEE (»600/3«). Ab 1981 wurden die Marinetanker nacheinander modernisiert. So erhielten sie neue Hauptantriebsmaschinen vom Typ 8NVD26/20AU des Schwermaschinenbaus Magdeburg. Nach fast 30jähriger Nutzung wurde der Tanker POEL am 15. Januar 1990 außer Dienst gestellt und abgebrochen. Der Tanker HIIDENSEE wurde am 15. Mai 1990 außer Dienst gestellt und anschließend zur Weiternutzung an die Deutsche Seerederei GmbH verkauft. Die RIEMS ging an ihren neuen Eigner in Valetta nach Malta.

Binnentanker Projekt »Gustav Koenigs«

Bei diesem Tankertyp handelte es sich um ein von einer Exportvariante abgeleitetes Projekt, von dem die Schiffswerft Roßlau ab 1959 fünf Schiffe für die Seestreitkräfte lieferte (Bau-Nr. »2852« bis »2856«). Das erste Schiff C13 stellte man am 20. April 1960 in Dienst.

Diese flachbordigen Binnenschiffe hatten mit den Abmaßen L/B/T von 67,0/8,20/2,70 Metern ein Volldeplacement von 1166 t. An Betriebsstoffen konnten 860 t mitgeführt werden. Allerdings waren diese Fahrzeuge nur für das Fahrgebiet »Boddenfahrt« bei See/Wind mit einer Stärke von 2/3 zugelassen. Bei Überführungen in Küstengewässern bedurfte es einer Ausnahmegenehmigung. Als Antriebsmaschine diente ein Viertakt-Dieselmotor R8DV148 mit einer Leistung von 308 kW, womit eine Marschgeschwindigkeit von 7,0 sm/h (Höchstfahrt 9 sm/h) erreicht wurde. Überwiegend wurden diese Schiffe als stationäre und mobile Bunkerstellen genutzt, gelegentlich auch zum Kraftstofftransport für Tanklager eingesetzt. Zur Besatzung zählten sechs Mann. Zwei Binnentanker wurden bis auf weiteres von der Bundesmarine mit neuen Namen übernommen und als Bunker- beziehungsweise als Entsorgerschiffe genutzt. Drei Tanker wurden über die VEBEG verkauft.

Binnentanker des Typs »G. Koenigs«.

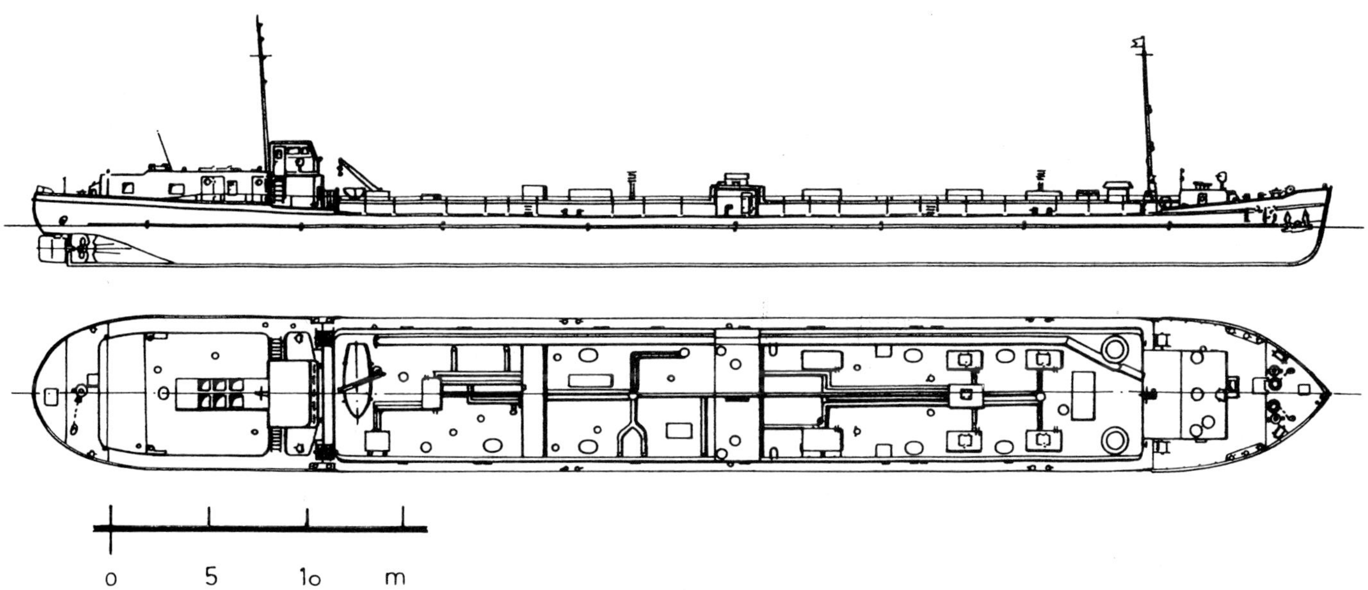

Binnentanker Typ »G. Koenigs«, Bau-Nr. 2852 bis 2856.

Hochseetanker Projekt »1545«

Als größter Tanker der Volksmarine wurde 1966 ein in der UdSSR gebautes Tankschiff des o. g. Projekt beschafft. Das Schiff lief auf der MSP-Werft in Kertsch am 4. September 1965 unter dem Namen USEDOM vom Stapel und wurde nach seiner Überführung am 12. Januar 1966 in Warnemünde in Dienst gestellt.

Der Tanker war als Backdecker mit achtern liegender Maschinenanlage ausgeführt. Sein Normaldeplacement betrug 1260 t (Volldeplacement 2920 t). Als Hauptantriebsmaschine arbeitete ein Ŝkoda-Diesel, Typ 8DR43/61-W1 aus der ĈSSR; die Hilfsdieselmotoren waren Erzeugnisse vom Schwermaschinenbau »Karl Liebknecht«, Magdeburg. Zur Dampferzeugung für Heizzwecke dienten ein vollautomatischer Wasserrohrkessel und ein Abgaskessel. Die Bunkerkapazität betrug insgesamt 1360 t (Kraftstoff, Heizöl, Motorenöl und Trinkwasser). Das Schiff war für das Fahrgebiet »Unbegrenzte Fahrt« ausgelegt und konnte bis See/Wind mit einer Stärke von 9/12 eingesetzt werden. Die Reichweite bei 13 sm/h Marschfahrt betrug 5000 sm. Als »C441« (früher C27, C42) gehörte das Schiff bis zum 3. Oktober 1990 zur 4. Hilfsschiffabteilung der 4. Flottille in Warnemünde. Mit seiner 26 Mann starken Besatzung war der Tanker wiederholt zur Kraftstoffergänzung für Fernfahrer beziehungsweise bei Geschwaderfahrten eingesetzt. Nach der Auflösung der Volksmarine ging dieser Tanker nach Abu Dhabi.

Hochseetanker USEDOM.

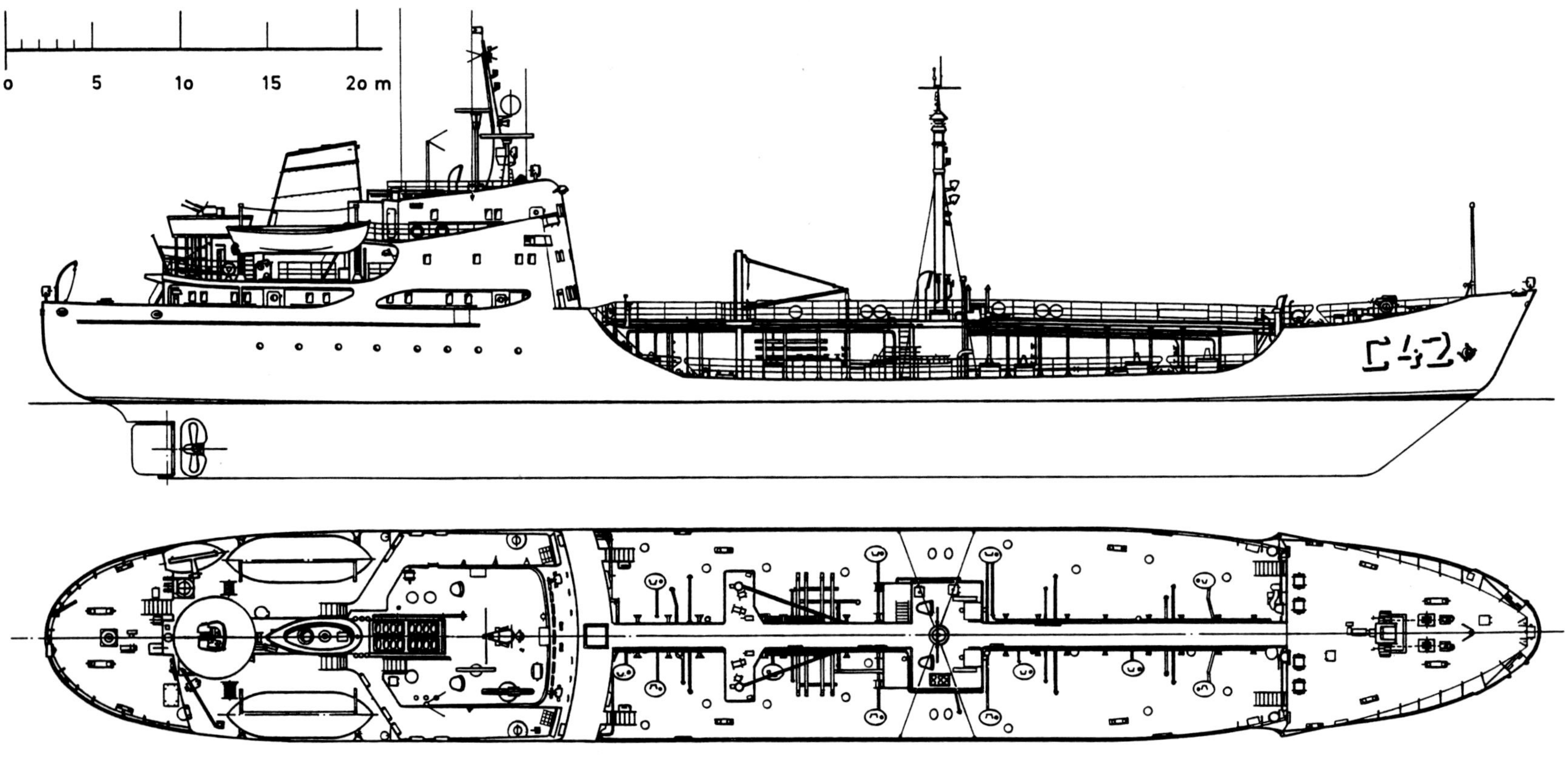

Hochseetanker Projekt »1545«, Werft Kertsch, UdSSR.

Schlepper und Bergungsfahrzeuge

Die Hafen-, Reede- und Hochseeschlepper sowie die Bergungsschiffe unterstanden strukturmäßig den Hilfsschiffabteilungen der 1., 4. und 6. Flottille. Sie waren die »Arbeitspferde« der Flotte und gewährleisteten das Bugsieren und Verholen beziehungsweise das Überführen von Werftschiffen und schwimmenden Mitteln (Krane, Rammen, Pontons, Schuten u. a.). Einige von ihnen waren zum Eisaufbruch bis zu einer festgelegten »Eisklasse« zugelassen. Dabei kamen sowohl Einzelschiffe aus laufenden Zivilprogrammen der Werften als auch spezielle Marine-Schlepperserien in der Flotte zum Einsatz.

Hochsee- und Bergungsschlepper WISMAR

Dieser erste größere Schlepper der damaligen VP-See ist aus dem Wrack eines der bereits erwähnten vier dänischen Marinefahrzeugen neu aufgebaut worden. Als Minenleger Lossen war das Schiff unter der Bau-Nr. »101« bereits am 5. Oktober 1910 auf der staatlichen Marinewerft in Kopenhagen vom Stapel gelaufen. Seine Ablieferung erfolgte am 13. Juli 1911. Nach der deutschen Besetzung Dänemarks am 9. April 1940 verblieben zunächst einige dänische Dienstfahrzeuge noch unter ihrer Landesflagge. Als die deutschen Besatzungsbehörden ab 1943 jeglichen dänischen Schiffsraum für die Kriegsführung beschlagnahmten, versenkte die Besatzung der Lossen ihr Schiff in der Marinewerft durch Sprengung. Im Auftrag der Kriegsmarine wurde der Minenleger wieder gehoben, notdürftig instandgesetzt und nach Deutschland überführt. Bei Kriegsende lag das Fahrzeug beschädigt in Warnemünde.

Am 2. Juni 1949 wurde das Schiff unter seiner Registrier-Nummer »21« zur damaligen Hansawerft nach Wismar überführt. Ursprünglich war hier ein Umbau zum Bergungs- und Seenotschiff der Generaldirektion Schiffahrt vorgesehen. Nach der Übernahme durch die Seepolizei wurde das Fahrzeug in die Peene-Werft nach Wolgast geschleppt, wo ab Februar 1951 mit dem Umbau zu einem Hochseebergungsschlepper (Werftbau-Nr. »12«) begonnen wurde. Außer dem Kiel, einigen Bodenverbänden, Spanten und der Außenhaut im Mittelteil blieb fast nichts von der alten Lossen erhalten. Vor- und Achterschiff wurden völlig erneuert. Die Aufbauten und der Schornstein wurden in Anlehnung an den in der Entwicklung befindlichen Minenleg- und Räumschifftyp »Habicht« gestaltet. Die ursprüngliche Maschinenanlage mit Dampfkessel und zwei Kolbendampfmaschinen wurde ausgebaut und dafür eine Dieselmotorenanlage mit zwei Viertakt-Dieselmotoren vom Typ R8DV148 eingebaut. Vier Dieselgeneratorsätze mit den Motoren 4NVD224, alle von »Bukkau-Wolf« sowie ein Notdiesel DM40 übernahmen die Versorgung mit Elektroenergie. Für seine zukünftige Aufgabe als Bergungsschlepper wurden je zwei leistungsstarke Leck- und Feuerlöschpumpen mit einer Förderleistung von 500 beziehungsweise 200 m³/h vorgesehen. Schlepphaken und -bügel sowie ein Ladegeschirr mit einer Traglast von 12 kN vervollständigten die Ausrüstung.

Nach seiner technischen Erprobung und Abnahme wurde das Schiff am 30. Mai 1953 unter seinem neuen Namen Wismar in Dienst gestellt. Während der Dienstzeit waren Schiff und Besatzung an mehreren Bergungseinsätzen beteiligt. So u.a. am Abbergen des am 8. Januar 1958 vor der Greifswalder Oie gestrandeten costarikanischen Frachters

Der ehemalige dänische Minenleger Lossen 1948 in Warnemünde.

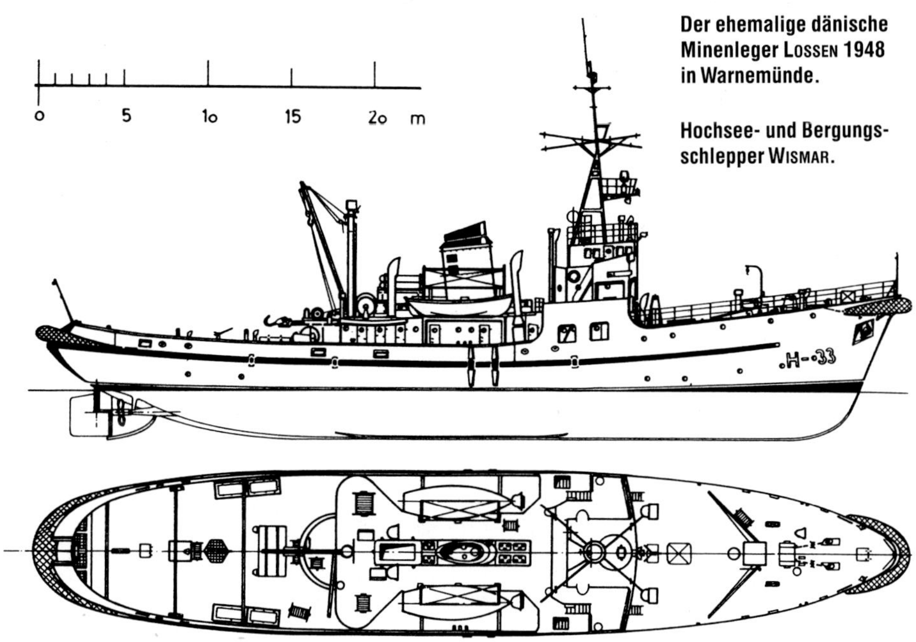

Hochsee- und Bergungsschlepper Wismar.

Der umgebaute Bergungsschlepper WISMAR (ex LOSSEN), 1953.

ARCHON GABRIEL, einem ehemaligen »Liberty-Schiff« des Typs EC2-S-C1 (später ERNST MORITZ ARNDT der DSR). Meß- und Erprobungsfahrten führten den Schlepper auch in den Finnischen Meerbusen. Nach einer mehr als 50jährigen Dienstzeit (mit Unterbrechungen) wurde das Schiff am 1. November 1962 außer Dienst gestellt und abgebrochen.

Reedeschlepper Projekt »Seiner 501«

Der Seeschlepper »501/1« war neben dem wieder aufgebauten Hochseeschlepper WISMAR das zweite Schleppfahrzeug, das für die damalige VP-See bereitgestellt wurde. Auch dieser Schlepper entstammte einer größeren Serie von Seiner-Fischereifahrzeugen, die von mehreren Werften für die UdSSR gebaut wurden. Das als Seeschlepper modifizierte Fahrzeug »501/1« wurde auf der Volkswerft »Ernst Thälmann« in Brandenburg an der Havel erbaut und am 8. November 1952 in Dienst gestellt.

Reedeschlepper Projekt »501«.

0 1 2 3 4 5 m

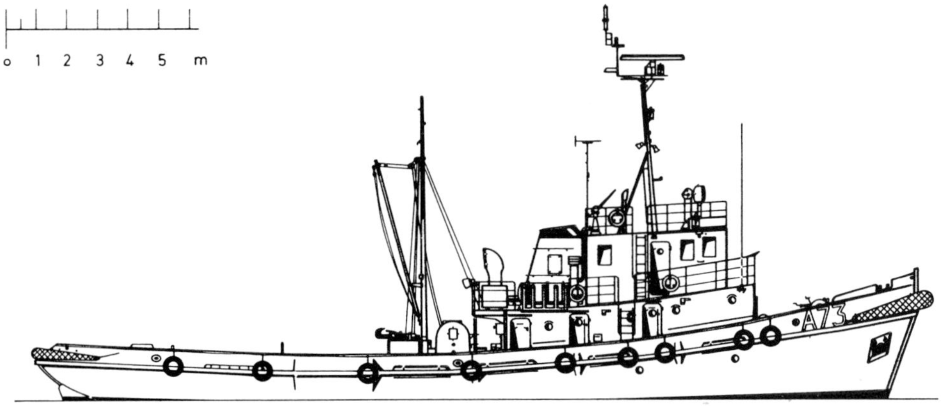

Der Schiffskörper war als Glattdecker mit auf dem Vorschiff aufgesetztem Ruderhaus ausgeführt. Als Antriebsmaschine diente ein Viertakt-Dieselmotor vom Typ R8DV146 mit einer Leistung von 220 kW. In Schleppfahrt wurde eine Geschwindigkeit von 7,5 und in Freifahrt von 10 sm/h erreicht. Der Schlepper war auch als Hilfseisbrecher bis 10 cm Festeis einsetzbar. Im Verlauf seiner Dienstzeit wurde er nochmals umgebaut und teilweise modernisiert. Unter seiner langjährigen Bordnummer A73 erfüllte die Besatzung vielfältige Schlepp- und Bugsieraufgaben. Die Außerdienststellung des Schleppers in der Volksmarine erfolgte am 1. Dezember 1976. Danach wurde das Schiff im Kombinat Seeverkehr und Hafenwirtschaft als Versorgerschlepper für Reedebetrieb unter dem Namen DORSCH weitergenutzt. Ein Schwesterschiff »501/2« war als KARL F. GAUSS, später JORDAN, bis Dezember 1983 beim SHD im Einsatz.

Der Seeschlepper »501/1« auf Reede.

Reedeschlepper SCHOLLE

Der Reedeschlepper wurde 1956 als Einzelschiff nach dem Projekt »Seiner-Schlepper« von der Warnow-Werft in Warnemünde für die Seestreitkräfte geliefert. Seine Indienststellung erfolgte am 26. Oktober 1956 unter dem Namen SCHOLLE (A21).

Das Fahrzeug stand beim Bau unter Aufsicht der DSRK und erhielt die Klasse »AIK (Eis) Schlepper«. Der Schiffskörper war in Querspantenbauweise gebaut worden und durch sechs Schotte in sieben wasserdichte Abteilungen unterteilt. Als Hauptantriebsmaschine diente ein Viertakt-Dieselmotor Typ R6DV140 vom Schwermaschinenbau »Karl Liebknecht«, Magdeburg. Der Schlepper konnte bei Volldeplacement bis Wind 7 und See 6 eingesetzt werden. Außerdem war sein Einsatz als Hilfseisbrecher bis 10 cm Festeis möglich. Nach 20jähriger Dienstzeit wurde dieser Schlepper am 30. November 1976 in der Volksmarine außer Dienst gestellt und anschließend dem Kombinat Seeverkehr und Hafenwirtschaft zur Weiternutzung übergeben.

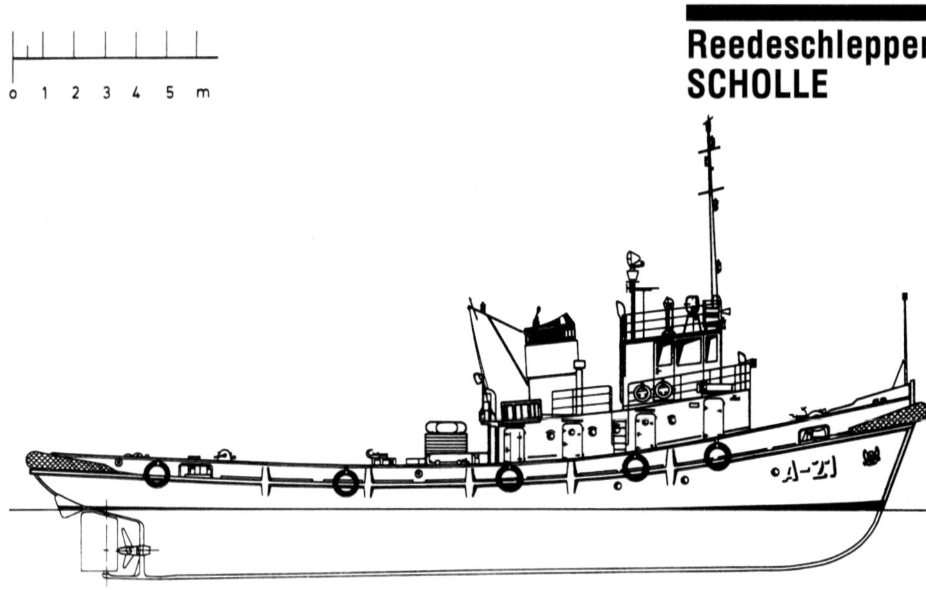

Reedeschlepper SCHOLLLE, Warnow-Werft Warnemünde.

Reedeschlepper Projekt »270«

Den ersten Typ eines Einheitsschleppers erhielten die SSK ab 1959 von der Peene-Werft Wolgast. Das Schiff »270/1« lief am 21. Januar 1958 vom Stapel und wurde am 14. Juli 1959 als A12 in Dienst gestellt. Ihm folgten im gleichen Jahr fünf Schlepper, die der 1., 4. und 6. Flottille zugeführt wurden.

Die Schiffe waren vom ehemaligen Institut für Schiffbautechnik Wolgast projektiert worden, wobei universelle Einsatzmöglichkeiten, vor allem auch im Bergungs- und Rettungsdienst, Berücksichtigung fanden. Das Radialschleppgeschirr wurde für eine Zugkraft von 90 kN ausgelegt. Alle Schlepper erhielten am Ende des Bootsdecks zwei Ladepfosten mit je einem Ladebaum für 30 kN Traglast. Als Hauptantriebsmaschine wurde ein Viertakt-Dieselmotor Typ R6DV148 vom VEB Schwermaschinenbau in Magdeburg eingebaut. Das Elektrobordnetz basierte noch auf Gleichspannung mit 220 Volt.

Reedeschlepper A12, Projekt »270«.

Reedeschlepper Projekt »270«, Peene-Werft Wolgast.

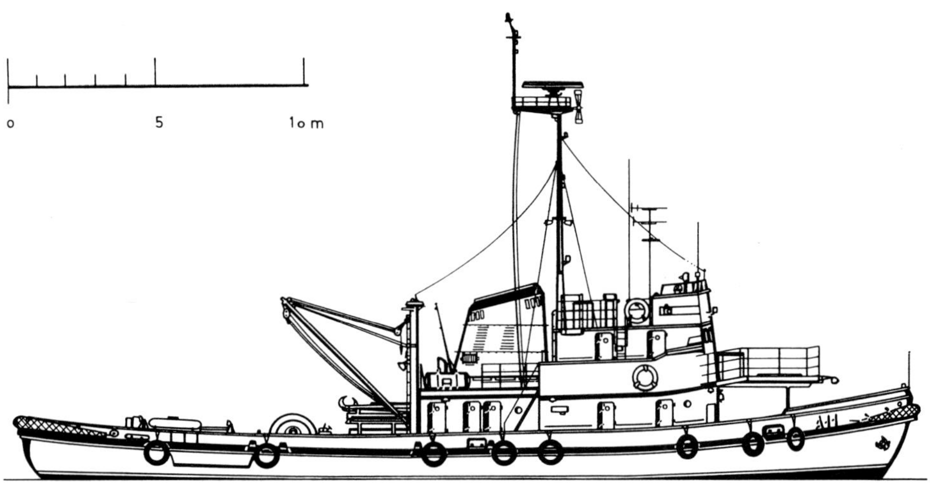

Als Fahrgebiet war »Küstenfahrt« festgelegt. Dabei war ein Einsatz bis See/Wind in Stärke 5/6 möglich. Als Eisbrecher konnte das Fahrzeug bis 15 cm Festeis brechen. Die Autonomie der Schlepper betrug sechs Tage und die Besatzungsstärke erst 18, dann elf Mann. Für den Mob.-Fall war eine Bewaffnung mit einer 25-mm-Doppellafette 2-M-3 vorgesehen.

Ab 1983 wurden einige dieser Reedeschlepper nacheinander grundlegend modernisiert. So wurden beispielsweise neue Hilfsdieselmotoren der Typen 6VD14,5/12-I und 4VD14,5/12-I eingebaut. Erneuert wurden auch verschiedene Decksmaschinen, Teile der Elektroanlage usw. Die Arbeits- und Lebensbedingungen für die Besatzungen wurden verbessert. Ab 1991 wurden vier Schlepper dieses Typs nach Norwegen und Uruguay verkauft.

Binnenschlepper HAI und ROBBE

Die beiden Binnenschlepper waren ursprünglich als Projekt »Eisbrecher M-9–463« von der Roßlauer Schiffswerft für eine Lieferung an Polen als LAMPERT und PUMA vorgesehen (geplanter Antrieb 2 × Vierzylinder-Dampfmaschinen). Der Liefervertrag wurde jedoch annulliert und die Fahrzeuge unter der Bau-Nr. »2672« und »2673« im Jahre 1955 an die Wasserstraßendirektion Magdeburg übergeben. Da sie mit ihrem 617-kW-Antrieb für die Elbefahrt ungeeignet waren (Flußbettschäden), wurden beide Schlepper der Volksmarine zugeführt und am 4. November 1961 unter den Namen ROBBE und HAI in Dienst gestellt.

Als flachbordige Binnenschiffe hatten die Schlepper ein Normaldeplacement von 273 t. Als Antrieb waren nach einer Projektänderung nunmehr zwei Viertakt-Dieselmotoren R8DV136A mit einer Leistung von je 308 kW (420 PS) eingebaut worden. In Schleppfahrt erbrachten die Schiffe eine

Binnenschlepper Hai, einlaufend in Parow.

Binnenschlepper Hai/Robbe nach Modernisierung.

Geschwindigkeit von acht Knoten (Freifahrt zwölf Knoten). Ein Eisbrechereinsatz konnte bis zu 30 cm Festeis erfolgen. Das Schleppgeschirr war für einen Trossenzug von 80 kN ausgelegt.

1977/78 wurden beide Schiffe nacheinander in der Peene-Werft Wolgast umgebaut und modernisiert. So erhielten sie u. a. ein neues Brückenhaus, wodurch ihr Aussehen teilweise verändert wurde. Nach Auflösung der Volksmarine war ein Abbruch beziehungsweise der Verkauf vorgesehen. Der Schlepper HAI wurde 1991 auf der Warnow-Werft zum Weiterverkauf umgerüstet (siehe Tabelle 2).

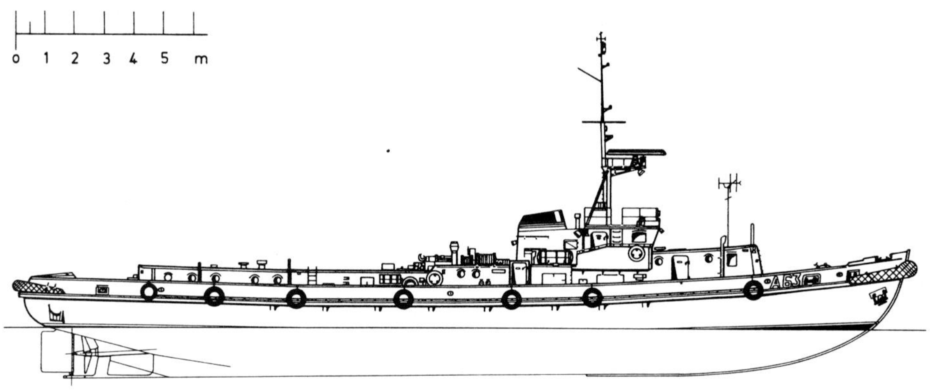

Hochseeschlepper Projekt »700«

Hochseeschlepper »700« bei der Werfterprobung. Ab 3. Oktober 1990: Bundesmarine A1459, Thale.

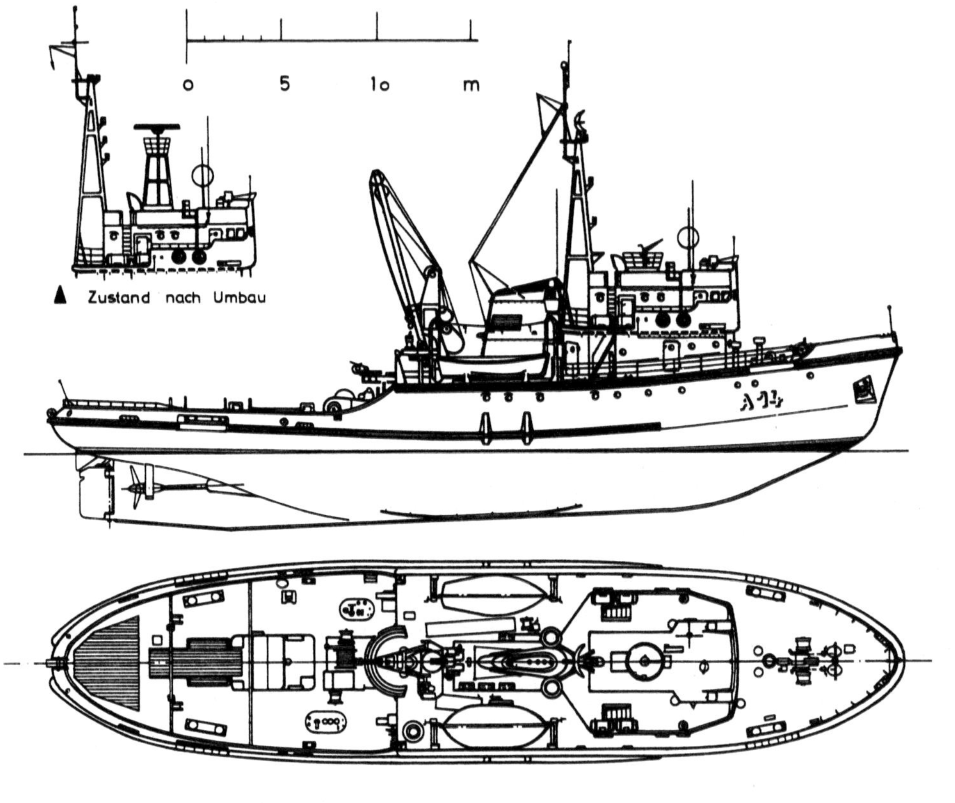

Hochseeschlepper »700«.

Im Oktober 1963 wurde der Volksmarine ein neuer dieselelektrischer Hochseeschlepper Projekt »700« zugeführt. Das Schiff war vom Institut für Schiffbautechnik Wolgast (ISW) unter der Projekt-Nr. »17« entworfen und projektiert sowie nach Ausführung der Konstruktion in der Peene-Werft auf Kiel gelegt worden. Der Schiffskörper dieses 700-Tonnen-Schleppers ist durch fünf Schotte in sechs wasserdichte Abteilungen unterteilt. Beim Fluten einer beliebigen Abteilung sind die Schwimmfähigkeit und die Leckstabilität noch voll gewährleistet (Ein-Abteilungsschiff). Die Schiffsform wurde unter Berücksichtigung der Einsatzmöglichkeiten als Eisbrecher gewählt (bis 20 cm Festeis). Der Vorsteven ist schräg hochgezogen, das Heck entsprechend geformt und mit einem Eissporn versehen. Als Antriebsanlage ist eine dieselelektrische Zweiwellenanlage mit Festpropeller eingebaut. Den Kraftstrom für die zwei Propellermotoren liefern vier Diesel-Generatorsätze mit dem Motor 12KVD21 vom Motorenwerk Johannisthal. Die Propellermotoren habe eine Dauerleistung von je 650 kW (Spitzenlast 800 kW) und sind über Getriebe auf die Wellenleitung gekoppelt. Für Bergungseinsätze ist das Schiff mit vier schweren Pollern (Zugkraft 125 kN) und einer 150-kN-Schleppwinde ausgerüstet. Für den Lade- und Löschbetrieb bei Bergungseinsätzen ist am Ende des Backdecks ein elektrischer Bordwippkran mit einer Tragkraft von 90 kN aufgesetzt. Des weiteren verfügt das Schiff über eine umfangreiche Feuerlösch- und Lenzausrüstung sowie über Einrichtungen für den Einsatz von Schiffstauchern.

Nach Abschluß der technischen Erprobung wurde der Schlepper am 15. Oktober 1963 in Dienst gestellt. Später erhielt er den Namen THALE. Zeitweilig als A 1459 bei der Bundesmarine, wurde das Schiff 1992 nach Holland verkauft.

Bergungsschiff OTTO VON GUERICKE

Als leistungsstarkes Bergungsfahrzeug stand in der Volksmarine das Bergungsschiff OTTO VON GUERICKE zur Verfügung. Dieses Spezialschiff vom Projekt »B570« wurde 1976 auf der polnischen Werft »Stocznia Polnocna« (Nord-Werft) in Gdańsk (Danzig) gebaut. Seine Indienststellung erfolgte am 29. Dezember 1976 mit der Bord-Nr. A46. Die Hauptaufgabe des Schiffes bestand in der bergungs- und rettungsmäßigen Sicherstellung von Kampfschiffen und Kampfschiffeinheiten der Marine sowie in Einsätzen bei nationalen oder internationalen Seenotfällen. In seiner grundsätzlichen Bauausführung entsprach das Schiff den zwei polnischen Schwesterschiffen PIAST und LECH. Alle Schiffe dieses Typs sind für den Fahrtbereich »Unbegrenzte Fahrt« mit einer Einsatzmöglichkeit bis Wind 12 und See 9 ausgelegt. Der Schiffskörper hatte einen Doppelboden von Spant 17 bis Spant 71 und war durch acht wasserdichte Querschotte in neun Abteilungen unterteilt. Den Vortrieb gewährleisteten zwei Sechs-Zylinder-Zweitaktdieselmotoren vom Typ »ZGODA« 6TD48, welche über Zwischenwellen auf Verstellpropeller mit einem Durchmesser von 2700 mm gekuppelt wurden. Die Elektroenergieerzeugung übernahmen drei Hilfsdieselaggregate mit je 330 kVA Leistung sowie ein Hilfsdiesel mit 117 kW Leistung, und die Dampfversorgung für Heizzwecke und Wirtschaftsverbraucher oblag einem Wasserrohrkessel Typ VGH704W–10. Als weitere allgemeine Hilfsmaschinen waren vier Luftverdichter, ein Seewasserverdampfer, Bilgenentöler u.ä. vorhanden.

Speziell zum Bergungs-, Feuerlösch- und Rettungseinsatz stand eine umfangreiche Ausrüstung zur Verfügung. Dazu zählten u.a. mehrere Wasserfeuerlöschpumpen, Lenzpumpen, Gas- und Schaumfeuerlöschanlagen. Bei der Bekämpfung von größeren Bränden auf havarierten Schiffen konnten verschiedene Löschmittel sowohl durch die drei »Wasserka-

Bergungsschiff OTTO VON GUERICKE, polnisches Projekt »570«.

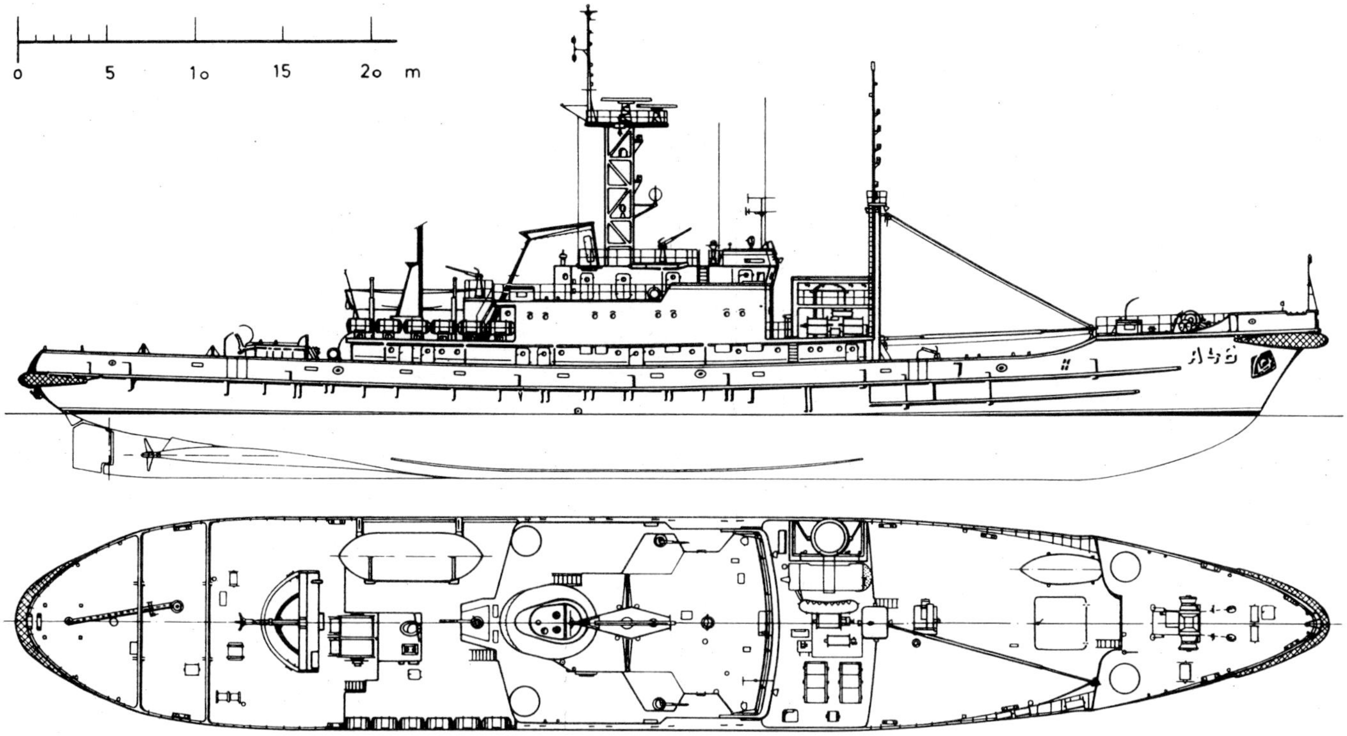

Bergungsschiff Projekt »570«.

nonen« (Reichweite 70 m) als auch über Schlauchverbindungen eingesetzt werden. Für Taucharbeiten befanden sich eine Taucherdruckkammer, eine mittels Tordavit aussetzbare Taucherglocke »TUR« sowie Taucherluftanlagen verschiedener Zweckbestimmungen an Bord. Für das Schleppen manövrierunfähiger Fahrzeuge sowie zum Abbergen eines Havaristen wurde das Schiff mit einer hydraulischen Schleppwinde der Firma »Norwinsch« ausgerüstet. Der Schlepphaken widerstand einem Trossenzug von 320 kN.

Der navigatorischen und nachrichtentechnischen Sicherstellung des Einsatzes dienten umfangreiche funkelektronische Ausrüstungen, wie Kreiselkompaßanlage, Funkpeiler, Funkmeßanlage TSR-333M, Echolot u. ä.

Als kollektive Rettungsmittel standen ein 37-Personen-Rettungsboot und sechs automatisch aufblasbare Rettungsflöße »RF 12« zur Verfügung. Außerdem verfügte das Schiff noch über ein bordeigenes Arbeitsboot mit einem 8,8-kW-Bordmotor. Diese Rettungsmittel sowie weitere Ausrüstungen, wie Kletternetze und ein spezielles Bergenetz, konnten ebenfalls bei Rettungsaktionen für Schiffbrüchige eingesetzt werden. Nach einer Generalreparatur in Rostock wurde das Schiff 1991 an Uruguay verkauft.

Flugsicherungs- und Bergungsschiff HUGO ECKENER

Auf Anforderung der Luftstreitkräfte/Luftverteidigung wurden Anfang 1968 Untersuchungen durchgeführt, eventuell das Taucherboot LUMME zu einem Flugsicherungsboot umzubauen. Da der technische und technologische Aufwand als unvertretbar hoch eingeschätzt wurde, griff man auf den Schiffstyp Heckfänger HD560 »Havanna« zurück, der auf der Schiffswerft in Roßlau für Kuba gefertigt wurde. Allerdings wurde in Roßlau nur der Schiffskörper gebaut, wogegen der Endausbau in der Peene-Werft Wolgast erfolgte. Das Technische Projekt und die Konstruktion wurden 1969/70 von der Peene-Werft erarbeitet. Die Spezialausrüstung für Flugsicherungsaufgaben wurde durch das Kommando LSK/LV bereitgestellt.

Der Schiffskörper und die Antriebsanlage entsprachen weitestgehend der Serienausführung der Fischmehlkutter. Drei wasserdichte Schotte unterteilten das Schiff in vier Abteilungen. Die Heckaufschleppe wurde ebenfalls beibehalten. Auf dem Hauptdeck befanden sich ein längeres Deckshaus mit den Wohn-, Wirtschaft- und Sanitärräumen, über dem Deckshaus das Steuerhaus mit der Brücke, der Kommandantenkammer und den technischen Räumen für die Flugleitung sowie an der hinteren Seite des Deckshauses zwei Ladepfosten mit je einem Ladebaum für 7,5 kN Traglast.

Als Antriebsmotor diente ein Viertakt-Diesel Typ 8NVD36AI mit einer Leistung von 415 kW. Als Hilfsdieselmotoren wurden zwei Viertakter vom Typ 6VD18/15 eingesetzt.

Zur Navigationsausrüstung gehörten eine Kreiselanlage »Giria MK«, eine Funkmeßanlage TSR222, ein Echolot HAG112 sowie Sichtfunkpeiler 13LO und 11A–29. Drei Funkstationen (2 UKW, 1 KW) dienten zur Nachrichtenverbindung. Zur speziellen Ausrüstung für die Flugsicherung gehörten eine Funkmarkierungsstelle PAR 8s, ein Markie-

Flugsicherungs- und Bergungsschiff Projekt »HD 560-Havanna«.

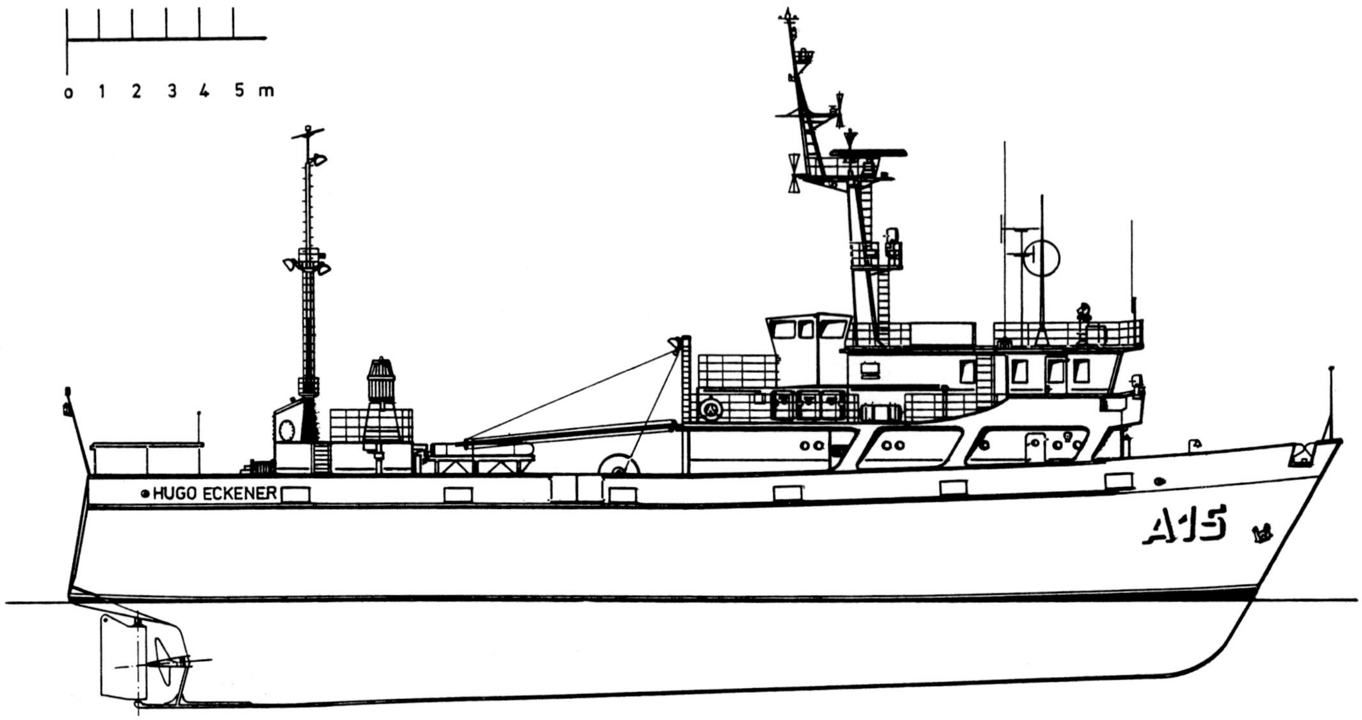

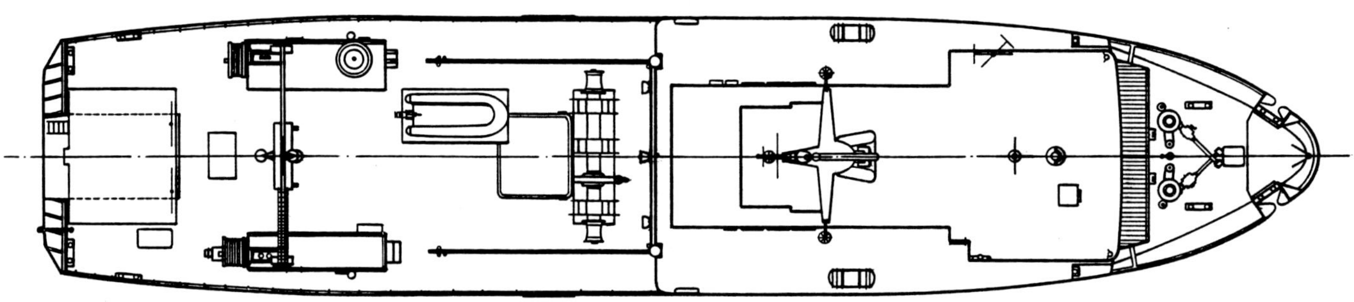

Bergungsschiff Hugo Eckener, früheres Flugsicherungsschiff U33.

rungsfunkfeuer MRM-48, ein Codeleuchtfeuer KNS-1p sowie verschiedene UKW-Sende- und Empfangsstationen.

Die Indienststellung dieses Sonderschiffes erfolgte am 8. Februar 1971 im WTZ Wolgast. Das Schiff erhielt den Namen Hugo Eckener und die Bord-Nr. U33. Seine Hauptaufgabe bestand in der Flugsicherung für das 9. Jagdgeschwader in Peenemünde/Karlshagen. Wegen seiner guten Seetüchtigkeit sowie seiner universellen Ausrüstung wurde das Schiff 1981 zum Bergungsschiff A15 umklassifiziert, wobei sein Aufgabengebiet der Flugsicherung aufrechterhalten wurde. Ab 1986 die Bord-Nr. A114; Sept. '91 an Niederlande.

Hochseereede- und Hafenschlepper Projekt »498«

Im August 1983 wurde der Volksmarine ein neuer Hochseereede- und Hafenschlepper zugeführt, der mit einer leistungsstarken Antriebsanlage die Erfüllung verschiedener Schlepp- und Bugsieraufgaben, insbesondere bei größeren Schiffen, verbesserte. Der nach dem Projekt »498« auf einer sowjetischen Binnenwerft in Gorokhovets gebaute Schlepper wurde von einer Besatzung der Volksmarine in Zusammenarbeit mit dem VEB Schiffscommerz in der Leningrader Kanonerski-Werft übernommen und anschließend auf dem Seeweg überführt.

Der Bau des Schleppers erfolgte nach den Vorschriften des Seeregisters der UdSSR. Die Hauptabmessungen und die wesentlichsten Ausrüstungen entsprachen denjenigen der bereits seit mehreren Jahren bei der Bagger-, Bugsier- und Bergungsreederei eingesetzten Schlepper des gleichen Typs. Der Schiffskörper ist in Querspantenbauweise hergestellt und durch Querschotte in fünf wasserdichte Abteilungen untergliedert. Als Antriebsmaschine arbeiten zwei Sechszylinder-Zweitaktdieselmotoren mit einer Leistung von je 440 kW. Den Vortrieb übernehmen Verstellpropeller mit Brückenfernsteuerung, die in schwenkbare Ruderdüsen laufen. Der Schlepper hat eine Zugkraft von 140 kN bei 3 sm/h Fahrt. Zur Bordversorgung mit Elektroenergie dienen ein Dieselgeneratorsatz von 25 kW Leistung und ein Wellengenerator mit ebenfalls 25 kW Leistung. Zur Leck- und Brandbekämpfung auf havarierten Schiffen verfügt der Schlepper über eine umfangreiche Lenz- und Feuerlöschausrüstung, darunter auch eine leistungsstarke Schaumfeuerlöschanlage sowie eine »Wasserkanone« (Feuerlöschlafettenrohr) mit einer Förderleistung von 220 m^3/h. Mitte der 80er Jahre wurde der Schlepper geringfügig umgebaut und modernisiert (neuer Vierbeinmast für Funkmeßanlage). Im Oktober 1990 wurde das Schiff unter der Kennung Y1650 bis auf weiteres von der Bundesmarine übernommen.

Hochseereede- und Hafenschlepper UMMANZ.

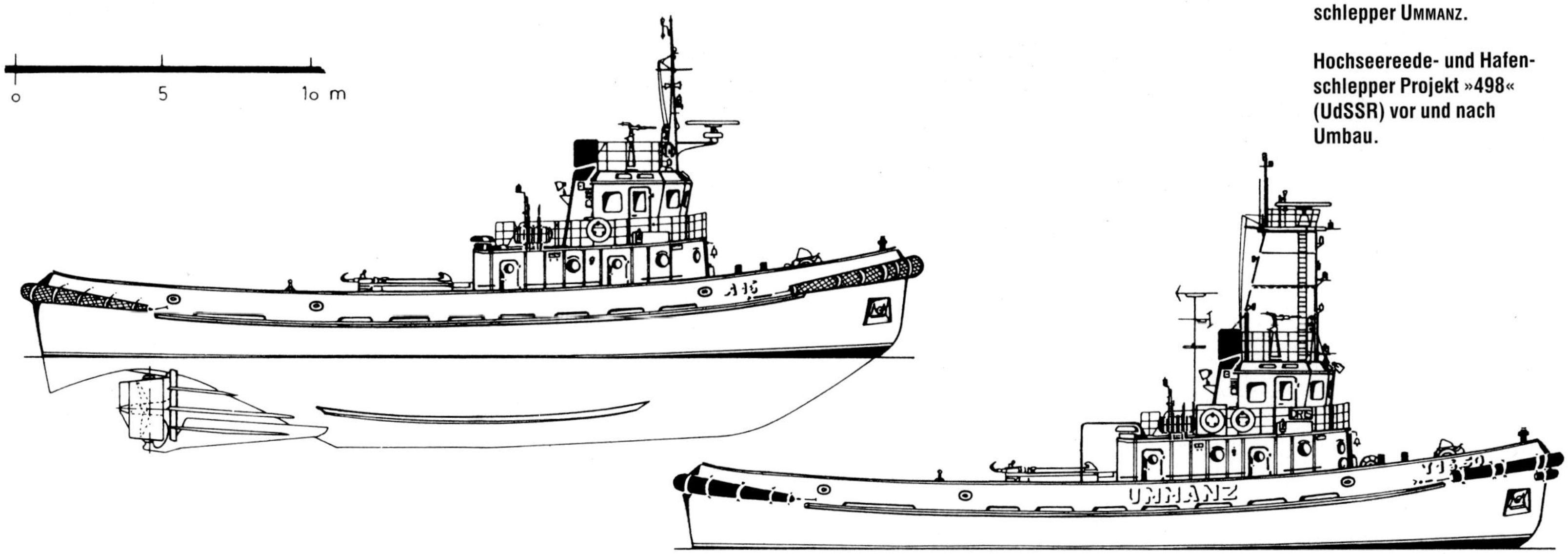

Hochseereede- und Hafenschlepper Projekt »498« (UdSSR) vor und nach Umbau.

Reedeschlepper Projekt »414«

Die Entwicklung dieses Schleppertyps hatte ihren Ursprung in Forderungen der Marine zur Ablösung von Schleppbooten der Typen »Elbe« und »Warnow«. 1982 wurde durch das KVM eine OTF an die Verwaltung Schiffbau (VSB) übergeben, die durch weitere Änderungen präzisiert wurde. So wurden u. a. eine Erhöhung der Antriebsleistung und eine Ausrüstung der neuen Schleppboote mit einer Schleppwinde gefordert. Als Bedarf war eine Anzahl von 30 Schleppbooten avisiert. In der Konzeptionsphase, die verschiedene Realisierbarkeitsstudien beinhaltete, erarbeitete die Yachtwerft Berlin bis 1984 eine Studie für einen Reedeschlepper, an dessen Entwicklung auch die Bagger-, Bugsier- und Bergungsreederei

Reedeschlepper Projekt »414«, Yachtwerft Berlin.

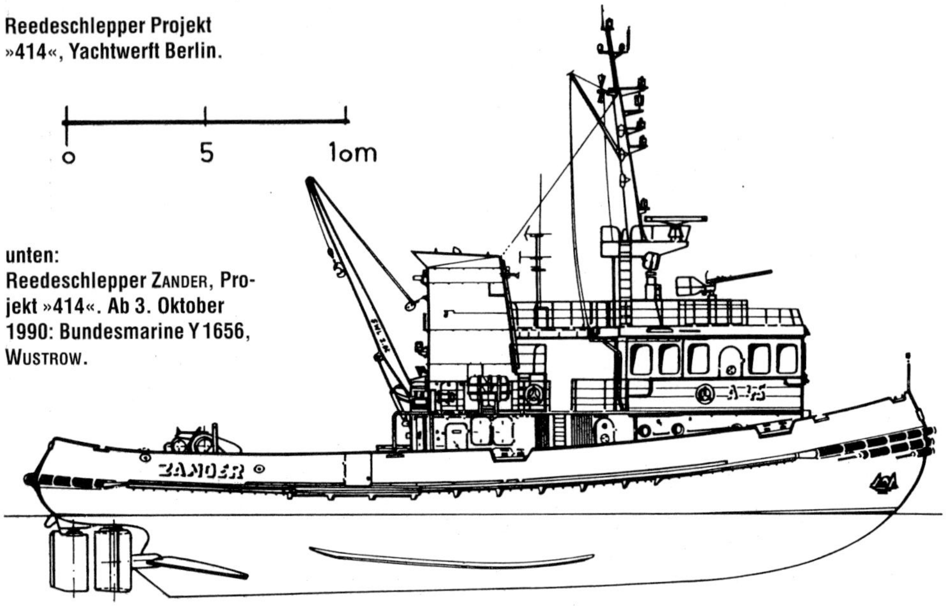

unten:
Reedeschlepper ZANDER, Projekt »414«. Ab 3. Oktober 1990: Bundesmarine Y 1656, WUSTROW.

(BBB) ein Interesse bekundete. Das Technische Projekt »414« wurde bis 1986 erstellt und nunmehr ein Serienbedarf von 16 Schleppern angemeldet (12 Marine, 4 BBB). Bei Baubeginn des ersten Schiffes 1987 stellten sich einige technische Probleme ein, die eine Endausbaustelle für die Schlepper auf der Volkswerft in Stralsund erforderten (Überführung von Berlin nur im vorgerüsteten Zustand).

Zur Realisierung aller Forderungen sah das Projekt einen 30,8 m langen Schlepper mit einem Normaldeplacement von 186 t vor. Als Antriebsmaschine wurde der Dieselmotor 6VD26/20AI-1 mit einer Leistung von 530 kW eingesetzt. Speziell die Antriebsleistung war eine Kompromißvariante. Für einen Schlepper hatte die Marine eine größere Schleppleistung gewünscht, jedoch ließ die Schiffbauhalle der Yachtwerft keine größere Breite des Schiffes zu, um eventuell einen stärkeren Motor oder eine Zweiwellenanlage einzubauen. Gleichzeitig mußten einige Forderungen berücksichtigt werden, die auch den Einsatz des Schleppers bei Berge- und Feuerlöschaufgaben ermöglichten.

Bereits 1988 traten ökonomische Zwänge ein, die die Marine veranlaßten, nur noch einen Bedarf von sechs Schleppern anzumelden. Die BBB trat aus Finanzierungsschwierigkeiten ganz von ihrer Bestellabsicht zurück. Der mit Baubeginn 14. April 1987 gefertigte erste Schlepper wurde nach einer umfangreichen Erprobung am 25. Mai 1989 unter dem Namen ZANDER (A 45) in Dienst gestellt. Ihm folgten noch die Schlepper KORMORAN (i. D. 12. Dezember 1989), DELPHIN (i. D. 29. Juni 1990) und HAI. Für die restlichen zwei Schlepper waren die Namen ALBATROS und HECHT vorgesehen. Die ersten drei Schlepper wurden als WUSTROW (ex ZANDER), DRANSKE (ex KORMORAN) und KOOS (ex DELPHIN) von der Bundesmarine übernommen.

Schleppboote Projekt »Elbe« und »Warnow«

Schleppboot Projekt »Elbe«, Yachtwerft Berlin.

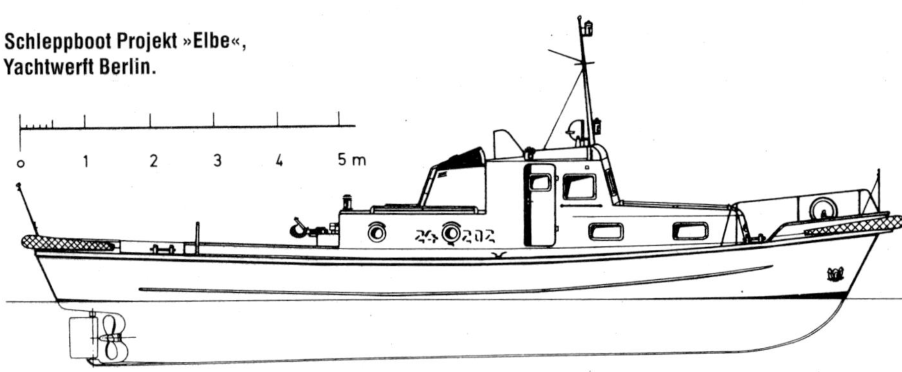

Für Schlepp- und Bugsieraufgaben in Stützpunkten und auf Binnengewässern wurden der Volksmarine ab 1965 nacheinander zwölf Schleppboote des Projekts »Elbe« und 20 des Projekts »Warnow« zugeführt. Die von der Yachtwerft Berlin gebauten »Elbe«-Boote hatten ein Normaldeplacement von 18,3 t. Der Antriebsmotor 4NVD21/2 mit einer Leistung von 66 kW ermöglichte eine Geschwindigkeit von rund acht Knoten. Das erste Boot »Elbe-24« wurde am 5. Januar 1965 in Dienst gestellt.

Die ebenfalls von der Yachtwerft ab 1969 gebauten Schleppboote des Projekts »Warnow« stellten eine etwas vergrößerte Weiterentwicklung des »Elbe«-Typs dar. Bei einer Länge über alles von 15,25 m hatten diese Boote ein Deplacement von 25,1 t. Ihre Antriebsleistung betrug 77 kW. Von beiden Bootstypen wurden mehrere Fahrzeuge auch für zivile Bedarfsträger geliefert. In der Marine waren diese Schleppboote bei den Hafenkommandos der Stützpunkte der 1., 4. und 6. Flottille stationiert. Ab 1991 wurden einige der Schleppboote an in- und ausländische Interessenten verkauft.

Schleppboot Typ »Elbe« im Seekanal von Warnemünde.

Aufklärungs- und Erprobungsschiffe

Wie alle größeren Marinen unterhielt auch die Volksmarine nacheinander einige Spezialschiffe für eine optische, funktechnische und elektronische Aufklärung außerhalb ihrer Operationszone. Obwohl artgleiche Schiffe des »Gegners« in der Öffentlichkeit als »Spionageschiffe« bezeichnet wurden, erfüllten die »Aufklärer« der Volksmarine haargenau die gleichen Aufgaben. International als ELINT-Schiffe bzw. als intelligence ships eingeordnet, wurden die Aufklärer offiziell als Vermessungsschiffe klassifiziert und in der am 19. 9. 1972 gebildeten Vermessungsschiffabteilung (VSA) mit Standort in Warnemünde zusammengefaßt.

Vermessungsschiff HYDROGRAPH

Dieses Schiff entstammte der großen Serie (171 Schiffe) eines Mitteltrawlers vom Typ »Okean«, der von 1957 bis 1961 auf der Volkswerft in Stralsund für die UdSSR gebaut wurde. Der letzte Trawler, Bau-Nr. »9171«, wurde am 31. Januar 1961 an die Volksmarine übergeben und auf der Peene-Werft als Aufklärungsschiff ausgerüstet. Seine Indienststellung erfolgte am 28. November 1961.

Das durch seinen »Antennenwald« auffallende Schiff hatte ein Normaldeplacement von 689 t. Der Schiffskörper war bereits vollständig geschweißt und das Deckshaus aus Leichtmetall gefertigt. Das Schiff war für das Fahrgebiet »unbegrenzte Fahrt« mit einer Autonomie von 30 Tagen ausgelegt. Als Antriebsmaschine kam der Viertakt-Dieselmotor 8NVD48 mit einer Leistung von 397 kW zum Einsatz, womit eine Marschgeschwindigkeit von rund 11 sm/h erreicht wurde. Neben einer erweiterten elektro-nautischen Ausrüstung (Flach- und Horizontallot, Vermessungs-Echograph, Funk-Navigation) bestand die spezielle Ausrüstung aus Stationen zur Funküberwachung, aus der Funkmeßaufklärung (Frequenzanalyse) sowie aus Funksende- und Empfangsstationen für stabile Nachrichtenverbindungen. Das Schiff

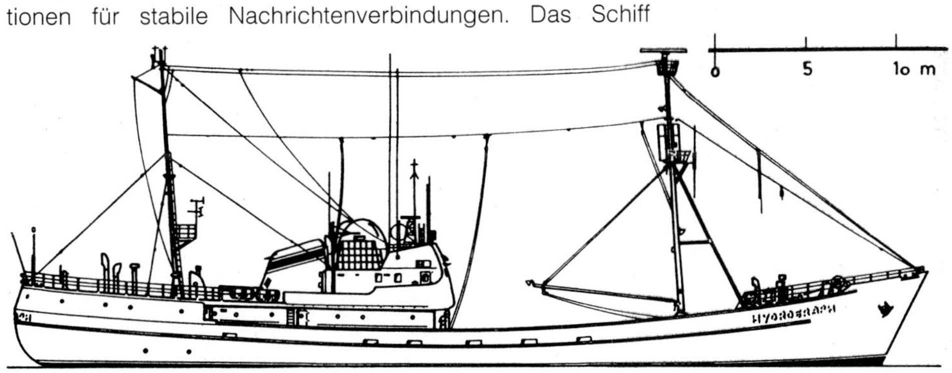

unten: Vermessungsschiff HYDROGRAPH, Mitteltrawler Typ »Okean«.

Vermessungsschiff (Aufklärungsschiff) HYDROGRAPH, einlaufend in Warnemünde.

wurde mehrmals modernisiert und nachgerüstet. Aus Tarnungsgründen fuhr es während der ersten Jahre unter den Farben des SHD. Im Vergleich zu anderen Schiffseinheiten hatte die HYDROGRAPH entsprechend ihrer Aufgabenpalette den längsten Seeaufenthalt. Bis zum 28. November 1981 – dem 20. Jahrestag ihrer Indienststellung – war das Schiff rund 1800 Tage in See und hatte dabei 180000 Seemeilen zurückgelegt. Am 27. Mai 1983 wurde das Schiff dann außer Dienst gestellt und nach Ausbau sämtlicher Aufklärungstechnik im MAB Rostock abgebrochen.

Vermessungsschiff Projekt »65.2«

Vermessungsschiff KOMET, Projekt »65.2«.

Gemäß einer vorläufigen OTF der Marine an die Verwaltung Schiffbau wurde ab Februar 1962 die Entwicklung von zwei Aufklärungsschiffen eingeleitet, die auf der Basis des Projekts »89.1« (Kondor I) entstehen sollte. Das Technische Projekt wurde bis August 1971 abgeschlossen und der Bau des ersten Schiffes bereits im April 1971 auf der Peene-Werft Wolgast begonnen.

Vom Projekt her entsprechen die Schiffe mit ihren Hauptabmessungen und der Antriebsanlage den MSR-Schiffen der 1. Bauausführung (»89.1«). Entsprechend ihrem Aufgabenspektrum wurden sie jedoch mit einer Reihe von Sonderanlagen ausgerüstet, die wie beim Schiff HYDROGRAPH eine optische, funkelektronische und hydroakustische Aufklärung gewährleisten sollten. Dazu zählten u.a. sowjetische Funkmeßaufklärungsstationen »Bisan 4W« und »4B«, Funkempfangsanlagen sowie zwei hydroakustische Stationen. Während die Hydrostation »KLA58« eine serienmäßige Anlage war, wurde 1973 noch die sowjetische Anlage »MG329« nachgerüstet. Ursprünglich als VDS-Anlage zum Absenken an der Bordwand gedacht, wurde diese Anlage jedoch zum Absenken im Taucherausstiegsschacht (!) eingebaut. Die Schiffe erhielten keine Bewaffnung.

Das erste Schiff wurde am 9. März 1973 mit dem Namen KOMET in Dienst gestellt. Im folgte am 3. Mai des gleichen Jahres die METEOR. Nebenbei sei bemerkt, daß die Marine mit den gefälligen Schiffsnamen dieser beiden Aufklärer Ärger bekam. Als man in der Politischen Hauptverwaltung (PHV) in Berlin-Strausberg davon erfuhr, daß es sich bei METEOR um einen Traditionsnamen deutscher hydrographischer Schiffe handelte, wurde die Weisung erteilt, zukünftig alle geplanten Schiffsnamen von der PHV bestätigen zu lassen.

Bei Einführung der neuen Klassifizierungsordnung wurden beide Schiffe offiziell in »Kleine Aufklärungsschiffe« (ASk) umklassifiziert. Mit der Übernahme von Teilen der Volksmarine in die Bundesmarine wurden die Fahrzeuge vorerst »brotlos«. Doch ihres Alters wegen ist ein Abbruch wahrscheinlich.

Aufklärungsschiff JASMUND

Auch dieses Schiff wurde als Serienmodifikation vom Projekt »Versorger 602« abgeleitet und als letztes Objekt »602.137« auf der Neptun-Werft in Rostock gebaut. Allerdings erfolgte hier nur der Hauptteil der schiffsbaulichen und maschinentechnischen Arbeiten (Tarnname »Ausbildungsschiff«), wogegen der Endausbau nach Überführung in der Peene-Werft Wolgast durchgeführt wurde. Wie beim ASk »65.2« entsprachen die Hauptabmessungen und die maschinentechnische Ausrüstung denen der Hochseeversorger. Der Innenausbau, die Einrichtung und auch der Decksaufbau wichen dagegen von den Versorgern ab. An Stelle des hinteren Laderaums waren mit einem Deckshausvorbau Arbeitskabinen und technische Räume für das Aufklärungspersonal eingerichtet worden. Auch der Bordkran entfiel. An seiner Stelle hatte das Schiff einen Pfahlmast mit Salings zur Aufnahme von Antennen verschiedener Aufklärungsstationen. Mit einer Grundausstattung von Aufklärungsmitteln wurde das Schiff am 15. Mai 1985 in Warnemünde in Dienst gestellt.

Noch vor der Übergabe wurde bereits ein Projekt für die zweite Umrüstungsetappe des Schiffes erarbeitet. Dieses sah u. a. den Aufbau einer neuen Funkmeß-Aufklärungs- und Störstation, die Verstärkung der Luftabwehrbewaffnung (2 × 23 mm, 2 × Fla-Raketenstarter FAM-14), den Aufbau von zwei Düppelwerfern PK-16, eine Satellitennavigationsanlage sowie den Einbau eines Hilfsantriebs vor. Da die sowjetische Seite die Lieferung einiger geplanter Sonderanlagen ablehnte, wurde an Stelle der geplanten sowjetischen FuMe-Luftraumbeobachtungsanlage »Positiv Ä« eine polnische FuMe-Station »NUR-25« importiert. Für selbige wurde dann noch ein neuer Mast mit Aufstellplattform gefertigt. Durch weitere Lieferschwierigkeiten verzögerte sich die Modernisierung (2. Umrüstung) bis 1989. Gleichzeitig erfolgte noch eine erste Hauptinstandsetzung des Schiffes. Mit einem finanziellen Aufwand von 17,4 Mill. Mark – allein für die Modernisierung – wurde das Schiff im Dezember 1989 wieder an die Marine übergeben (ohne Satellitennavigation). 1992 wurde das Schiff an Spanien verkauft und nach Umbau am 30. 6. 1993 als A 111 ALERTA in Dienst gestellt.

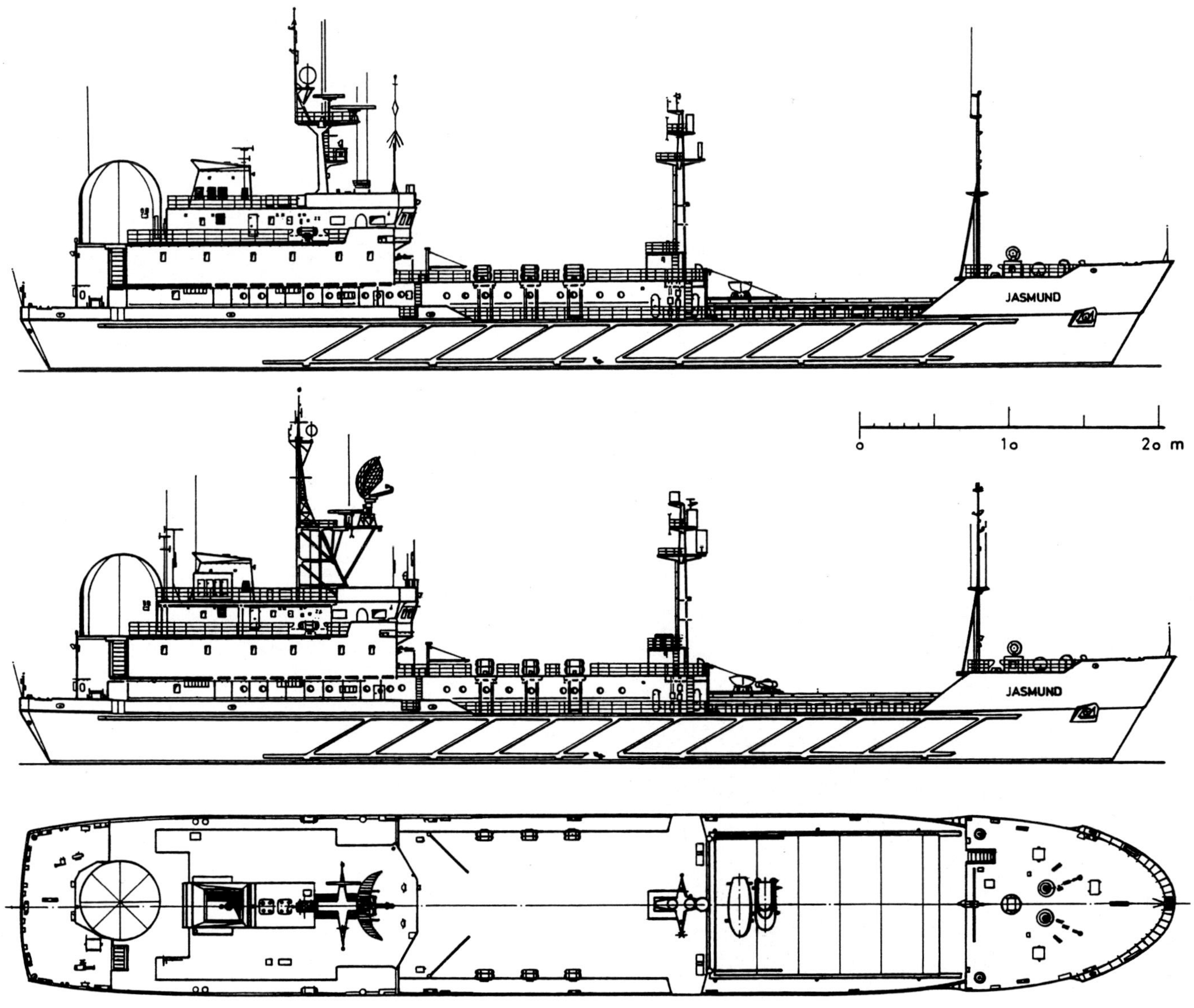

Aufklärungsschiff »602/137« vor und nach der 2. Umrüstung.

Aufklärungsschiff Jasmund von achtern.

unten: Torpedologger Rügen (I).

Erprobungsschiff »Torpedologger« RÜGEN

Der Logger 233 von der Roßlauer Schiffswerft – er erhielt später den Namen Rügen – war bis zum Jahre 1959 als Versorger eingesetzt. Nach Einführung der Torpedoschnellboote wurde das Fahrzeug in der Neptun-Werft Rostock zum »Torpedologger« umgebaut. Die Ausrüstung mit zwei ausschwenkbaren Torpedorohren, mit denen auch die TS-Boote des Projekts »183« versehen waren, hatte den Zweck, daß mit diesem Spezialfahrzeug Torpedos zur Erprobung, zum Funktionsschießen nach großen Regelungen oder für besondere Versuche verschossen werden konnten.

Mit dieser Aufgabenstellung diente das Fahrzeug lange Jahre dem Wissenschaftlich-Technischen Zentrum der Volksmarine in Wolgast. 1974 wurden die Torpedorohre abgerüstet und das Fahrzeug nach seiner Außerdienststellung am 5. November 1974 der GST übergeben. Nach einem Umbau wurde der Logger unter dem Namen Freundschaft als Motorschulschiff an der Marineschule in Greifswald genutzt. Nach der Übergabe eines neuen Motorschulschiffes wurde der Logger durch den Außenhandelsbetrieb VEB Schiffscommerz nach Griechenland verkauft und dort auf Grund seiner guten Unterbringungs- und Betreuungsmöglichkeiten von der Reederei »Tourist Enterprises Constantinidiv S.A.« als Touristenschiff weiterbetrieben.

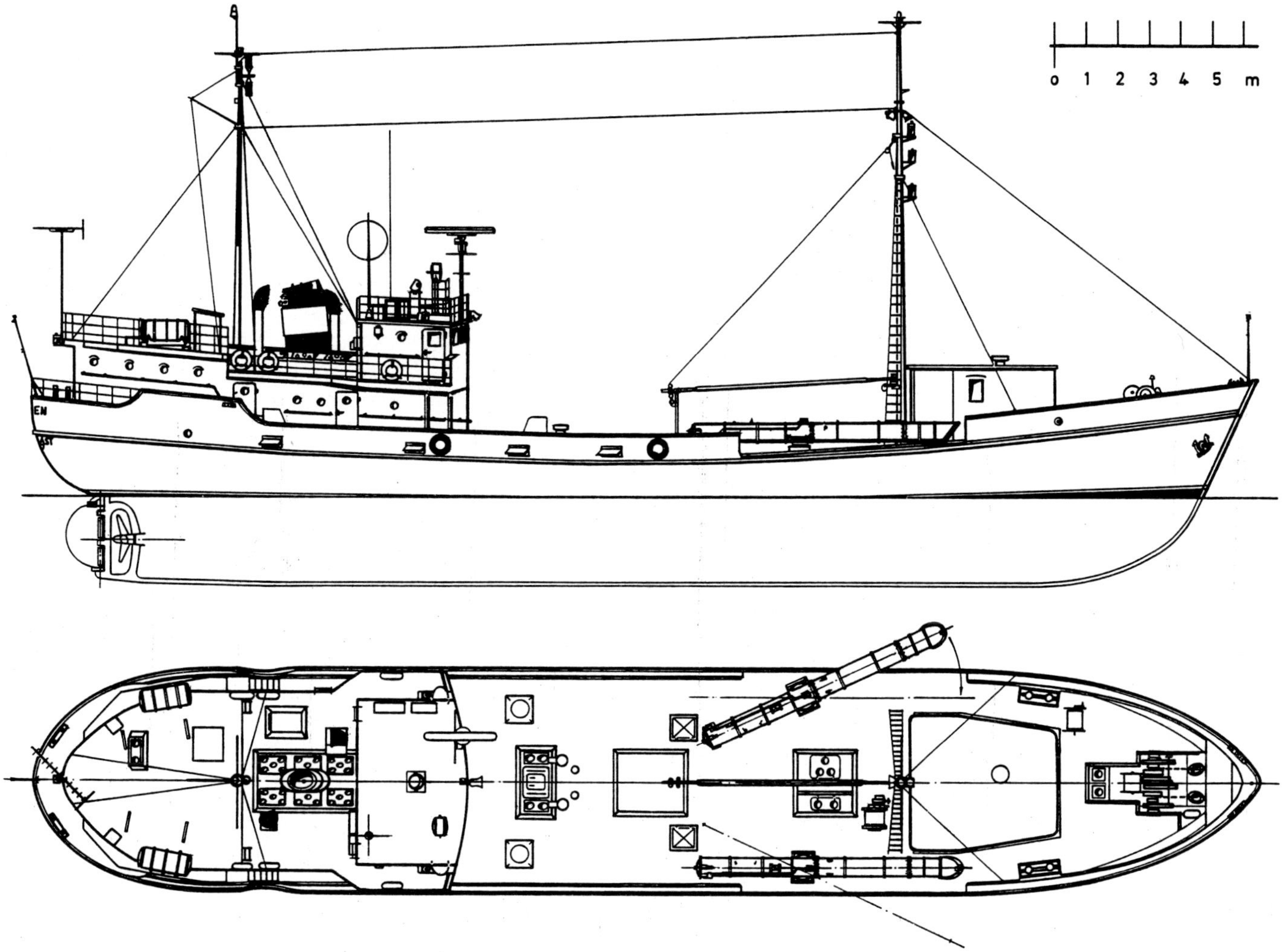

Torpedologger Rügen, Logger »233«.

Erprobungsschiff RÜGEN (II)

Erprobungsschiff Rügen (II), ex Meteor.

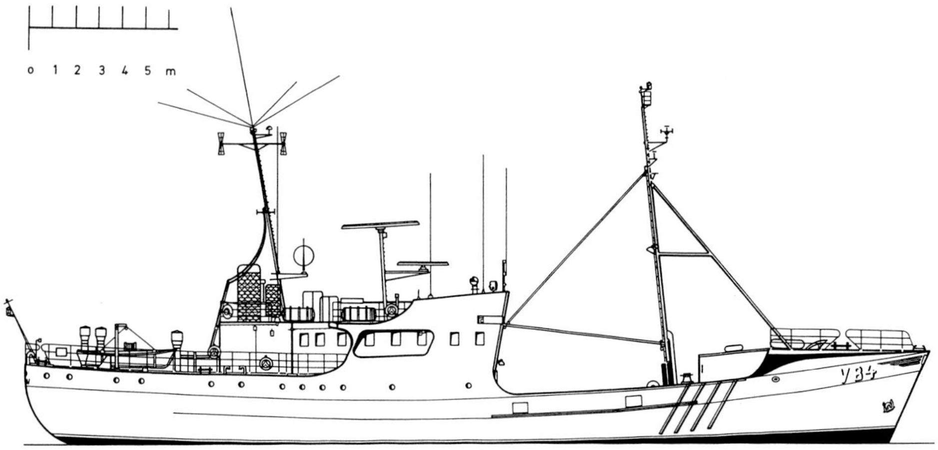

Erprobungsschiff Rügen (II).

Dieser Logger entstammte ebenfalls einer großen Fischereifahrzeugserie, die von der Volkswerft Stralsund für die UdSSR gebaut wurde. Abweichend von den Standardschiffen, wurde dieses Schiff jedoch nach einem Sonderprojekt als Forschungsschiff für das Amt für Meßwesen und Warenprüfung gebaut und unter dem Namen Meteor (Bau-Nr. »4329«) in Fahrt gebracht.

Nach der Übernahme durch die Volksmarine im Jahre 1974 wurde das Schiff umgebaut und in Rügen (II) umbenannt. Unter seiner Bord-Nr. V84 wurde der Logger im WTZ der Volksmarine als Versuchsschiff genutzt. Seine Besatzung erfüllte vielfältige Versuchsaufgaben zur Erprobung der unterschiedlichsten Militärtechnik oder war im Zusammenwirken mit anderen Schiffen eingesetzt. Nach der Übernahme des neuen Erprobungsschiffes aus der Serie der »Versorger 602« (Werdau) wurde die Rügen (II) am 29. September 1986 außer Dienst gestellt und im MAB Rostock abgebrochen.

Schulschiffe

Schulboote FÜRSTENBERG und PRENZLAU

Während in den Anfangsjahren einige Schulfahrzeuge speziell ausgerüstet und genutzt wurden, kamen später normale Serienfahrzeuge verschiedener Typen (MSR-Schiffe, RS- und TS-Boote) zur Schulbootsabteilung an der Flottenschule in Parow. Die zwei größeren Schulschiffe wurden hauptsächlich für Seepraktika von Offiziersschülern genutzt.

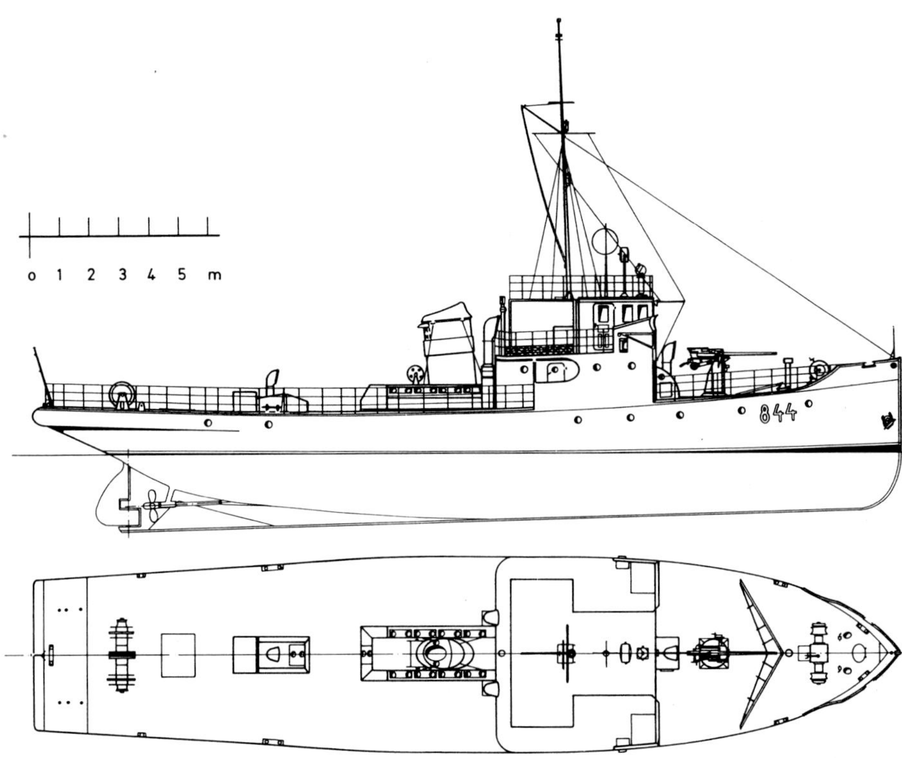

Schulboot Fürstenberg, 1952.

Die beiden dänischen Marinefahrzeuge Sixtus und Quintus – diese Namen führten sie erst ab 1933 – waren auf der staatlichen Marinewerft in Kopenhagen als »Minenkran« V und VI (Bau-Nr. »123« und »130«) gebaut worden. Die Kvintus lief bereits am 16. Februar 1917 und die Sixtus am 21. Dezember 1918 vom Stapel. Nach der deutschen Besetzung Dänemarks versenkten dänische Besatzungen am 29. August 1943 ihre Fahrzeuge mittels Sprengladungen. Im Auftrag der deutschen Kriegsmarine wurden die Fahrzeuge wieder gehoben und instandgesetzt. 1945 lagen beide Schiffe beschädigt im Stadthafen von Rostock. Nach einigen Vorarbeiten in der Hanse-Werft in Wismar wurden die Fahrzeuge ab Dezember 1950 in die Peene-Werft Wolgast überführt und hier als Schulboote für die Seepolizei instandgesetzt und umgebaut. Unter anderem erhielten sie eine neue Antriebsanlage mit zwei Viertakt-Dieselmotoren des Typs R8DV136 von Buckau-Wolf. Als Dieselgeneratorsätze wurden zwei DM-40- und ein DM-20-Aggregat eingebaut. Als leichte Artilleriebewaffnung kam auf das Vorschiff eine 37-mm-SK C30 in U-Bootslafette; später wieder abgerüstet.

Nach Abschluß der technischen Erprobung wurden beide Boote im März beziehungsweise im April 1952 an die Seepolizei übergeben. Bei der Indienststellung erhielten sie die Namen Fürstenberg und Prenzlau (Bord-Nr. 844 und 845). Wegen ihrer relativ hohen Aufbauten wurden diese Boote bald als »Hochhäuser« bezeichnet, was aber ihre Rolle als zuverlässige Ausbildungsboote in keiner Weise schmälerte. Zeitweilig wurden sie auch als Führerboote bei ersten taktischen Übungen eingesetzt. Die Fürstenberg wurde 1959 an die GST übergeben und hier nach einem erneuten Umbau noch bis 1973 als Schulschiff unter dem Namen Freundschaft genutzt. Nach der Außerdienststellung bei der GST wurde das Fahrzeug nach Stralsund überführt und hier als stationäres »Pionierschiff« eingerichtet. Die Prenzlau wurde außer Dienst gestellt und abgebrochen.

Das ehemalige Schulboot FÜRSTENBERG (ex SIXTUS) nach Übergabe an die GST.

unten: Schulschiff ERNST THÄLMANN nach Umrüstung auf 85-mm-Buggeschütz.

Schulschiff ERNST THÄLMANN

Das ehemalige dänische Fischereischutzsschiff HVIDBJÖRNEN war auf der staatlichen Marinewerft (Orlogsvaerfet) in Kopenhagen am 27. Dezember 1928 unter der Bau-Nr. »147« vom Stapel gelaufen. Seine Ablieferung erfolgte am 21. Mai 1929. Das Schiff war als Backdecker mit geradem Steven, genieteter Außenhaut und relativ großem Freibord gebaut worden. Es war mit zwei 87-mm-Kanonen L/40 sowie zwei MG's bewaffnet und wurde im Fischereischutzdienst – hauptsächlich um Island – eingesetzt. Analog zu den eingangs erwähnten dänischen Marinefahrzeugen versenkte auch die Besatzung der HVIDBJÖRNEN, nachdem sie vergeblich versucht hatte, schwedische Hoheitsgewässer zu erreichen, ihr Schiff am 29. August 1943 bei Vengeance-Grund (s.a. Admiral Sven E. Thiede: Keine »Große-Bruder-Manier«. – In: Information für die Truppe, 5/90).

Im Auftrag der deutschen Kriegsmarine wurde das Fahrzeug wieder gehoben und nach Deutschland überführt. Bei Kriegsende lag das Schiff beschädigt in Warnemünde.

Während der Instandsetzung und Modernisierung in der Peene-Werft Wolgast erhielt das Schiff einen neuen schrägen Vorsteven und eine neue Brücke. Die Decksaufbauten wurden nach achtern verlängert. Die Hauptantriebsmaschine, eine Lentzsche Vierzylinder-Zweifachexpansionskolbendampfmaschine mit Klug-Marshallscher Steuerung sowie zwei Doppelflammrohrkessel mit Ölfeuerung wurden instandgesetzt. Die Kessel hatten einen Betriebsdruck von 1,3 MPa und mit zwei Koertingbrennern je Kessel eine Dampfleistung von 5,6 t/h. Zur Elektro-Energieerzeugung installierte man ein

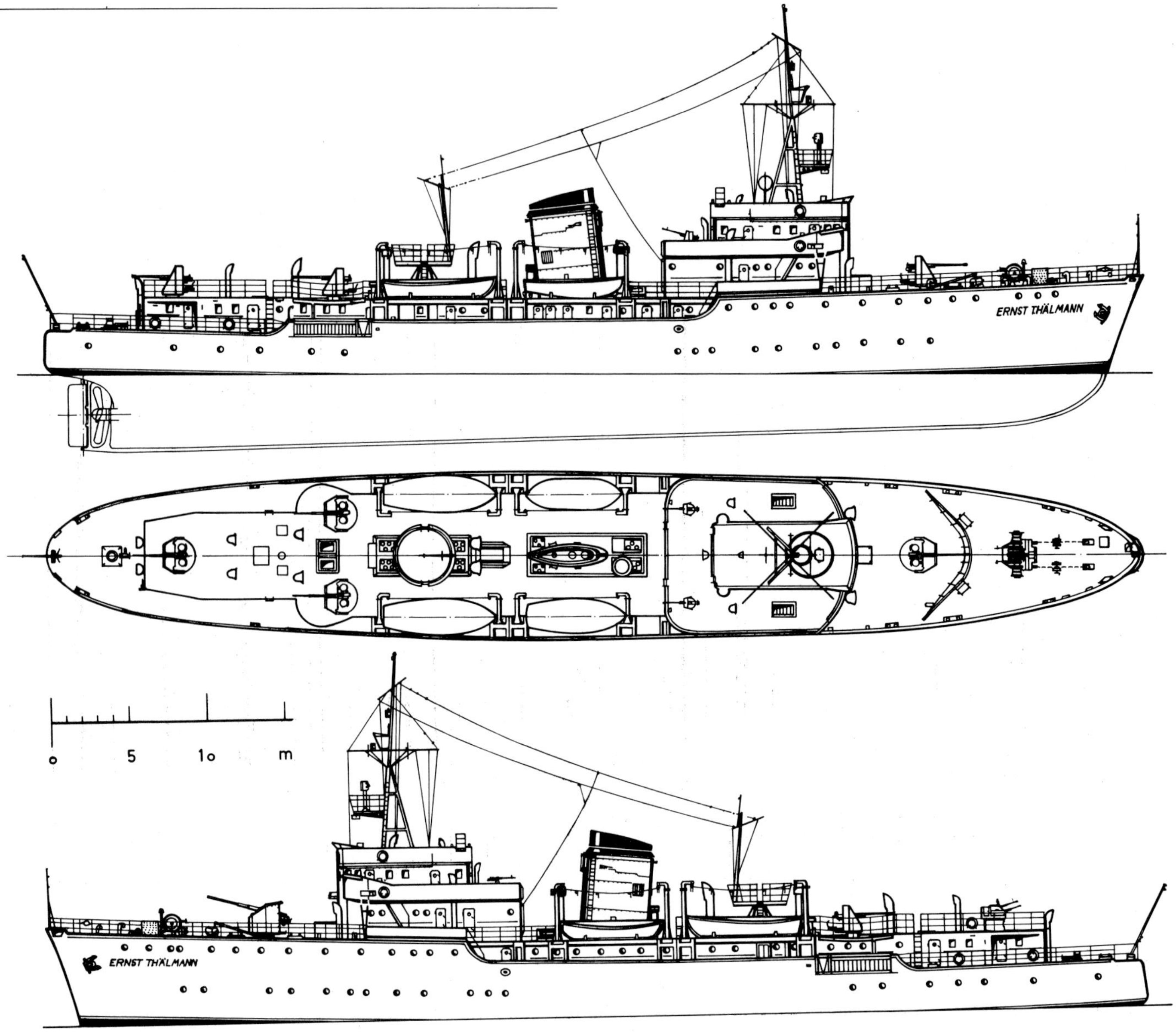

Schulschiff Ernst Thälmann: oben bei Indienststellung, unten nach Modernisierung.

Diesel-Generatoraggregat mit Motor 4NVD26 und zwei Aggregate mit Motor 4NVD40. Das Bordnetz wurde mit 220 Volt Gleichstrom betrieben. Eine Reihe von Hilfsmaschinen, wie das Ankerspill, die Balastpumpe, die Heizöl- und die Kesselspeisewasserpumpe, hatten noch Dampfbetrieb. Die Rudermaschine war eine schnellaufende Kolbendampfmaschine mit hydraulischer Telemotorstellanlage, von der Brücke aus zu steuern. Als leichte Artilleriebewaffnung dienten vier sowjetische 37-mm-Einzelwaffen Modell 70K und zwei 25-mm-Einzellafetten in den Brückennocken. Während der technischen Erprobung waren kurzzeitig zwei ehemalige deutsche 20-mm-Vierlingswaffen an Bord, die jedoch bei den ersten Probeschüssen zu Bruch gingen.

Die Kammern und Decks wurden für die Unterbringung der Stammbesatzung in Stärke von 56 Mann eingerichtet. In zwei Wohndecks kamen zusätzlich 56 Offiziersschüler unter.

Als Flagg- und Schulschiff am 10. Dezember 1952 in Dienst gestellt, wurde das Schiff hauptsächlich für die praktische Ausbildung von Offiziersschülern genutzt. Im Juli 1959 dampfte die Ernst Thälmann zu einem Besuch nach Leningrad. Es war die erste Visite eines bewaffneten deutschen Kampfschiffes nach Kriegsende, was für viele sowjetische Bürger durchaus noch keine Selbstverständlichkeit war.

Ab 1956 wurde das Schiff geringfügig modernisiert. So wurde auf dem Vorschiff das damals neu eingeführte sowjetische 85-mm-Universalgeschütz 90K aufgebaut. Das achtere 37-mm-Geschütz wurde später durch eine 25-mm-Doppellafette 2-M-3 ersetzt. In die Antriebsanlage baute man zwei neue Wasserrohrkessel vom VEB Dampferzeugerbau Hohenthurm ein. Da der Name Ernst Thälmann im Januar 1961 an eines der vier sowjetischen KS-Schiffe vergeben wurde. erhielt das Schulschiff den Namen Albin Köbis. Am 30. September 1961 wurde dieser Veteran dann außer Dienst gestellt, aber, in Saßnitz liegend, noch zwei Jahre als Wohnhulk genutzt. Danach wurde das Schiff in den Stützpunkt nach Warnemünde überführt und dort abgebrochen.

Schulboot »WB 26«

Das der Seepolizei übergebene ehemalige Flugsicherungsboot AVISO wurde ab Januar 1952 in der Peene-Werft Wolgast unter der Projektbezeichnung »WB 26« umgebaut und modernisiert. Der in Kompositbauweise (Spanten aus Stahl, Außenhaut und Deck aus Holz) hergestellte Bootskörper und das Deckshaus blieben erhalten. Als Antriebsmotoren wurden zwei ehemalige Junkers-Flugzeugmotoren vom Typ »Jumo 205 C« eingebaut. Ursprünglich waren auch zwei leichte 20-mm-Maschinenwaffen »Flak 38« vorhanden, die später jedoch wieder abgebaut wurden. Nach seiner Fertigstellung wurde das Fahrzeug im September 1952 übergeben und als Schulboot unter der Bord-Nr. 841 in Dienst gestellt. Nach Bildung der Flottenschule in Parow bei Stralsund diente das Boot überwiegend zur Ausbildung von seemännischem und maschinentechnischem Personal.

Am 10. Oktober 1956 wurde dieses Fahrzeug ebenfalls an die GST übergeben, wo es noch bis 1960 als Ausbildungsboot eingesetzt war. Nach seiner Außerdienststellung bei der GST wurde das Boot nach Stralsund überführt und hier nach einem Umbau als stationäres »Pionierschiff« genutzt. Mit der Übernahme des neuen Pionierschiffs FREUNDSCHAFT (ex FÜRSTENBERG) wurde das Boot 1976 endgültig außer Dienst gestellt und abgebrochen.

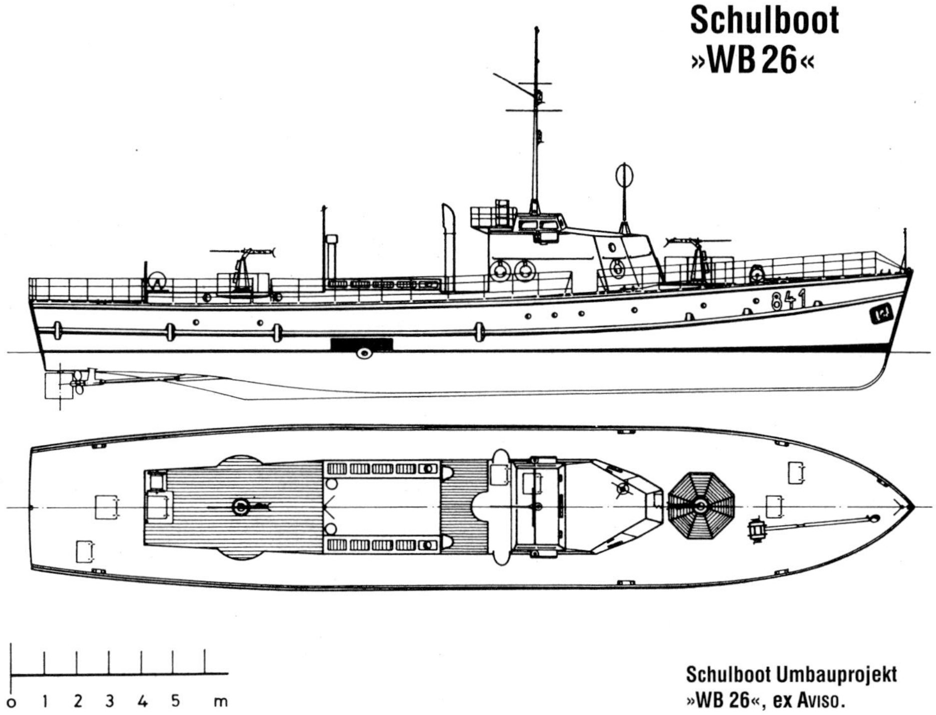

Schulboot Umbauprojekt »WB 26«, ex AVISO.

Motorschulschiff WILHELM PIECK

Zur Verbesserung der praxisbezogenen Ausbildung von Offiziersschülern, u. a. auch in entfernten Seegebieten, wurde im Sommer 1976 ein neues Motorschulschiff des Projekts »888« aus Polen importiert. Das Schiff wurde in der Volksmarine am 6. Juli 1976 unter dem Namen WILHELM PIECK in Dienst gestellt. Auf der Nord-Werft in Gdansk erbaut, entsprach das Fahrzeug weitestgehend den zwei polnischen Schulschiffen WODNIK und GRYF. Auch für die sowjetische Seekriegsflotte wurden einige dieser Fahrzeuge in einer etwas modifizierten Version gebaut, von denen die LUGA wiederholt in Rostock weilte.

Der Körper des Schulschiffes ist als Backdecker ausgelegt und durch zehn Schotte in elf wasserdichte Abteilungen unterteilt. In den Aufbauten sind der Hauptbefehlsstand (Brücke), verschiedene technische Räume und Lehrkabinette eingerichtet. Zu den letzteren zählten u. a. ein Navigationskabinett, eine Bibliothek sowie weitere Ausbildungsräume. Die Unterbringung der Offiziersschüler erfolgte jeweils in einem 26-, einem 21- und einem 16-Mann-Deck. Zur Versorgung der Stammbesatzung und der Kursanten stand außer der Kombüse und den jeweiligen Messen auch eine Bordbäckerei zur Verfügung. Sanitäranlagen, eine Klimaanlage, eine Wäscherei und eine Arztstation waren weitere Einrichtungen für das Fahrgebiet »Unbegrenzte Fahrt«.

Zur funkelektronischen Ausrüstung des Schiffes gehören zwei Funkmeßstationen vom Typ »TSR 333«, eine Kreiselkompaßanlage des Typs »PIRS«, eine Funkmeß-Feuerleitanlage MR-104 der Artillerie sowie verschiedene Funksende- und -empfangsanlagen. Das Schiff ist mit vier Artilleriegeschützen in Doppellafetten bewaffnet (2 × AK-230 und 2 × 2-M-3). Zur Rettungsausrüstung zählen automatisch aufblasbare Rettungsflöße »RF 12«, ein Motordingi und ein Kutter. Der Hauptantrieb besteht aus zwei Sechs-Zylinder-Dieselmotoren des Typs 6 TD 48 der polnischen Firma »Cegielski-Sulzer« mit einer Leistung von je 1320 kW. Die Versorgung mit Elektroenergie übernehmen drei Diesel-Generatorsätze mit je 198 kW Leistung. Weitere Hilfsaggregate sind ein Dampfkessel Vx 710, zwei Seewasserverdampfer, ein Bilgenwasserentöler sowie verschiedene Pumpen und Verdichter. Der Vortrieb erfolgt durch zwei Verstellpropeller (»Zamech-Liaan«) mit Brückenfernsteuerung.

Motorschulschiff WILHELM PIECK.

Motorschulschiff **Wilhelm Pieck**, polnisches Projekt »888«.

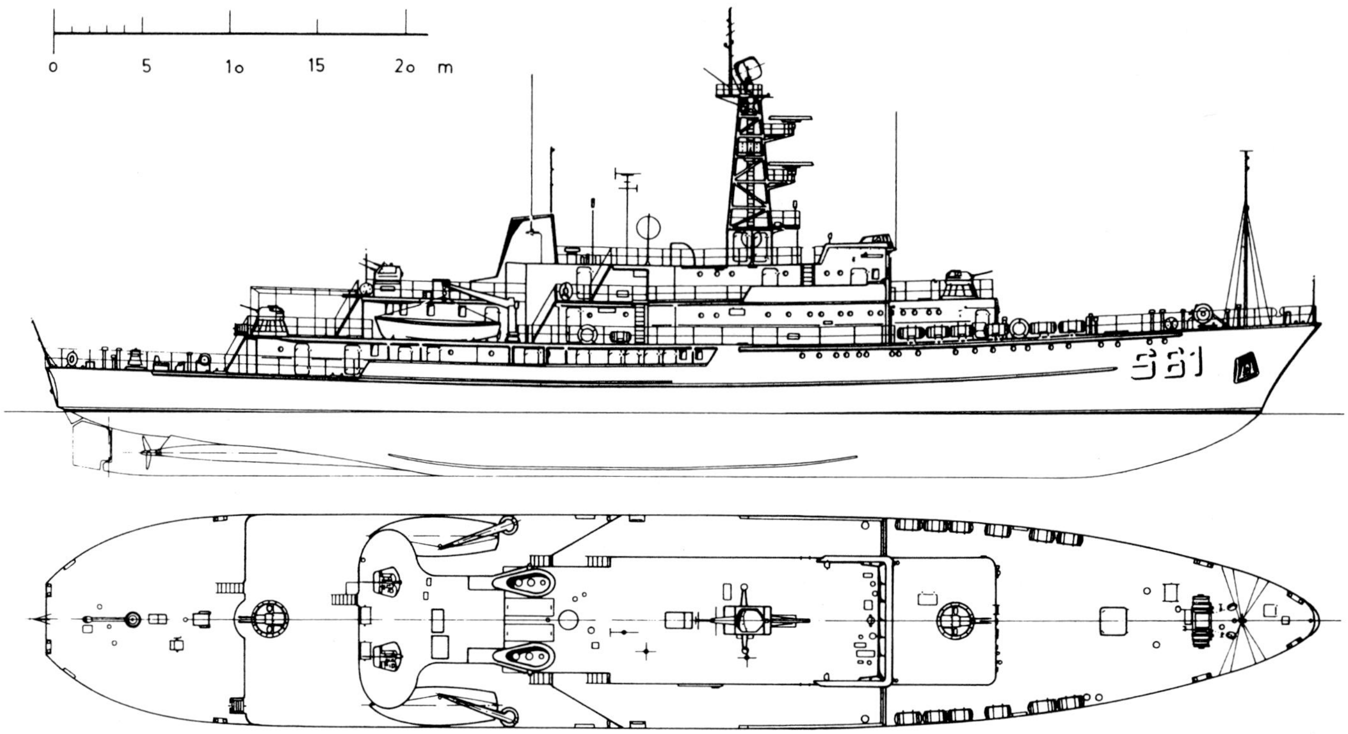

Nach einigen Ausbildungsfahrten in der Ostsee wurde die erste große Fahrt im Sommer 1978 durchgeführt. In einem sechswöchigen Seetörn wurden 7000 sm zurückgelegt und dabei der Atlantik sowie das Europäische Nordmeer befahren. Erstmalig wurde dabei Murmansk von einem Schiff der Volksmarine angelaufen. 1979 und 1981 führten Ausbildungsfahrten in das Mittelmeer und ins Schwarze Meer, wobei die Häfen Sewastopol, Varna, Constanta und Split angelaufen wurden. Im Juli 1983 lief das Schiff – im Rahmen eines Ausbildungstörns mit Offiziersschülern – den Hafen von Turku zu einem offiziellen Flottenbesuch in der Republik Finnland an. 1984 erneut erneut im Mittelmeer, wurden erstmalig auch die Häfen Tripolis und Piräus angelaufen. Weitere Fahrten führten das Schulschiff nach Latakia (1987), Algier (1989) und Plymouth (1990). Diese und andere Schulschiffsreisen boten für wenige Offiziere, Offiziersschüler und Mannschaften die einzige Gelegenheit, etwas entferntere Seegebiete kennenzulernen.

Ab Oktober 1990 lag das Schiff mit ungewissen Schicksal in Warnemünde fest. Wie rund 70 andere Schiffe und Boote wurde es in eine »Verkaufsliste« aufgenommen und auf dem internationalen Schiffsmarkt angeboten.

Taucherfahrzeuge

Taucherboote dienten in den Anfangsjahren zur Sicherstellung bei Wrackbergungen beziehungsweise zur Ausbildung von leichten und schweren Schiffstauchern für die VP-See. Generell waren sie später den Bergungsgruppen für eine gefechtsmäßige Unterstützung bei Rettungs- und Bergeaufgaben zugeordnet. Außer den speziellen Taucherfahrzeugen waren auch andere Bergungsschiffe und Schlepper mit Ausrüstungen für Tauchereinsätze inner- und außerhalb der Volksmarine ausgestattet.

Taucherboot LUMME

Dieses Fahrzeug war bis 1945 als Torpedofangboot Lommel auf dem Tollensesee durch die ehemalige Torpedoversuchsanstalt (TVA) Eckernförde, Abt. Neubrandenburg, genutzt worden. Bei Kriegsende wurde das Fahrzeug durch Öffnen der Bodenventile und Sprengung versenkt. 1949 wieder gehoben, transportierte man das Boot erst auf dem Landweg nach Anklam und überführte es von hier über die Peene und den Greifswalder Bodden nach Stralsund. Dort fand auf der damaligen Staatswerft der Wiederaufbau als Bereisungsboot statt. Im März 1950 wurde jedoch entschieden, das Boot der Seepolizei zur Verfügung zu stellen. Der Umbau und die Instandsetzung konnte Ende April abgeschlossen und das

Fahrzeug unter dem neuen Namen LUMME am 30. 04. 1950 praktisch als erste schwimmende Einheit der Seepolizei in Dienst gestellt werden. Bis August 1950 verblieb das Boot jedoch beim Wasserstraßenamt Stralsund, um hier als Bereisungsboot beziehungsweise zur Unterstützung bei der Schrottbergung eingesetzt zu werden.

Im Winter 1950/51 wurde das Boot in der Peene-Werft instandgesetzt und mit einer Funkanlage ausgerüstet. Ab 1951 war die LUMME dann dem am 1. September 1950 gebildeten Bergungs- und Rettungskommando in Saßnitz als Taucherboot 923 unterstellt.

Während seiner Einsatzzeit wurde das Fahrzeug mehrmals umgebaut und teilweise modernisiert. Ab 1968 erfolgte zeitweilig sein Einsatz als Flugsicherungsboot U11 (1969: U33) für das 9. Jagdgeschwader in Peenemünde. Bis 1970 wurde die LUMME dann noch als Verkehrsboot in der 6. Flottille in Dranske genutzt. Seine Außerdienststellung erfolgte am 8. Februar 1971 im Stützpunkt Peenemünde. Anschließend wurde das Fahrzeug abgebrochen.

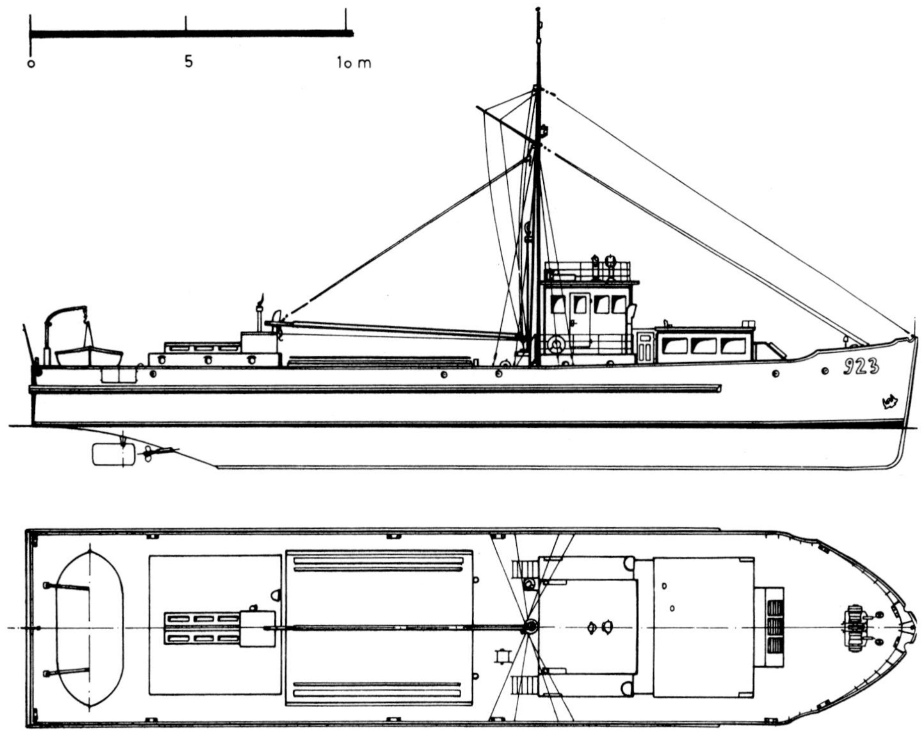

Taucherboot LUMME (ex LOMMEL) nach seiner Indienststellung als Bereisungsboot am 30. April 1950.

Taucherboot TAUCHER 1 und 2

Der erste Auftrag zum Bau eines neuen Taucherbootes für die VP-See wurde bereits 1953 beim damaligen Projektierungs- und Konstruktionsbüro in Berlin-Köpenick ausgelöst. Dieses erste Projekt sah nur ein kleines Fahrzeug von 41 t Verdrängung vor. Da die VP-See grundsätzlich größere Taucherboote einsetzen wollte, wurde 1954 erneut ein Projekt beim neugebildeten »Zentralen Konstruktionsbüro Nr. 1« (Wolgast) in Auftrag gegeben. Von diesem Büro wurden bis zum 10. Juni 1954 eine Typskizze und ein Entwurf für ein »100-t-Taucher- und Feuerlöschboot« erarbeitet. Auf Grund weiterer Forderungen (Schleppmöglichkeit) wurde im Oktober 1955 entschieden, daß der bei der Warnow-Werft im Bau

Taucherschiff Taucher 1 und 2, Projekt »24«.

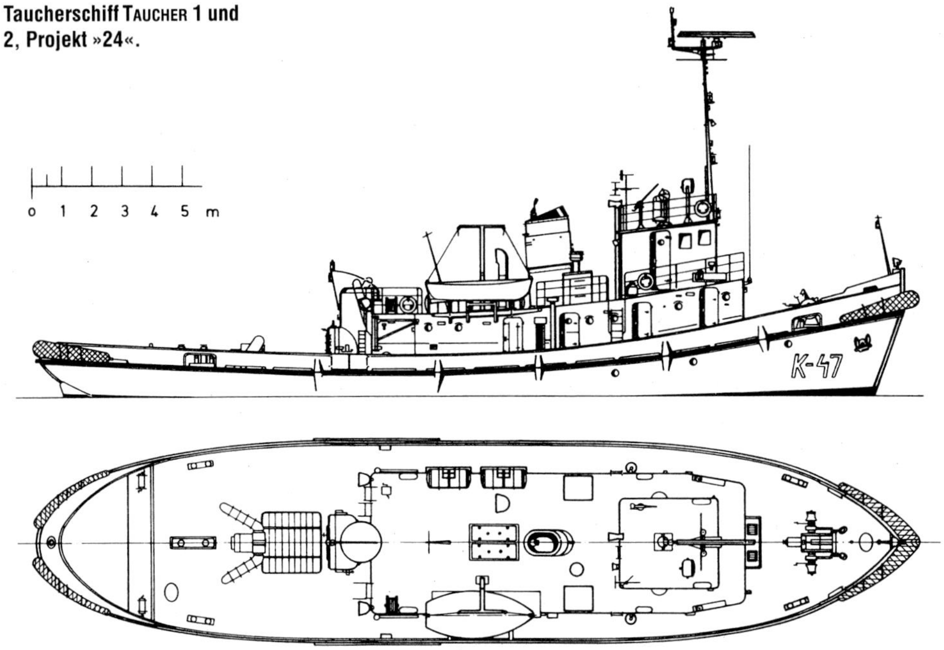

befindliche Schlepper Scholle als Basisprojekt genutzt werden solle. Auf dieser Grundlage entstand das Projekt »24«, nach dem dann zwei Taucherfahrzeuge in der Peene-Werft Wolgast gebaut wurden. Das erste Schiff Taucher 1 stellte man am 22. Mai 1959 in Dienst. Ihm folgte am 12. August des gleichen Jahres Taucher 2.

Der Schiffskörper war als Glattdecker ausgeführt und durch fünf Schotte in sechs wasserdichte Abteilungen unterteilt. Im aufgesetzten Deckshaus wurden die Wohnkammern, die Messe und die Kombüse sowie Arbeits- und Betriebsräume eingerichtet.

Zum Antrieb diente ein Viertakt-Dieselmotor des Typs R6NVD148 mit einer Leistung von 295 kW. Im achteren Teil des Deckshaus wurde eine stationäre Druckkammer eingebaut. Der maximale Betriebsdruck gestattete es, eine Wassertiefe von 50 Metern zu simulieren. Für die Hilfeleistung und medizinische Versorgung war die Druckkammer mit einer Schleuse ausgestattet. Belüftung, Heizung, Telefonverbindung und Möglichkeiten zur Sauerstoffinhalation erlaubten die Heilrekompression verunglückter Taucher auch über einen längeren Zeitraum. Die Taucherluft wurde durch einen Freiflugkolbenverdichter 4FK115/225 erzeugt und in elf Druckluftbehältern gespeichert. Über eine Zapfleiste an Oberdeck konnten auch Drucklufttauchgeräte für Leichte Schiffstaucher gefüllt werden. Außer zur Sicherstellung von Taucharbeiten, konnte dieser Schiffstyp auch als Hilfsschleppfahrzeug beziehungsweise als Hilfseisbrecher eingesetzt werden.

Nach rund 22 Einsatzjahren wurde Taucher 1 am 12. März 1981 außer Dienst gestellt und abgebrochen. Der modernisierte Taucher 2 wurde noch bis Oktober 1990 in Dienst gehalten.

Taucherschiff Taucher 1.

Küstenschutzschiff der Riga-Klasse (Projekt 50).

Landungsschiff »Robbe« setzt Rad-Technik ab.

rechts:
TS-Boot Projekt 183, auslaufend aus dem Manöverstützpunkt Gager auf Rügen.

U-Bootjäger Projekt »Hai« (12.4M).

S. 113
MLR-Schiff Typ »Krake«, Projekt 3000.

453

711

834

Munitionswartung der 30-mm-Geschütze auf TS-Boot Projekt 206.

links:
Raketenschnellboot Projekt 205 (Osa 1).

TS-Boot Projekt 206 (Shershen).

LTS-Boot Projekt »Iltis«.

Kleines TS-Boot Projekt 131 (Libelle), Mai 1982.

rechts:
Landungsschiffe des Projekts 108 (Frosch-Klasse) beim Verbandsfahren.

Ein MSR-Schiff der Kondor-II-Klasse (Projekt 89.2) klar zum »Stapellauf« (Absenken) auf der Peene-Werft in Wolgast.

Ein KTS-Boot wird mittels Marine-Schwimmkran an Land gesetzt (Landüberführung möglich).

632

Landungsschiff beim
Beladen mit SPW.

rechts:
Anlandung sowjetischer Marineinfanterie durch VM-Landungsschiffe der Frosch-Klasse. Im Vordergrund sowjetischer Schwimmpanzer PT–76.

Küstenschutzschiff Berlin
(Koni-Klasse)

631
634
110

142

Start einer Fla-Rakete vom KS-Schiff Rostock.

rechts oben:
Bestücken eines Strela-Starters Fasta 4 auf einem kleinen Raketenschiff Projekt 1241 (Tarantul I). Links eine der beiden 30-mm-Gatlingwaffen AK 630.

rechts unten:
Das 57-mm-Geschütz AK 725 auf UAW-Schiff Projekt 133.

Übernahme eines UAW-Torpedos SÄT 40 auf UAW-Schiff.

UAW-Schiff Perleberg, einlaufend in Warnemünde.

A 44

links:
Reedeschlepper Projekt 270.

Das Bergungsschiff Otto von Guericke im Atlantik.

P 41

OSTSEELAND

Eine Mi-14 PL wassert.

links:
Hochseeversorger KÜHLUNG im Mittelmeer, 1984.

Motoryacht OSTSEELAND auf Werftprobefahrt.

S. 128:
Hubschrauber Mi-8 des Marinehubschraubergeschwaders 18.

Jagdbombenflugzeug Su-22 des Marinefliegergeschwaders 28.

Torpedofangboote

Nach Einführung der KS-Schiffe und der TS-Boote des Projekts »183« benötigte man umgehend Torpedofangboote. Als erste Lösung wurden vier Räumpinassen des Projekt »Schwalbe« der Brandenburger Serie (Werft-Nr. »508«) zu Torpedofangbooten umgebaut. Um verschossene Übungstorpedos aufnehmen zu können, erhielten die Boote eine Heckaufschleppe, über die ein Torpedo mittels Winde an Bord gehievt werden konnte. Diese Boote verfügten noch nicht über eigene Hebezeuge. Einige dieser Fahrzeuge wurden später wieder zurückgerüstet und als SHD-Boote weitergenutzt (s. Räumpinasse Projekt »Schwalbe«).

oben:
Umgebautes Räumboot Projekt »Schwalbe« als Torpedofangboot, 1964.

Torpedofangboot Projekt »Sperber«

Torpedofangboot Projekt »Sperber«.

1957/58 wurden vier Torpedofangboote des Projekts »Sperber« (Projekt Nr. »23«) auf der Yachtwerft Berlin gebaut. Im Unterschied zu den »Schwalben« besaßen diese Boote keine Heckaufschleppe. Nach dem Einfangen von aufgetauchten Übungstorpedos wurden diese längsseits auf einen Spezialfender genommen und zu einem Stützpunkt beziehungsweise zu einem Schiff mit Hebezeugen geschleppt. An Deck konnten vier Torpedos in einem Lagerbock transportiert werden. Als Antriebsmaschine war ein 8-Zylinder-V-Motor des Typs 8 KVD 21 S mit einer Leistung von 390 kW eingebaut. Das erste Boot Sperber 1, wurde am 25. August 1958 in Wolgast in Dienst gestellt.

Der Einsatz als Torpedofangboot erwies sich auf Dauer als zu aufwendig. Deshalb wurden die Fahrzeuge daneben auch als Schlepper für Seeziel-Schießscheiben genutzt. Ab 1963 wurden zwei Boote dem SHD übergeben und dort als Seezeichenkontrollboote D 10 und D 11 weiterverwendet. Das Boot Sperber 1 wurde bereits am 10. Dezember 1963 außer Dienst gestellt und abgebrochen. Die restlichen Boote wurden später ebenfalls dem SHD übergeben. Die Boote Sperber 2 und 4 wurden nach ihrer Außerdienststellung am 15. Juli 1968 der Weißen Flotte in Stralsund übergeben und von dieser zu kleinen Fahrgastschiffen umgebaut (2 – Hafftourist, 4 – Gellen). Sperber 3 wurde am 30. Juni 1969 außer Dienst gestellt und abgebrochen.

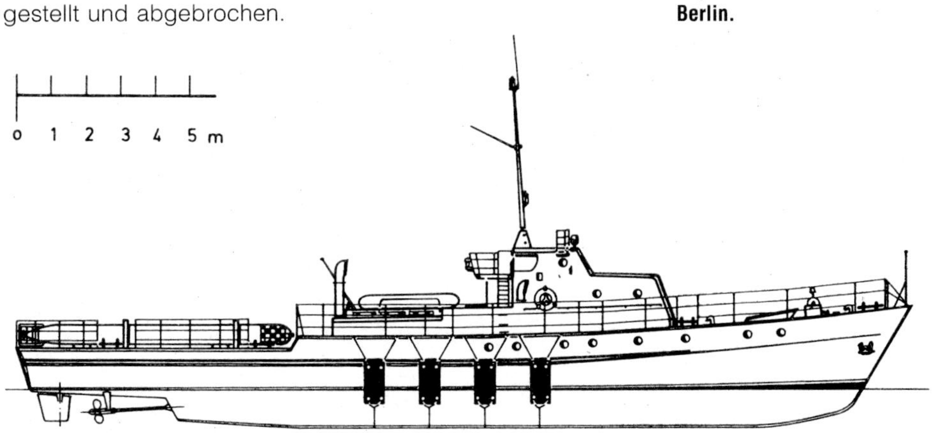

Torpedofangboot Projekt »Sperber«, Yachtwerft Berlin.

Torpedofangboot Projekt »65.1«

Die Forderung zum Bau von zwei neuen Torpedofangbooten wurde mit einer OTF im September 1966 ausgelöst. Ursprünglich war das Projekt MSR »89.0« als Basisprojekt vorgesehen. Zur Erweiterung plante man u.a. den Aufbau von Winkelreflektoren (als Zielschiff, zusätzliche Masse 7 t), die Nutzung einer Taucherausrüstung für Tauchtiefen bis zu 60 Metern, den Einsatz des Schiffes zur Entaktivierung anderer Schiffe und Boote sowie die Einrichtung von zusätzlichen drei Zwei-Mann-Kammern. Weil sich alle Forderungen beim Projekt »89.0« nicht realisieren ließen, wurden einige annulliert. Da zwischenzeitlich in der Peene-Werft bereits das technische Projekt »89.1« (Kondor I) fertiggestellt war, ging man zur Projektierung eines Torpedofangbootes auf der Basis von »89.1« über.

Die Hauptabmessungen und die Antriebsanlage entsprachen damit dem Projekt »89.1«. Zur Torpedobergung wurde wie bei den »Schwalben« eine Heckaufschleppe mit Winde vorgesehen. Zusätzlich erhielten die Schiffe einen modernen hydraulischen Bordwippkran. Auch eine an Bord eingerichtete Torpedoregelstelle mit Hochdruckverdichter (20 MPa) gehörte zur speziellen Ausrüstung. Am geänderten Mast wurden Rundum-Winkelreflektoren für die Nutzung als Zielschiff angebracht. Die relativ schnellen Schiffe erreichten in Freifahrt eine Höchstgeschwindigkeit von 20 sm/h.

Beide Boote wurden am 30. März 1971 im WTZ Wolgast in Dienst gestellt. Später erhielten sie die Namen Libben (»65.101«) und Strelasund (»65.102«). Außer Einsätzen zur Sicherung von Torpedoschießabschnitten wurden sie auch zu Navigationsbelehrungsfahrten genutzt. Mit Einführung der neuen Klassifizierung wurde der bisherige Kennbuchstabe B in V geändert (letzte Bord-Nr. V661 und V662). Nach der Aussonderung von Booten mit konventioneller Torpedobewaffnung wurde das erste Fangboot am 16. Mai 1990 außer Dienst gestellt und im MAB Rostock abgebrochen. Ihm folgte die Strelasund, welche jedoch im Sommer 1990 zum Abbruch zur Fa. Nielsen nach Dänemark ging.

Torpedofangboot Libben.

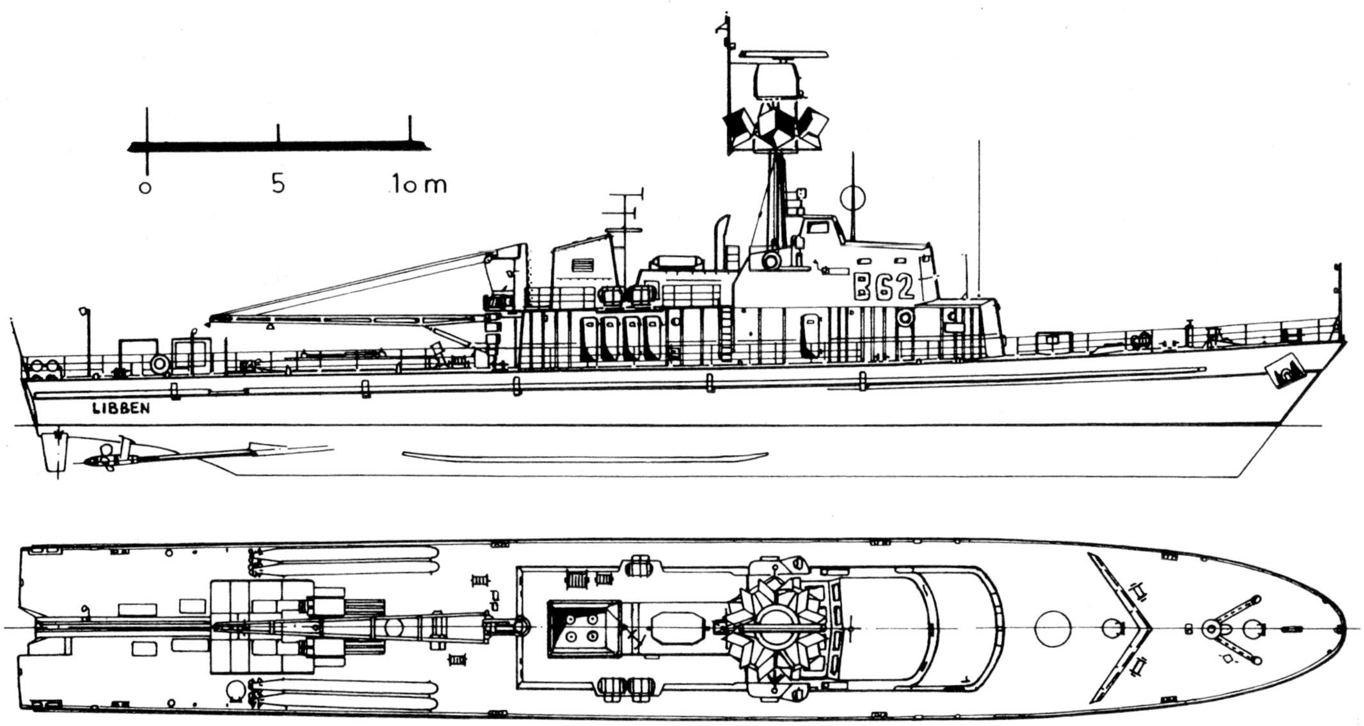

Torpedofangboot Projekt »65.1«, Peenewerft Wolgast.

Feuerlöschboote

Feuerlöschboote wurden in größerem Umfang ab 1959 für die Stützpunkte der 1., 4. und 6. Flottille beschafft. Außer zur Brandbekämpfung waren diese Schiffe auch zur gefechtsmäßigen Sicherstellung in Bergungsgruppen sowie zur KBC-Abwehr vorgesehen. Darüber hinaus konnten eine Reihe von Schleppern und Bergungsfahrzeuge ebenfalls Brände auf Schiffen bekämpfen.

Feuerlöschboote BERGER I und II

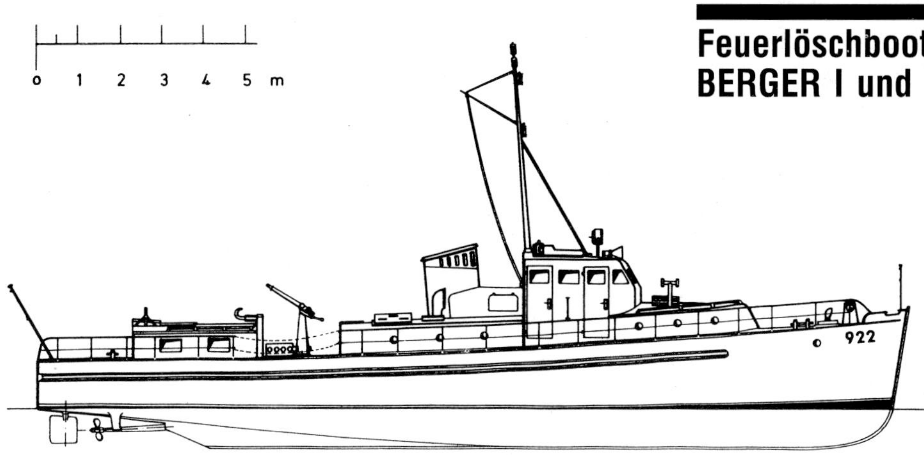

Feuerlöschboot Umbauprojekt »T2«, später Berger I und II.

Diese beiden Fahrzeuge wurden ab 1951 aus ehemaligen Torpedofangbooten der deutschen Kriegsmarine unter der Projektbezeichnung »T2« im VEB Schiffs- und Bootswerft Gehlsdorf zu Feuerlöschbooten umgebaut. Der Bootskörper blieb bis auf einige eingebaute Verstärkungen erhalten. Auch die stählernen Aufbauten wurden weiterhin genutzt, nach achtern aber um ein zusätzliches Deckshaus verlängert. Der Hauptantrieb, ein 6-Zylinder-MWM-Viertaktdiesel, wurde instandgesetzt und erneut eingebaut. Zur Ausrüstung kamen eine Bergepumpe (5000 l/min) und eine Feuerlöschpumpe (2500 l/min) hinzu. Die Feuerlöschpumpe speiste u. a. eine an Deck aufgestellte »Wasserkanone«, während für die Bergepumpe Sauganschlüsse an beiden Seiten des Maschinenraumaufbaues vorhanden waren.

Beide Boote wurden Anfang 1952 als Berger I (921) und Berger II (922) in Dienst gestellt und dem damaligen Bergungs- und Rettungskommando (BRK) der VP-See unterstellt. Das Boot Berger I wurde später für eine zivile Nutzung abgegeben. Berger II wurde mehrmals modernisiert (neue Antriebsmaschine 6NVD26) und noch bis 1971 in Dienst gehalten. Anschließend wurde das Fahrzeug abgebrochen.

Feuerlöschboot Projekt »61«

Ab 1958 wurden für die Seestreitkräfte fünf Feuerlöschboote (FLB) auf der Yachwerft Berlin gebaut. Die gemeinsam vom ISW (Projekt »61«) und der Yachtwerft (Typ »1404«) entwikkelten Fahrzeuge hatten ein Normaldeplacement von 88 t.

Der vollständig geschweißte Schiffskörper dieser rund 30 Meter langen Fahrzeuge war durch fünf Querschotte in sechs wasserdichte Abteilungen unterteilt. Zwei Antriebsmaschinen, Viertakt-Dieselmotoren vom Typ 6NVD26A, gewährleisteten den Vortrieb mit einer Marschgeschwindigkeit von 12 sm/h. Dem Haupteinsatzzweck entsprechend waren diese Boote mit umfangreichen Feuerlöschanlagen und Löschmitteln ausgerüstet. Dazu gehörten leistungsstarke

Feuerlöschboot »61/1« vor Peenemünde.

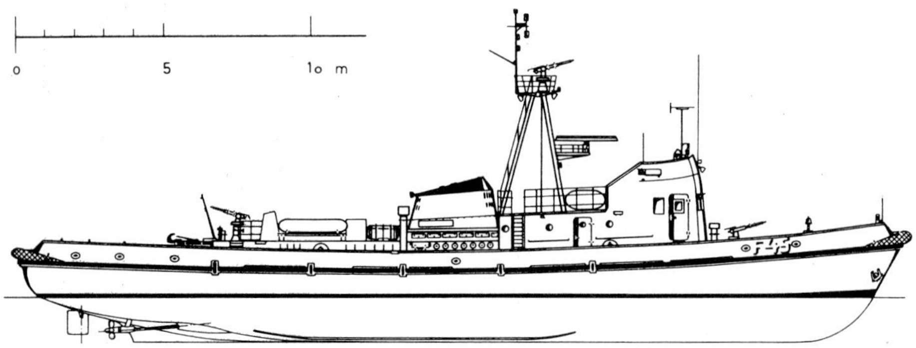

Feuerlöschboot Projekt »61«, Yachtwerft Berlin.

Wasserfeuerlöschpumpen (400 und 250 m^3/h), Schaumfeuerlöschanlagen u. ä. Zum weitreichenden Einsatz der Wasser- und Schaummittelpumpen verfügten die Fahrzeuge über mehrere Wendestrahlrohre, auch »Wasserkanonen« genannt (Förderleistung 15 m^3/min). Um bei Großbränden einen Hitzeschild bilden zu können, wurde um den Schiffskörper und auf den Aufbauten eine Wassersprühanlage verlegt. Die installierten Pumpen konnten auch bei Fremdhilfe zum Lenzhalten havarierter Schiffe eingesetzt werden. Die Zivilbesatzungen dieser in der Marine als »Feuerpatsche« betitelten Boote verfügten über eine Spezialausbildung zum Bekämpfen von Bränden aller Art. Außer zur Brandbekämpfung haben sich die Fahrzeuge auch als Bugsierboote und als Hilfsschlepper bewährt.

Das erste »FLB 1« wurde am 11. November 1959 in Peenemünde in Dienst gestellt. Die anderen vier Boote folgten bis Mai 1960. Nach 13jähriger Einsatzzeit wurden die ersten beiden Boote 1983 außer Dienst gestellt. Bis zum April 1990 folgten die restlichen Boote. Alle Fahrzeuge wurden im MAB Rostock abgebrochen. An der Neuentwicklung von FL-Booten wurde gearbeitet, jedoch erwiesen sich die von der Yachtwerft Berlin ab 1986 gebauten Schiffe wegen ihrer Stabilität für eine militärische Verwendung als ungeeignet.

Versuchsfahrzeuge

Außer den zuvor genannten Entwicklungsarbeiten zum Bau von LTS-Booten wurden vom ISW in Zusammenarbeit mit der Werftindustrie eine Reihe weiterer Untersuchungen und Erprobungen durchgeführt, mit denen Probleme des Hochgeschwindigkeitsbereiches für Marinefahrzeuge erforscht beziehungsweise konstruktive Lösungen für weitere Bauvorhaben erprobt worden sind.

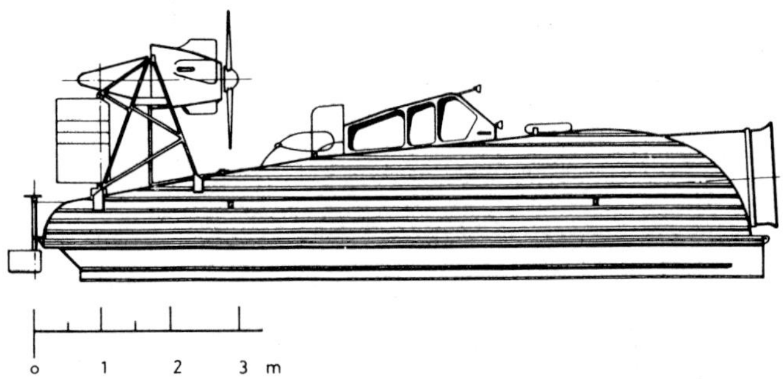

Luftkissenfahrzeug Projekt »1355«, Schiffswerft Rechlin.

Luftkissenfahrzeug als Versuchsobjekt.

So erhielt das ISW Ende 1960 eine Aufgabenstellung zum Thema »Technische Möglichkeiten der Verwendung von Schwebefahrzeugen«, zu deren Erfüllung bis Juli 1961 eine Studie und bis 15. Februar 1962 das Technische Projekt »1355« für ein Luftkissenfahrzeug erarbeitet wurde. Nach dem Projekt wurde ab August 1962 ein Versuchsfahrzeug auf der Schiffswerft Rechlin gebaut, das im März 1963 fertiggestellt war.

Das aus Leichtmetall gefertigte Fahrzeug war nach dem Prinzip der festen seitlichen Begrenzung mit eingetauchten Wänden gebaut und konnte nicht wie spätere Generationen dieser Bodeneffektfahrzeuge an Land aufschweben. Das Luftkissen unter dem Fahrzeug wurde mit Hilfe eines an der gewölbten Vorderwand eingebauten Axialverdichters erzeugt, für dessen Antrieb ein 5-Zylinder-Sternmotor mit einer Leistung von 204 kW vorgesehen war. Den Vortrieb besorgte ein am Heck in einen Motorträger eingebauter Sternmotor vom gleichen Typ mittels einer Luftschraube. Gesteuert wurde das Fahrzeug mit zwei hinter dem Motor angebrachten Seitenrudern und drei synchron arbeitenden Spatenrudern am Unterwasserteil des Hecks. Für die Zwei-Mann-Besatzung war im »Oberdeck« eine Fahrerkabine eingelassen.

Das Fahrzeug wurde von April bis Oktober 1963 auf der Müritz erprobt. Als maximale Geschwindigkeit wurden 18 Knoten gefahren, jedoch konnte die erforderliche Stabilität im Schwebezustand noch nicht erreicht werden. Die Entwicklungsarbeiten sind dann nicht weitergeführt worden. Das Fahrzeug war einige Jahre im Armeemuseum in Potsdam ausgestellt, wurde jedoch nach dessen Auflösung nach Wolgast zurückgeführt. Bedauerlicherweise blieben nur noch Reste dieses Fahrzeuges erhalten.

Weitere Entwicklungen befaßten sich mit dem Bau größerer Tragflügelboote unterschiedlicher Zweckbestimmung. Nach dem Projekt »1354« fertigte die Roßlauer Schiffswerft zwei Tragflügel-Transportboote, welche bis zur vollen Einsatzreife gebracht wurden. Die unter der Bord-Nr. TF10–1 und TF10–2 erprobten Boote waren aus einer Leichtmetallegierung ALmg5 in Nietbauweise hergestellt worden und verfügten über halbtauchende Tragflügel, welche am Bug verstellbar und am Heck starr ausgeführt waren. Als Antriebsmaschine diente der sowjetische Panzermotor »W–2« mit einer Leistung von 367 kW. Die Boote hatten Sitzplätze für 30 Mann. Beide Fahrzeuge wurden nach Abschluß der Erprobung an die Weiße Flotte Rostock übergeben und sind hier noch einige Zeit im Personenverkehr auf der Warnow eingesetzt worden. Auch an Studien und Projekten für vergrößerte Tragflügelboote »TF50« und »TF60« wurde gearbeitet. Aus verschiedenen Gründen wurde der Serienbau von Tragflügelbooten damals jedoch nicht aufgenommen.

Ende der 50er bis Anfang der 60er Jahre wurden weitere Untersuchungen und Modellversuche durchgeführt, in deren Ergebnis der Bau von 65-t-Schnellbooten aufgenommen werden sollte (s. TS-Boot »Forelle«). In einer sogenannten »M-Reihe« wurden Versuche mit Modellbooten im verkleinerten Maßstab durchgeführt, wobei man die optimale Form des Bootskörpers eines späteren Schnellbootes ermitteln wollte.

Das Versuchsmodell »M1« war ein 10,61 m langes und 2,20 m breites Boot, das aus Aluminium in genieteter Bauweise von der Roßlauer Schiffswerft fertiggestellt wurde. Als Antrieb dienten zwei Benzinmotoren »Ford V8« von je 66 kW Leistung, mit denen eine Modellgeschwindigkeit von 24 sm/h erreicht werden konnte. Das »M2«-Boot hatte etwa die gleichen Abmessungen, wurde jedoch von zwei Maybach-Motoren mit je 73 kW Leistung angetrieben (nach Versuchen mit einer Abrißkante am Heck als »M 2a« bezeichnet). Das Boot »M3« war ein Kompositbau, bei dem die Spanten und Schotte aus Aluminium, die Außenhaut und das Deck jedoch aus Holz gefertigt waren. »M3« hatte die Abmessungen L/B/T mit 10,4/2,11/11,04 Metern, der Bootsboden war mit einem Stufenheck ausgeführt. Der Antrieb dieses Bootes bestand ebenfalls aus zwei Maybach-Motoren. Das Versuchsboot »M4« war wiederum als Tragflügelboot gebaut und wurde von einem »frisierten« sowjetischen Panzermotor »W–2« mit 441 kW Leistung angetrieben. Einige Erkenntnisse dieser

Tragflächenboot TF 10–2 als Verkehrsboot auf der Warnow.

Erprobungen flossen in die Entwicklung von LTS- und TS-Booten ein.

Ein letztes kleines Versuchsboot wurde im Rahmen der Entwicklung des schwachmagnetischen Reede-MAW-Bootes Projekt »415« von der Schiffswerft Rechlin gebaut. Das als »10-Meter-Versuchsboot« bezeichnete Fahrzeug war in GUP-Bauweise gefertigt. Zur Untersuchung der Festigkeit des Laminats und der Verbindungen war das Boot mit unterschiedlichen Konstruktionselementen (Quer- und Längsaussteifungen) gebaut worden und mit Testgewichten ausgerüstet. 1988 wurden mit diesem Boot Schockerprobungen zum Nachweis der Festigkeit bei Unterwasserdetonationen durchgeführt. Die Ergebnisse waren zufriedenstellend. Vor Serienbeginn war noch der Bau einer Testsektion vorgesehen, die ebenfalls angesprengt werden sollte. Alle Entwicklungen zum Projekt »415« wurden im Dezember 1989 abgebrochen.

Verkehrsboote

Verkehrsboote unterschiedlicher Bauart dienten in den Stützpunkten und Hafenkommandos zum Personen- und Materialtransport, für Kurierfahrten beziehungsweise zum Reedebetrieb mit Kampf- und Hilfsschiffen. Speziell in Rostock und Warnemünde setzten Marinebarkassen Berufsoffiziere und Zivilbeschäftigte zu Dienstbeginn und -ende über die Warnow. Vereinzelt wurden die Fahrzeuge auch zu Ausflugs- und Hafenrundfahrten eingesetzt.

Motorbarkassen »MB 12« und »MB 13«

Neben einigen Verkehrsbooten, die Anfang der 50er Jahre als Einzelboote für die Seepolizei gebaut wurden (Verkehrsboot »55« von der Peene-Werft Wolgast), lieferte die Yachtwerft Berlin ab 1956 Standardbarkassen vom Typ »MB12« in größerer Stückzahl. Die nach dem Projekt »538« gebauten Reedeverkehrsboote waren kleine Stahlbarkassen, die auch zum Schleppen und Bugsieren kleinerer Fahrzeuge beziehungsweise Schwimmender Mittel eingesetzt werden konnten. Von diesem Typ wurden zwölf Barkassen geliefert und viele Jahre in Dienst gehalten.

Ab 1960 wurden den Hafenkommandos neue Motorbar-

Motorbarkassen (links MB 12, rechts MB 13)

kassen des Typs »MB 13« zugeführt, deren äußerst solide Bauausführung eine mehr als 20jährige Einsatzzeit gewährleistete. Diese Barkassen hatte man nach dem Projekt »590« in Kompositbauweise hergestellt, d. h. die Spanten waren aus Stahl, während als Außenhaut Eichenplanken (doppeldiagonalkrawell) vorgesehen waren. Als Antriebsmotor diente ein 6-Zylinder-Viertaktdiesel Typ 6 VD 14,5, auch EM-6-Motor genannt, der mit seiner Leistung von 66 kW bei den damals produzierten Lkws »H 6« zum Einsatz gelangte. Insgesamt wurden von der Yachtwerft 40 Barkassen dieses Typs gebaut, von denen einige auch für zivile Nutzer bereitgestellt wurden (Seefahrts-, Hafenamt usw.).

Motorbarkasse Projekt »407«

Ab 1973 (Studie) entwickelte die Yachtwerft Berlin In Zusammenarbeit mit der Verwaltung Schiffbau als Ablösetyp eine neue Motorbarkasse, das Projekt »407«. Das auch als »MBK 14« bezeichnete Boot wurde in Stahlbauweise gefertigt und von einem Dieselmotor 6 VD 14,5/12–1 mit einer Leistung von 103 kW angetrieben. Im Auftrag der Marine wurden 49 Barkassen in fünf verschiedenen Modifikationen ausgeliefert (Schulboote OHS, 407-SHD, 407-M und Chefboot 407-S). Weitere Boote dieses Typs wurden auch für die Bagger-, Bugsier- und Bergungsreederei (407-BBB) geliefert. Der durchschnittliche Stückpreis eines Bootes betrug 610 000 Mark.

Von dem bereits bei den Wachfahrzeugen erwähnten Grenzsicherungsboot Projekt »066« baute die Schiffswerft Rechlin zwei Fahrzeuge als Reedeverkehrsboote für das Hafenkommando Rostock. Beide Boote, 1968/69 geliefert, waren als Modifikation »S« gefertigt worden. Ihr Einsatz erfolgte als Chefboot für den Reedeverkehr, so z. B. bei Flottenbesuchen.

Für den Routineverkehr war ursprünglich noch die Entwicklung einer »100-Mann-Barkasse« des Projekts »409« vorgesehen, die jedoch nicht realisiert wurde.

Motorbarkasse Projekt »407«.

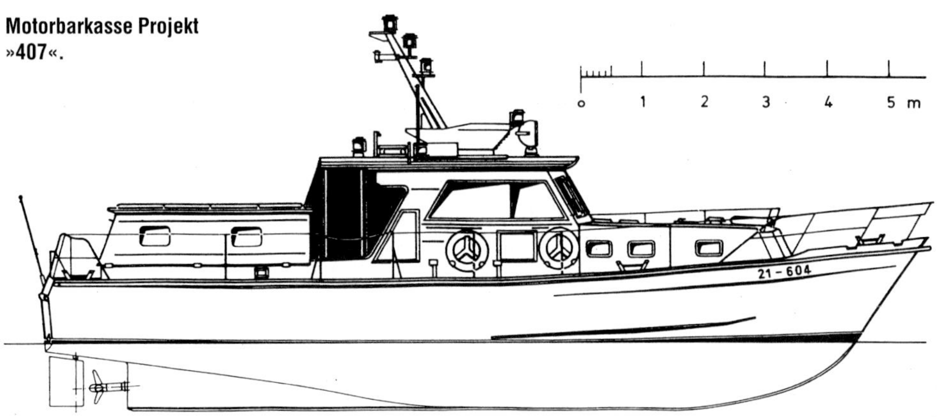

Yachten

Hauptsächlich zu Repräsentationszwecken und für persönliche Vergnügungsfahrten von »Kadern der Partei- und Staatsführung« wurden von der Volksmarine auch zwei Motoryachten bereedert und mit Marinebesatzungen operativ geführt. Eigner war der Ministerrat der DDR beziehungsweise nach Indienststellung der zweiten Motoryacht der Rat des Bezirkes Rostock. Sowohl die Ausstattung dieser Schiffe als auch die Nutzung durch Partei- und Staatsfunktionäre einschließlich engster und entfernter Familienangehöriger lösten intern wiederholt kritische Diskussionen unter den Marine- und Werftangehörigen aus. Denn der auf diesen Schiffen gebotene Luxus stand in krassen Gegensatz zu den Lebensbedingungen eines DDR-Durchschnittbürgers.

Motoryacht OSTSEELAND II

Dieses Schiff wurde als Sonderobjekt 1960/61 unter der Bau-Nr. »582« auf der Warnow-Werft Warnemünde gebaut.

Der Stapellauf erfolgte am 28. Januar 1961 und die Indienststellung am 1. Mai 1961. Das Schiff erhielt die Klasse DSRK KM I Eis 4 und den Namen OSTSEELAND.

Der Schiffskörper ist als Glattdecker mit eingezogenem Spiegelheck und ausfallendem Vorschiff ausgeführt. Im durchgehenden Deckshaus mit Vorbau sind Gästekabinen, ein Deckssalon und ein Speiseraum eingerichtet. Die Antriebsanlage (Einschrauber) bestand ursprünglich aus einem Hauptmotor Typ 6KVD43I/K vom Dieselmotorenwerk Rostock und zwei Hilfsdieselmotoren 4NVD26 mit je 75 kW Leistung. Während einer Modernisierung im Jahre 1981 wurde eine neue Hauptmaschine Typ 8NVD48A–2K mit 970 kW (1320 PS) eingebaut. Die Hilfsdiesel wurden 1984 gegen zwei Dieselgeneratorsätze mit Motoren des Typs 4 VD 21/15–2 von je 90 kW Leistung ausgetauscht. Zur nautischen Ausrüstung gehörten u. a. eine Magnetkompaßanlage, ein Echolot, ein Funkpeiler und eine Decca-Funkmeßanlage Typ D-202. Die Funkausrüstung entsprach nationalen sowie internationalen Normen und Vorschriften. Nach Indienststellung einer neuen Motoryacht erhielt das ab 1971 vom Rat des Bezirkes Rostock eingesetzte Schiff die Namensergänzung OSTSEELAND II. Im Vergleich zur zweiten Staatsyacht nahm sich die Innenausstattung noch relativ bescheiden aus, obwohl auch hier vornehmlich Importmaterialien aus dem »kapitalistischen Ausland« eingesetzt wurden.

Nach dem 3. Oktober 1990 wurde das Schiff kurzzeitig von der Weißen Flotte in Rostock für Charterfahrten eingesetzt. Am 20. März 1991 wurde das Schiff an das holländische Unternehmen C. u. H. Heuvelmann, Shipping and Trading B. V., für 250 000 DM verkauft.

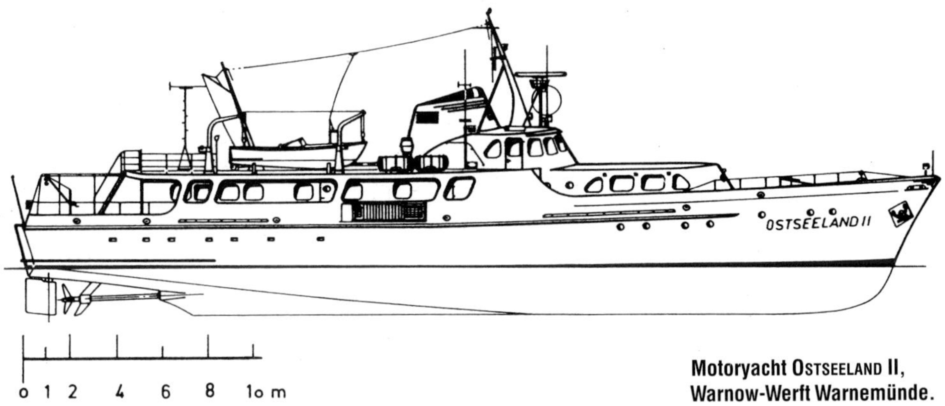

Motoryacht OSTSEELAND II, Warnow-Werft Warnemünde.

Motoryacht OSTSEELAND II.

Motoryacht OSTSEELAND

Der Bau dieses Schiffes erfolgte 1970/71 in Anlehnung an das MSR-Schiff Projekt »89.2« auf der Peene-Werft in Wolgast. Das Schiff wurde ebenfalls als Glattdecker projektiert, bei dem man aber ein unterbrochenes Zwischendeck einzog. Der Schiffskörper ist nach der Querspantenbauweise konstruiert und durch acht Schotte in neun wasserdichte Abteilungen unterteilt. Im Bereich der Wasserlinie ist die Außenhaut mit einer Eisverstärkung versehen. In dem geräumigen Aufbautenkomplex sind Gästekabinen und verschiedene Gesellschaftsräume eingerichtet. Bei der Ausstattung des Schiffes einschließlich der künstlerischen Gestaltung des Salons wurde nicht an »Importmaterialien« gespart. Tapeten, Wandverkleidungen, Sanitärartikel, Farb-TV-Geräte, ja selbst das Toilettenpapier wurde aus Japan, der BRD, Schweden und anderen Ländern »beschafft«. So waren bei der Einrichtung der Kabinen auch »personengebundene Kojenlängen« zu berücksichtigen.

Als Hauptantriebsanlage wurden sowjetische 12-Zylinder-V-Motoren des Typs 40DM mit je 1830 kW eingebaut (analog Projekt »89.2«) und als Vortriebsmittel Verstellpropeller mit Ein- und Zweihebelbedienung eingesetzt. Da das Schiff die vorgesehene Geschwindigkeit von 18 sm/h – bei 17,6 sm/h

Motoryacht OSTSEELAND, modifiziertes Projekt »89«.

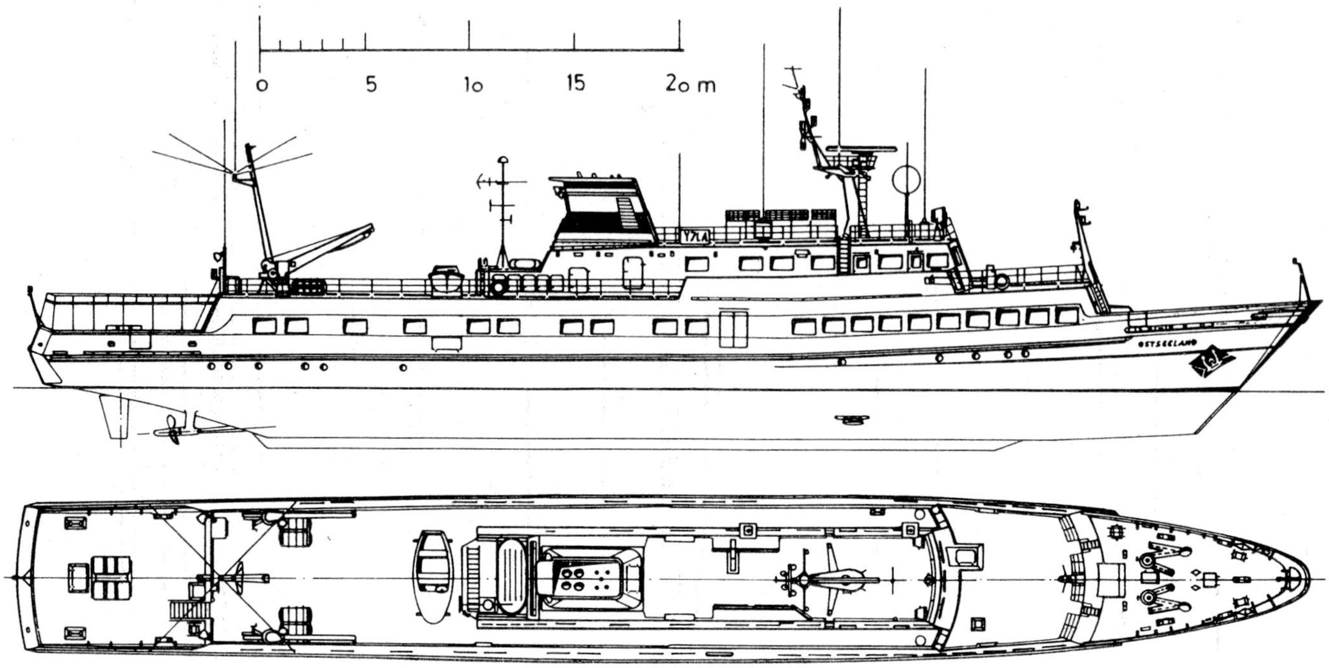

in der Meile – nicht erreichte, mußte kurzfristig eine Verlängerung am Heck um 1,5 m ausgeführt werden, wodurch infolge einer Verbesserung des Formwiderstandes eine Geschwindigkeitserhöhung von 0,5 sm/h (!) erzielt wurde. Zur Dämpfung der Rollbewegungen im Seegang verfügte die Yacht über eine aus Großbritannien importierte Schlingerdämpfungsanlage mit einer Stabilisierungsflosse an jeder Bordseite.

Die Indienststellung der OSTSEELAND fand am 1. Juli 1971 statt. Am 8. Juli des gleichen Jahres wurde die Yacht von »Generalsekretär« E. Honecker persönlich »eingeweiht«. In der Folgezeit war dieses Schiff überwiegend für hohe Staats- und Parteifunktionäre einschließlich ihrer Gäste im Einsatz, wozu Fidel Castro, Gustav Husak u. a. zählten. Gelegentlich wurde es auch zu Beobachtungen von Flottenübungen und Manövern für akkreditierte Militärattachés eingesetzt. Die F/E-Kosten betrugen bei diesem Schiff 2,6 Mill. und die Kosten für den Bau 13,5 Mill. Mark.

Noch vor der Vereinigung Deutschlands wurde das Schiff am 14. Juli 1990 an einen schwedischen Eigner verkauft. Unter dem neuen Namen ANIARA ging die Yacht ins Mittelmeer, wo sie unter der Flagge Maltas als Privatyacht genutzt wird.

Zu den marineeigenen Yachten gehörten noch zwei Segelyachten, die zur seemännischen Ausbildung an der Offiziersschule in Stralsund genutzt wurden. Die als S-150 bezeichnete Yacht war – zusammen mit einem Schwesternschiff – für die GST auf der Bootswerft Gehlsdorf in Rostock gebaut worden, während der kleinere Anderthalbmaster S-80 eine wiederaufgebaute ältere Yacht war.

Schwimmende Mittel

Außer den bisher genannten Schiffen und Booten unterhielt die Volksmarine auch einige technische Fahrzeuge, die hauptsächlich bei eigenen Bauvorhaben beziehungsweise Transportleistungen eingesetzt wurden. Einsatzmäßig unterstanden diese Schwimmenden Mittel dem Hilfsschiff- und Bergungsdienst (HSBD) beziehungsweise den Marinepionieren.

Zu den Fahrzeugen gehörte u. a. der Schwimmkran M 11, der bereits 1953 von der Volkswerft Stralsund auf den Ponton eines ehemaligen Getreidehebers aufgebaut worden war. Der Kran erhielt später einen diesel-elektrischen Antrieb mit 2 × 74 kW Leistung.

Zeitweilig verfügte die Marine auch über einen eigenen Eimerkettenbagger des Typs »501«. Der Bagger war von der Roßlauer Schiffswerft unter der Bau-Nr. »2940« gebaut und am 9. November 1963 in Dienst gestellt worden (M 21, später M 48). Zu ihm gehörten noch drei Klappschuten (M 22 bis 24). Die Baggerleistung betrug 110 m^3/h im Schuten- und 850 m^3/h im Spülbetrieb. Am 31. Dezember 1976 wurde der Bagger außer Dienst gestellt und an die BBB-Reederei Rostock als WISMAR übergeben.

Für hafenpioniertechnische Arbeiten standen zwei Schwimmpfahlrammen zur Verfügung. Die ältere war eine kleine Pontonramme mit Rammbär und Zugwinde.

Eine moderne Schwimmpfahlramme wurde 1987/88 von der Yachtwerft Berlin, Betriebsteil Eisenhüttenstadt, gebaut. Nach dem Projekt »SPR 1250« hatte diese Ramme ein Normaldeplacement von 274 t. Sie verfügte über einen dieselelektrischen Z-Antrieb mit 2×90 kW. Zur Arbeit konnten gleichzeitig zwei Dieselrammen UR 1–1250 A am hydraulisch verstellbaren Rammgerüst eingesetzt werden. Die Ramme wurde am 20. 01. 1989 unter dem Namen DER BOCK (M 91) in Wolgast in Dienst gestellt. Zur Besatzung zählten acht Mann.

Zu den Schwimmenden Mitteln gehörten auch noch Glattdeckschubprahme »GSP-65«, Fährprahme »FP-36« sowie zerlegbare Auffahrrampen »ZAR-9.1«. Mit ihnen konnten provisorische schwimmende Anlieger, Seebrücken »SSB-60« sowie Versorgungsplattformen aufgebaut werden. Auch ein Fährverband zum Umschlag See-See beziehungsweise zum Transport oder Übersetzen ließ sich kombinieren. Diese Mittel sowie der Pontonpark »PMP« wurden von den Marinepionieren eingesetzt, die auch über umfangreiche Rad- und Kettentechnik verfügten.

Marinefliegerkräfte

Bereits Ende der 50er Jahre begann der systematische Aufbau von Marine-Hubschrauberkräften, die in den ersten Jahren vorrangig der Erfüllung von Aufklärungs-, Seenotrettungs- und Transportaufgaben dienten.

1959 handelten, jedoch mehr zur Erprobung, erstmals zwei Hubschrauber der LSK/LV im Interesse der Seestreitkräfte in Küstennähe. Im März 1960 wurden dann zwei Maschinen des Typs »Mi-4 A« (Bord-Nr. 574 u. 769) an die Küste verlegt, die aber noch den Luftstreitkräften unterstellt blieben. Die offizielle Übergabe der ersten zwei »Mi-4 A« erfolgte am 15. September 1962. Am 1. März 1963 wurde daraus dann die »Hubschrauberstaffel der Volksmarine« gebildet. Nach der weiteren Zuführung von Maschinen dieses Typs, insbesondere ab März 1965 des Typs »Mi-4 M«, begann sich die U-Boot-Suche und in bescheidenem Maße auch die U-Boot-Bekämpfung zur taktischen Hauptaufgabe der Hubschrauberstaffel zu entwickeln, welche am 1. Dezember 1971 folgerichtig in »U-Jagd-Hubschrauberstaffel« umbenannt wurde.

Ab August 1974 wurden die ersten Mehrzweckhubschrauber vom Typ »Mi-8 T« und ab Februar die Kampfhubschrauber »Mi-8 TB« übernommen. Im Dezember 1976 wurde die Staffel zu einem Geschwader umstrukturiert. Bereits am 31. Oktober 1979 landeten die ersten drei UAW-Hubschrauber »Mi-14 PL« auf dem Marinehubschrauberhorst in Parow. Damit bestand die Hauptaufgabe nicht mehr nur in der Suche von Unterwasserzielen und in der Bekämpfung von Überwasserzielen, sondern verstärkt im »Gefechtseinsatz zur Suche und Bekämpfung von U-Booten«, wie es in der Chronik des Truppenteils hieß. Ab 1. Dezember 1981 trug das Geschwader die Bezeichnung »Marinehubschraubergeschwader«. Im Dezember 1985 wurden dann weitere neue Hubschrauber zugeführt, und zwar die Minenräumhubschrauber »Mi-14 TB«, die nach entsprechender Schulung des Personals im Dezember 1986 erstmalig an einer gemeinsamen Ausbildung mit MAW-Schiffen der Volksmarine teilnahmen. Wiederholt wurden Marinehubschrauber zur Versorgung der Bevölkerung in abgeschnittenen, eingeschneiten Ortschaften (insbesondere im Raum Rügen) eingesetzt. Sie transportierten Verletzte und Kranke – sogar schwangere Frauen – und erfüllten eine Reihe von Sonderaufgaben nichtmilitärischen Charakters.

Der Aufbau und die Entwicklung eines Marinefliegergeschwaders (MFG) begann 1985. Nach der Fertigstellung der Start- und Landebahn des Militärflugplatzes Laage (1981), der Vorstartlinie (1982) sowie der dazugehörigen Wartungs- und Dienstgebäude wurde 1984 der Flugplatz an die LSK/LV übergeben und am 1. Dezember 1984 das Jagdbombenfliegergeschwader 77 (JBG-77) gegründet und dort stationiert.

Im August 1985 begann dann die Aufstellung des Marinefliegergeschwaders 28 (MFG-28), dessen Formierung am 27. November 1985 mit einem Bestand von 23 Maschinen des Typs »Su-22M-4« abgeschlossen wurde. Als Aufgabe für das MFG-28 wurde formuliert: »... selbständig und im Zusammenwirken mit weiteren Aufklärungskräften ... zur Seeraumüberwachung Seeraumaufklärungsflüge durchzuführen sowie mit Schiffsstoßkräften, Küstenraketentruppen ... Gefechtsaufgaben ... zu erfüllen« (Vertrauliches Material »Nur zur persönlichen Verwendung«, Kommando der Volksmarine, 10. Oktober 1989).

Hubschrauber »Mi-4«

Der *Mehrzweckhubschrauber »Mi-4 A«* war der erste Hubschraubertyp der sich entwickelnden Marinehubschrauberkräfte. Die insgesamt vier Maschinen erfüllten hauptsächlich Transportaufgaben. Für Einsätze über See waren sie nur bedingt verwendbar. Je nach den Wetterbedingungen beförderten sie 800 bis 1670 kg Nutzlast. Außenlasten konnten über eine Seilwinde an Bord genommen werden. Diese Einrichtung diente auch zur Rettung von Schiffbrüchigen. Bewaffnet war die »Mi-4 A« mit einem 12,7-mm-MG TKB 481 (A–12,7), welches in einer Bodenwanne untergebracht war und vom Bordmechaniker bedient wurde. Mit der Waffe konnten Patronen BST–44 (Panzerbrand-Leuchtspur), B-32 (Panzerbrand) und MDS (Brand-Spreng) verschossen werden. Der Kampfsatz betrug 200 Patronen.

Der Rumpf des Hubschraubers war in Ganzmetall-Halbschalenbauweise gefertigt. Das Tragwerk, ein Vierblatt-Rotor, war zusätzlich mit einer Enteisungsanlage versehen. Die Rotor-Blätter bestanden aus Stahlholmen, die mit Sperrholz

Hubschrauber »Mi-4A«.

beplankt waren. Als Leitwerk fungierte ein Dreiblatt-Ausgleichsrotor. Das Fahrwerk war starr angebracht. Das zwangsluftgekühlte Kolbentriebwerk vom Typ KTW14SLA (ASch-82W) war im Rumpfbug untergebracht und konnte 1250 kW Leistung entwickeln. Auch die Hilfs- und Zusatzaggregate waren dort untergebracht.

Ab März 1965 wurde die Staffel mit dem *UAW-Hubschrauber »Mi-4M«* ausgerüstet. Dieser Typ unterschied sich äußerlich durch die nicht zu übersehende topfförmige Verkleidung der Funkmeßantenne, welche vor der verkürzten Wanne am Bug angebracht war. Das MG wurde entfernt. Über dem FuMe-Gerät befand sich am Bug ein Suchscheinwerfer und am Heck ein Magnetortungsgerät (MOG), welches zur U-Boot-Suche über der Wasseroberfläche ausgefahren werden konnte. Nach der »Kontaktaufnahme« wurden hydroakustische Funkbojen abgeworfen, die den Kontakt zum Unterwasserziel hielten. An den Außenseiten der »Mi-4M« konnten je drei Orientierungsbomben angebracht werden, die der folgenden Schlaggruppe durch Farbflecke auf der Wasseroberfläche die Kontaktstellen anzeigten.

Der Grundaufbau der »Mi-4M« entsprach dem des Typs »A«. Der letzte »Mi-4« Hubschrauber der Volksmarine mit der taktischen Nummer 753 wurde im April 1977 außer Dienst gestellt.

Hubschrauber »Mi-8«

1974 begann die Ausrüstung der U-Jagd-Hubschrauberstaffel mit zwei *Mehrzweckhubschraubern »Mi-8T«*. Sie hatten annähernd die gleiche Größe wie die »Mi-4«, übertrafen diese aber hinsichtlich der Zuladung und der gesamten Leistung.

Der Hubschrauber »Mi-8T« konnte zur Aufklärung, zu Transport- und Kurierflügen, zur Seenotrettung, zum Einsatz von Kampfschwimmern sowie zur Bekämpfung von Überwasserzielen eingesetzt werden. Bewaffnet war er mit vier Behältern (UB-16) zum Abschuß von je 16 ungelenkten Luft-Boden-Raketen des Typs »S-5« (Kaliber 57 mm).

Der Rumpf war ebenfalls in Ganzmetall-Halbschalenbauweise gefertigt. Die stark verglaste Kabine nahm den ersten und den zweiten Hubschrauberführer auf, zwischen denen der Bordmechaniker seinen Platz fand. Zur navigatorischen und funkelektronischen Ausrüstung gehörten eine doppelte Blindfluginstrumentierung, ein Funkhöhenmesser, ein Funkkompaß ARK-U2, UKW- und KW-Funkgeräte, eine FFK-Anlage sowie ein vierkanaliger Autopilot und Überflugmarker.

Das Tragwerk bildete ein Ganzmetall-Fünfblattrotor mit thermischer Enteisung. Auch der Dreiblatt-Ausgleichsrotor konnte thermisch enteist werden. Als Antrieb dienten zwei Turbinenluftstrahltriebwerke GTW2A-A (TW-2-117A) mit einer maximalen Gesamtleistung von 2210 kW. Das Fahrwerk war starr und hatte eine hydraulisch-pneumatische Dämpfung.

Der ab Februar 1977 eingeführte *Kampfhubschrauber »Mi-8TB«* hatte eine beträchtliche erweiterte Bewaffnung. Insgesamt wurden zehn Maschinen dieses Typs zugeführt. In der Grundkonzeption gleich, trug er in der Bugkanzel ein beweglich montiertes 12,7-mm-MG A–12,7 (Kampfsatz 700 Patronen), ungelenkte S-5-Raketen (je Seite drei Behälter UB-32 mit je 32 Raketen vom Kaliber 57 mm = 192 Raketen) und sechs (je Seite drei) Panzerabwehrlenkraketen (PAL). Am 16. Juni 1979 wurde die erste PAL von einer »Mi-8TB« des Marinegeschwaders aus gestartet und ins Ziel gebracht.

Ab April 1990 wurden einige Maschinen des Typs »Mi-8TB« für den SAR-Einsatz (Search and Rescue = Suche und Rettung) umgerüstet und in einer SAR-Staffel zusammengefaßt. Bis zum 15. Juni 1990 konnte 31mal schnelle medizinische Hilfe geleistet werden.

Anfang Oktober 1990 wurde der größte Teil der »Mi-8« Maschinen außer Dienst gestellt.

Im Bestand des Marinehubschraubergeschwaders befand sich noch ein *Passagierhubschrauber »Mi-8S«* (S für Salonvariante) mit der taktischen Nummer 960. Diese Maschine war für elf Personen zugelassen und diente dem Chef der Volksmarine und seinen Stellvertretern als Verbindungsmaschine beziehungsweise zur Begleitung von »hohen Gästen«. Äußerlich ist der Hubschrauber leicht an den rechteckigen Bordfenstern und den beidseitig angebrachten Kraftstoffbehältern zu erkennen.

Hubschrauber »Mi-14«

Ende Oktober 1979 wurde begonnen, das Geschwader mit insgesamt neun *UAW-Hubschraubern »Mi-14PL«* auszurüsten. Entwickelt aus der »Mi-8«, ist er für den speziellen Einsatz über See verwendbar. Maschinen dieses Typs erfüllten Vorrangig UAW- und Seenotrettungsaufgaben. Damit war endgültig ein Nachfolgemuster für die bis 1977 im Dienst befindlichen »Mi-4M« gefunden worden.

Ausgerüstet war die »PL« mit einer Reihe moderner Anlagen zur U-Boot-Suche sowie zur U-Boot-Begleitung und -Bekämpfung. Dazu sowie zur navigatorischen und funkelektronischen Ausrüstung gehörten: eine Empfangsanlage für Signale der hydroakustischen Anlage (AHAA), eine Magnetortungsanlage (MOG) – sichtbar am Heck, eine Panoramafunkmeßstation, ein Zieldatenrechner, eine Datenübertragungsanlage, UKW- und KW-Sende- beziehungsweise Empfangsanlagen, FFK-Anlagen, ein Autopilot, Blindfluginstrumente, ein Funkkompaß u. v. a. Die FuMe-Kuppel befand sich am unteren Teil des Bugs und gab dem Helicopter sein markantes Aussehen. Neben einer reinen U-Boot-Suchvariante gab es noch eine Schlagvariante des Hubschraubers »Mi-14PL«. In einem verschließbaren Rumpfschacht konnten dort entweder Wasserbomben oder UAW-Torpedos an Bord genommen werden.

Der Rumpf der »Mi-14PL« bestand ebenfalls aus einer Ganzmetall-Halbschalenkonstruktion und hatte eine bootsähnliche Form, wodurch das Wassern und der Start von der Wasseroberfläche erleichtert werden sollten. Ein fünfblättriger Ganzmetall-Rotor mit elektrischer Enteisungsanlage trug die Maschine sicher. Als Leitwerk diente eine dreiblättrige Heckschraube.

Das Fahrwerk war einziehbar. Zur Wasserung wurden Stützschwimmer aufgeblasen, die sich in einem Behälter zu beiden Seiten über dem hinteren Fahrwerk befanden. Die erste Wasserung einer »Mi-14PL« in der Geschichte des Geschwaders fand am 22. September 1984 statt.

Angetrieben wurde der Helicopter durch zwei Turbinen TW3–117M mit einer Gesamtstartleistung von 3240 kW und einer Nennleistung von 2834 kW.

Der *Minenabwehrhubschrauber »Mi-14BT«* (sechs Maschinen ab Dezember 1985) diente zum Suchen und Räumen von Seeminen. Dazu übernahm der Hubschrauber von einem MAW-Schiff das entsprechende Räumgerät in Schlepp. Somit konnten alle Arten von Minen geräumt werden. Taktisch war der Einsatz in erster Linie auf das Räumen von Gassen in Minenfeldern ausgerichtet, um damit den MAW-Schiffen die Räumung der Felder – von diesen Gassen aus – zu ermöglichen. Beim Einsatz des Räumgeräts war der Hubschrauber in seiner Beweglichkeit stark eingeschränkt.

Zu unterscheiden sind beide Hubschraubervarianten

oben:
Marinehubschrauber »Mi-8« wird aufgetankt.

UAW-Hubschrauber »Mi-14PL«.

UAW-Hubschrauber »Mi-14 PL« und MAW-Hubschrauber »Mi-14 BT«.

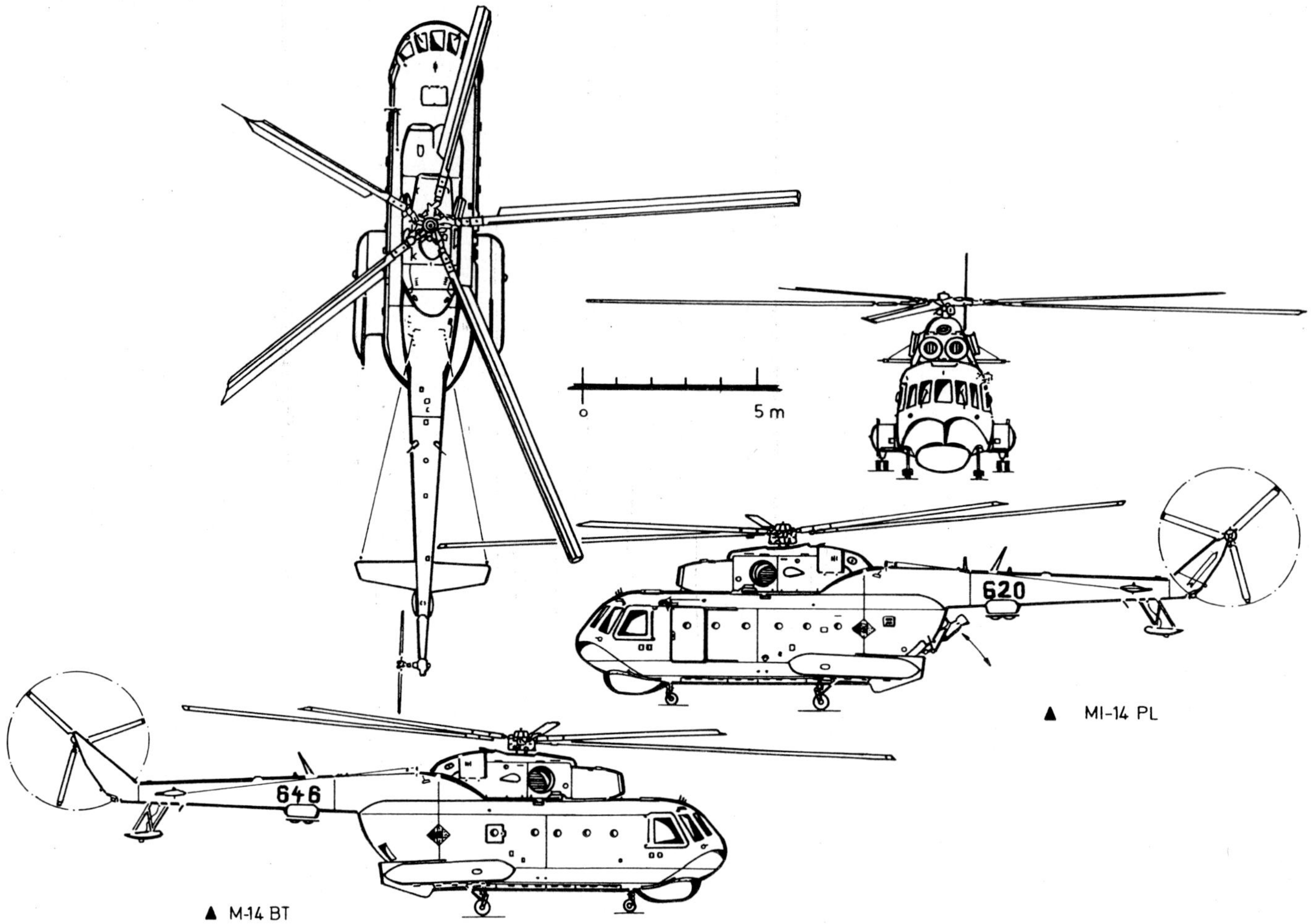

daran, daß beim »BT« am Heck das MOG entfernt ist und dafür Heckfenster angebracht wurden. Dort hatte während des Räumeinsatzes der Operateur seinen Platz. Als Besonderheit sei noch erwähnt, daß in allen »Mi-14«-Varianten ein Sprachinformator eingebaut ist, der mit weiblicher Stimme – natürlich in russisch – dem Hubschrauberführer Informationen über technische Störungen oder gefährliche Fluglagen gab. Ansonsten ist der Aufbau beider Hubschrauber, abgesehen von kleineren Details, gleich.

Auch von den »Mi-14«-Helicoptern wurden einige in die SAR-Staffel aufgenommen.

Jagdbombenflugzeug »Su-22 M-4

Das Marinefliegergeschwader 28 war mit 23 Maschinen des Jagdbombenflugzeuges »Su-22 M-4« ausgerüstet – einem Mitteldecker mit schwenkbaren Außenflügeln. Dank der veränderlichen Tragflügelgeometrie hatte die »Su-22« sehr gute Langsamflugeigenschaften. Dieses Mehrzweckflugzeug konnte als Aufklärer und auch als Jagd- und Bombenflugzeug über See operieren. Neben gelenkten Luft-Boden-Raketen, Bomben, Kassetten mit ungelenkten Luft-Boden-Raketen, Kanonenbehältern und Zusatztanks konnten Luft-Luft-Lenkraketen mitgeführt werden. Fest eingebaut in den Tragflügelwurzeln standen zwei 30-mm-Kanonen NR-30 mit einem Kampfsatz von je 70 Granatpatronen zur Verfügung.

Der Rumpf – eine Halbschalenkonstruktion – war fast kreisförmig. Über dem vorderen Lufteinlaß und der Kammer für das Bugrad befand sich die hermetisch abschließbare Kabine. Die umfangreiche elektronische und navigatorische Ausrüstung bestand u. a. aus einer kombinierten Navigations- und Bordrechneranlage, die den Einsatz gegen Punktziele wirksam unterstützte und für den Einsatz über See von besonderer Wichtigkeit war. Weiterhin befanden sich an Bord des Flugzeuges automatische Systeme der Flugzeugführung sowie Vorrichtungen zum Auffassen gestarteter Fla-Raketen. Funkmeß- und Lasertechnik für die Ziel- und Waffenleiteinrichtungen unterstützten die Möglichkeiten zum effektiven Waffeneinsatz. Als Antrieb diente das Strahltriebwerk Al-21 F-3 mit einem Startschub von 76,5 kN (mit Nachbrenner 110 kN). Anfang Oktober 1990 wurden alle Maschinen des MFG-28 außer Dienst gestellt.

Bewaffnung und Ausrüstung

Artilleriebewaffnung

Torpedobewaffnung

Minenbewaffnung

Minenabwehrausrüstung

U-Bootsabwehr-Bewaffnung

Raketenbewaffnung

Funkelektronische und maschinentechnische Ausrüstungen

Für interessierte Leser werden in diesem Kapitel einige Besonderheiten sowie Details zur Bewaffnung und Ausrüstung der Schiffe beziehungsweise der Boote in Kurzform dargeboten. Taktisch-technische Daten der wichtigsten Waffensysteme sind in Tabellen zusammengefaßt.

12,7-mm-Fla-MG DschK auf einem TS-Boot vom Projekt »Forelle«.

Die 25-mm-Doppellafette 2-M-3, eine Standardwaffe auf Schiffen der Volksmarine.

Artilleriebewaffnung

Als Artilleriewaffen wurden Fla-MG's, leichte automatische und mittlere halbautomatische Geschütze bis zum maximalen Kaliber von 100 mm eingesetzt.

Die erste Generation leichter Fla-Geschütze entstammte sowjetischen Beutebeständen beziehungsweise aus Lend-Lease-Lieferungen der Alliierten an die Sowjetunion während des zweiten Weltkrieges. Dazu zählten die ehemaligen deutschen 20-mm-Maschinenkanonen »Flak C/38« in Einzel- und Doppellafetten sowie die 20-mm-Kanone Oerlikon. Letztere waren in den USA hergestellte Waffen, die dort in großer Stückzahl als Einzel- und Doppellafette in Lizenz produziert wurden. Dieser Rückstoßlader war äußerst robust und zuverlässig, hatte aber nur eine geringe Feuergeschwindigkeit.

Ab 1952 (zwei Geschütze bereits 1950) wurden der Seepolizei sowjetische 25- und 37-mm-Geschütze zugeführt, die dem Konstruktionsniveau zum Ende des zweiten Weltkrieges entsprachen. Beide Modelle »84 KM« und »70 K« wurden mit Steckmagazinen geladen und mechanisch von Hand gerichtet. Etwa zeitgleich wurde auch das 12,7-mm-Fla-MG »DschK« eingeführt, welches als Zwillings- und Einzelwaffe eingesetzt wurde. Mit diesem Fla-MG wurden hauptsächlich die kleineren Fahrzeuge ausgerüstet (»Delphin«, »Tümmler«, »Schwalbe«, später auch KS-Boote). Auf einigen MLR-Schiffen des Typs »Habicht« wurden später die 25-mm-Waffen »84 KM« auf dem Brückendeck gegen diese Fla-MG's ausgetauscht.

Die Ende der 50er Jahre eingeführte 25-mm-Doppellafette »2-M-3« – Rohre übereinander – war über viele Jahre als Standardwaffe auf mehreren Schiffs- und Bootstypen im Einsatz. Die Feuergeschwindigkeit mit 450 Schuß/min entsprach damaligen Anforderungen. Die Waffe verschoß gegurtete Munition und verfügte über einen schnellen elektro-hydraulischen Richtantrieb. Als konstruktiv verbessertes Modell »2-M-3 M110« waren solche Geschütze noch bis 1990 im Gebrauch. Außerdem waren sie als Mob.-Waffen für Hilfsschiffe vorgesehen. Die 37-mm-Waffe »W–11-M« war dagegen nur auf den KS-Schiffen der Riga-Klasse vertreten. Mit ihren 180 Schuß/min entsprach diese Waffe trotz Handstabilisierung nicht mehr den Anforderungen.

Ein Geschütz gleichen Konstruktionsalters war noch die 57-mm-Doppellafette »SIF-31 B«. Sie war auf den Landungsschiffen des Projekts »Robbe« und als Modernisierung auf zwei MLR-Schiffen »Habicht« vorhanden (Feuergeschwindigkeit 120 Schuß/min). Nach Abbruch der Landungsschiffe wurden einige dieser Geschütze als stationäre Fla-Batterien in Stellungen des Stützpunkts Dranske entfaltet. Sie verfügten aber weder über eine eigene Funkmeßstation noch über eine Feuerleitanlage. Nebenbei bemerkt, befand sich nur wenige tausend Meter entfernt eine sowjetische Dienststelle der Luftverteidigung mit mehreren Großraum-Funkmeßstationen. Trotz verschiedener Bemühungen gelang es nicht, für die Fla-Batterie wenigstens mit einem Feldtelefon eine Verbindung zur sowjetischen Luftlagezentrale herzustellen. So weit reichte die »Waffenbrüderschaft« wieder mal nicht. Findige Offiziere der 6. Flottille fanden provisorische Möglichkeiten, um die Fla-Batterie nicht »im Dunkeln« zu lassen.

Mit den sowjetischen RS-Booten Projekt »205« kamen neuartige Waffen mit hoher Kadenz zum Einsatz. Die 30-mm-Doppellafette »AK-230« ist eine echte Revolverkanone mit elektrischer Abfeuerung. Die hohe Schußfolge wird u.a. durch eine drehbare Kammertrommel erreicht, in der vier Patronenlager symmetrisch angeordnet sind (1. Lager – Schuß; 2. Lager – Hülsenauswurf; 3. und 4. Lager – Laden). Die hohe Feuergeschwindigkeit erfordert eine innere und äußere Kühlung der Waffe mittels einer speziellen Kühlflüssigkeit.

Als neuere Waffe wurde der Volksmarine ab 1975 das sowjetische 57-mm-Geschütz »AK725« zur Verfügung gestellt. Trotz des Verschießens von gegurteter Munition erreichte diese Waffe eine Feuergeschwindigkeit von 170 bis 200 Schuß/min. Mit ihren rund elf Tonnen war sie allerdings keine Leichtgewichtkanone.

76-mm-Turmgeschütze des Modells »AK726« hielten mit den KS-Schiffen des Projekts »1159« Einzug in die Volksmarine. Dieses Geschütz verfügte im Unterbau über ein Trommelmagazin mit senkrechter Munitionszuführung. In der Hauptvariante erfolgte das Schießen mittels FuMe-Feuerleitanlage MR103. Das Geschütz konnte aber auch vom Innern des Turms über ein Reserveschießverfahren mit optischem Visier eingesetzt werden. Ein weiteres 76-mm-Decksturmgeschütz kam auf dem ab 1984 gelieferten Kleinen Raketenschiff des Projekts »1241« (Tarantul I) zur Volksmarine. Dieses als »AK176« bezeichnete Modell wurde dann auch bei den von der Peene-Werft Wolgast gefertigten RS-Booten des Projekts »151« aufgebaut. Gleichzeitig mit den Tarantul-Booten kam erstmalig auch das 6-läufige Gatling-Geschütz »AK630« zum Einsatz. Im Unterschied zur »AK230« drehten bei dieser Waffe während des Schießens die Läufe. Mit einer Feuergeschwindigkeit von 4500 bis 5000 Schuß/min war diese 30-mm-Waffe hauptsächlich ein Nahbereichsabwehrgeschütz gegen tief fliegende Luftziele und Flugkörper.

Die mittleren 85- und 100-mm-Geschütze entsprachen ebenfalls Konstruktionen, die in der sowjetischen Flotte teilweise schon vor dem zweiten Weltkrieg gebräuchlich waren.

Generell wäre noch festzustellen, daß der Volksmarine in der Regel nur Geschützmodelle geliefert wurden, die zuvor bereits mehr als zehn Jahre in der sowjetischen Flotte im Einsatz waren – und selbst bei denen gab es wiederholt Lieferschwierigkeiten.

Zur Artilleriebewaffnung gehörte noch das reaktive Geschoßwerfersystem »A–215« auf den Landungsschiffen des Projekts »108«. Bei diesem Werfer handelte es sich um ein navalisiertes Modell des 122,4-mm-Geschoßwerfers BM-21 der Landstreitkräfte. Haupteinsatzzweck war eine gedachte Feue[illegible]erstützung bei Anlandungen, wobei mit einer vollen Salve immerhin 80 Werfergeschosse je Schiff mit einer maximalen Reichweite von 20400 m eingesetzt werden konnten. Grundsätzlich war aber auch eine Seezielbekämpfung möglich, wozu die Werfer über eine eigene Feuerleitan-

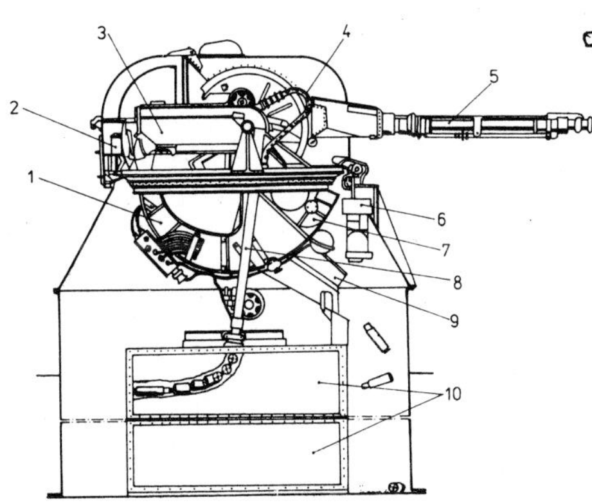

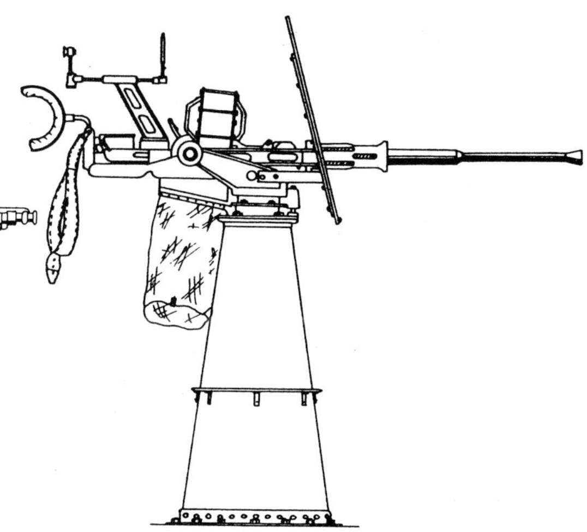

Handstabilisierte 37-mm-Flak W–11-M auf KS-Schiffen des Projekts 50.

Die 30-mm-Waffe AK230 auf einem Landungsschiff.

Hauptteile der 30-mm-Kanone AK 230.
1 Lafette, 2 Rücklaufbremseinrichtung, 3 Rohrwiege, 4 Kühlleitung, 5 Waffe, 6 Seitenrichtmaschine, 7 Höhenrichtmaschine, 8 Munitionszuführung, 9 Hülsenableitung, 10 Magazin.

20-mm-Kanone Oerlikon (Foto s. KS-Boote).

lage verfügten. Wie schon erwähnt, verfügten die Werfer über eine automatisierte Nachladetrommel mit schußklaren Werferkassetten (je Werfer 2×20 Rohre). Die Geschwindigkeit betrug bei Brennschluß 700 m/s.

Auch hier sei der Vollständigkeit halber erwähnt, daß außer den Bordgeschützen noch motorisierte Marine-Fla-Batterien im Einsatz waren. Diese waren mit 23-mm-Zwillingsgeschützen »ZU-23–2« auf 2-Achs- oder mit dem 14,5-mm-Fla-Vierling auf 4-Achslafetten ausgerüstet. Auch einige 25-mm-Geschütze »2-M-3« waren auf Lkws Typ W–50 montiert und wurden als motorisierte Fla-Waffen in Marschbändern der Rückwärtigen Dienste eingesetzt.

Artilleriegeschütze der Volksmarine

Kaliber mm	Typ	Kaliberlänge	Vo m/s	Feuergeschw. Schuß/min	Geschoßgewicht kg	Masse des Gesch. kg	Schußweite m	Anmerkungen
12,7	Fla-MG DscHK		850	600	0,052	34	3500	Einzel- und Zwillingswaffe
14,5	2-M-7	L/40	1010	550	0,063	550	2500	Zwillingswaffe
20	Flak 38[2]	L/112	840	480	0,115	400	2200	Magazin, 20 Schuß
20	Oerlikon[2]	L/37	810	210	0,112	450	2200	Rückstoßlader, Trommelmagazin 60 Schuß
23	ZU-23–2	–	970	400	0,200	–	2500	KTS-Boote
25	84-KM	L/78	910	240	0,280	835	3800	Einzelwaffe, Steckmagazin
25	2-M-3	L/40	900	450	0,280	1500	–	Zwilling, Gurtkasten
30	AK230	–	1050	1000	0,380	1800	4000	Zwillingsturm, automatisch
30	AK630	–	880	4500	0,380	–	4000	6 Läufe, automatisch
37	70K	L/70	880	180	0,72	1750	3600	Schulschiff E. THÄLMANN und MLR-Schiff »Habicht«
37	W–11-M	–	880	180	0,730	3400	3250	Zwilling, handstabilisiert
57	SIF-31B	L/85	1020	120	–	14500	8400	Zwilling, Patronenrahmen
57	AK725	–	1020	180	–	11000	13500	Zwillingsturm, automatisch
76	AK726	–	980	100	2,7	25000	15700	Zwillingsturm, automatisch
76	AK176	L/55	980	130	2,7	–	10200	Einzelwaffe, automatisch
85	90K	L/52	800	18	16,17	5500	15500	Granatpatronen
100	B-34	L/60	900	15	–	14000	21500	Granatpatronen

Bis auf [2] alle Waffen sowjetischer Herkunft.[2] Beutewaffen, von der Sowjetunion übergeben.

Torpedobewaffnung

Als Torpedos gegen Überwasserziele standen den Seestreitkräften ab 1956 nacheinander die sowjetischen Typen »53–39«, »53–39PM« und »53–56W« zur Verfügung. Alle Modelle waren konventionelle Dampfgastorpedos mit mechanischen Aufschlagzündern. Die Zündgeräte waren Trägheits-Pendelzünder mit vier Freiheitsgraden, d. h., die Aufschlagzündung reagierte bei allen Auftreffwinkeln – außer im Bereich des Unterteils des Gefechtskopfes. Zum Auslösen war eine Beschleunigung von 5·g erforderlich. Jeder

Taktisch-Technische Daten einiger sowjetischer Dampfgastorpedos

Typ	Kaliber mm	Geschwindigkeit sm/h	Laufstrecke m	Ladungsgewicht kg	Länge mm	Gesamt-Gewicht kg	Anmerkungen
53–39	533	51	4000	317	7490	1800	
		39	8000				
		34	10000				
53–39PM	533	51	4000	317	7490	1800	Winkelschuß
		39	8000				
53–56W	533	51	4000	310	7490	1750	Schleifenlauf
		39	8000				

Reaktiver WaBo-Werfer RBU-6000.

S. 148 unten: Laden eines RBU-1200 mit Wasserbombe RGB-12 auf einem U-Bootjäger des Typs »Hai«.

Hauptteile des WaBo-Mörsers BMB-2. 1 Rohr, 2 Blockiereinrichtung, 3 Gasausgleichszylinder, 4 Rohrwiege, 5 Wurfweiteneinstellung, 6 Bodenstück, 7 Patronenlager, 8 Bodenplatte, 9 Fußpedal zum Entriegeln, 10 Abfeuerungsleine.

erzielt wurde. Bei einem Gesamtgewicht von 500 kg betrug das Ladungsgewicht 80 kg. Die passive Zielsucheinrichtung empfing Schallsignale in einem Öffnungswinkel von 30°. Verfehlte der Torpedo sein Ziel, ging er automatisch zum Schleifenlauf nach Propellergeräuschen eines Unterwasserzieles über. Die Einsatztiefe dieses Torpedos betrug 20 bis 200 m, wobei zum Abschuß eine Mindestwassertiefe von 40 m erforderlich war. Der Torpedo konnte auch gegen Überwasserziele verschossen werden.

Wie bei der Minenabwehr kam auch bei der U-Bootabwehr eine luftgestützte Komponente in Form der UAW-Hubschrauber zum Einsatz (s. Abschnitt Marinefliegerkräfte).

Raketenbewaffnung

Die von den RS-Booten des Projekts »205« startbaren Seeziel-Raketen »P 15« (»Styx«) waren mehr als 20 Jahre lang das Haupteinsatzmittel der Raketenkräfte in der Volksmarine. Wie bereits erwähnt, handelte es sich bei der »P 15« um eine Flügelrakete mit Flüssigkeitstriebwerk. Zum Start aus dem jeweiligen Hangar verfügte die Rakete über eine Feststoff-Starthilfsrakete (Booster), die nach Brennschluß abgeworfen wurde. Das Marschtriebwerk gewährleistete eine Fluggeschwindigkeit von 0,9 Mach. Zur Zielsuche und Bekämpfung verfügte dieser Raketentyp über eine Funkmeß-Zielsuch- und Lenkeinrichtung. Die Reichweite der Rakete betrug 25 sm (46 km). Der konventionelle Gefechtskopf hatte ein äquivalentes Ladungsgewicht von 400 kg TNT. Die Raketenschießabschnitte, meist mit zwei bis vier Booten, wurden jährlich im sowjetischen Schießgebiet vor Baltisk (Pillau) durchgeführt. Die Trefferwahrscheinlichkeit auf einen verankerten Zielprahm lag in der Regel bei 90 Prozent. Flugverlauf und Treffernachweis erfolgten dabei durch hochfliegende Luftbildaufklärer.

Mit dem Kleinen Raketenschiff des Projekts »1241« (Tarantul I) wurde ab 1984 das Raketensystem »P 20« eingeführt. Zu diesem System gehörten die beiden Raketentypen »P 21« und »P 22«. Beide waren Weiterentwicklungen der »P 15«. Unter Beibehaltung des verbesserten Flüssigkeitstriebwerkes (und Booster) war hauptsächlich die Reichweite auf rund 43 sm (80 km) gesteigert worden, und man setzte neue Zielsuchanlagen ein. Die »P 21« verfügte über einen Funkmeß-Zielsuchkopf und die »P 22« über einen Infrarot-Zielsuchkopf. Bei zwei Doppelhangaren je Bordseite konnten so gemischte Salven gestartet werden. Ein wesentlicher Vorteil war, daß diese Raketen sowohl von den RS-Schiffen als auch von den

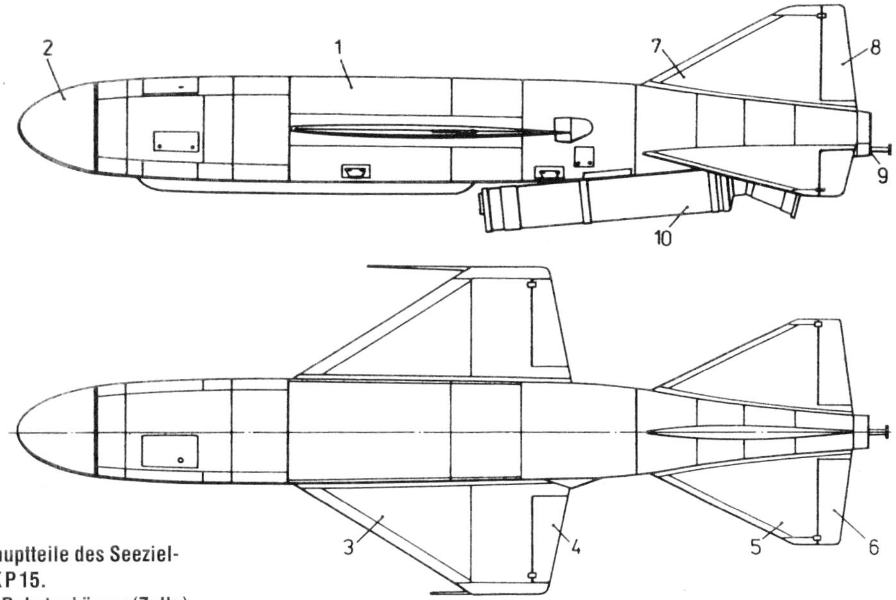

Hauptteile des Seeziel-FKP15.
1 Raketenkörper (Zelle), 2 Funkmeß-Zielsuchkopf, 3 Tragflügel, 4 Querruder, 5 Höhenflosse, 6 Höhenruder, 7 Seitenflosse, 8 Seitenruder, 9 Schubdüse, 10 Starthilfsrakete (Feststoff).

Lufttransport einer P15 durch Hubschrauber Mi-8.

Mobile Startrampe des älteren Küstenraketensystems »Sopka« im Armeemuseum Dresden, 1988.

Umladen von Raketen P21 und P22 für Küstenraketenkomplex »Rubesh Ä«.

fahrbaren Startrampen des Küstenraketenregiments eingesetzt werden konnten. Außerdem verfügten diese Raketen über Klappflügel, so daß die Durchmesser der Hangare reduziert werden konnten. Für die tonnenschweren Nachladegerüste der »P15« und später der »P20«-Raketen wurden in der ehemaligen DDR Leichtbaukonstruktionen entwikkelt(«P20« war zunächst noch in der Projektierung), die wiederum in andere Länder exportiert wurden.

Der Fla-Raketenkomplex »8Ä10« auf den KS-Schiffen des Projekts »1159« (Koni) umfaßte einen Doppelstarter »ZIF-122« mit automatisierter Nachladeeinrichtung und einer Funkmeß-Raketenleitstation »MPZ-301«. Die rund 150 kg schweren Nahbereichsabwehrraketen verfügten über Feststoffantrieb und Annäherungszünder. Dieses Luftabwehrsystem wurde gemäß einer vertraglichen Vereinbarung vor der deutschen Wiedervereinigung ausgebaut und in die UdSSR zurückgeführt.

Ab 1981 wurden Schritte eingeleitet, gemeinsam mit der UdSSR einen Seezielraketenkomplex »152« zu entwickeln. Auf der Grundlage der 1979 mit dem damaligen Oberkommandierenden der Sowjetflotte, Flottenadmiral der Sowjetunion Gorschkow, in der DDR durchgeführten Beratung (Maßnahme »G-79«) wurde 1981 ein Regierungsabkommen »Militärischer Schiffbau bis 1990« zwischen der UdSSR und der DDR abgeschlossen. Darin wurde u.a. vereinbart, daß die DDR die Entwicklung von optisch-elektronischen Zielsuchköpfen »016«, digitalen Bordrechnern »016/04«, einem Trägheitsnavigationssystem sowie Transport- und Startcontainern »TPK1520« übernimmt. Das Trägheitsnavigationssystem und ein ursprünglich vorgesehener Funkmeß-Zielsuchkopf wurden, da nicht realisierbar, 1982 abgesetzt. Für die Entwicklung der anderen Komplexe waren das damalige Kombinat »Carl Zeiss Jena« und das Kombinat »Robotron« benannt worden. Die Entwicklungsarbeiten schlossen auch den Bau einer Meßposition auf der Insel Ruden ein, von der aus ab 1983 erste passive und aktive Lasermessungen an Schiffszielen vorgenommen wurden. Nach mehreren Zwischenstufen und dem Wechsel der Realisierungsbeauftragten wurde die Entwicklung des zwischenzeitlich als »Wärmebild-Zielsuchkopf« präzisierten Erzeugnisses »016« im Jahre 1987 abgebrochen.

Weiterentwickelt wurden dagegen die Startcontainer »1520«, für die – im August 1987 – ein Bedarf der UdSSR bis 1990 von 140 Stück und ab 1991 eine Serie von 250 Stück jährlich angemeldet wurde. 1989 wurden von der Peene-Werft zwölf Versuchsmuster an die UdSSR übergeben. Im März 1990 wurde mitgeteilt, daß alle Erprobungen positiv verlaufen wären. Eine Möglichkeit zur Teilnahme von Vertretern der Peene-Werft an den Erprobungen wurde jedoch nicht eingeräumt (!). Im Mai 1990 teilte die UdSSR mit, daß sie keine Serienbestellung auslösen werde und auf die Bearbeitung des Themas verzichte. Damit endete ein sich über viele Jahre hinziehender Entwicklungsvorgang mit enormen finanziellen Verlusten für die DDR.

Als kleine Nahbereichsabwehrraketen wurde auf mehreren Schiffstypen noch die für einen maritimen Einsatz geringfügig modifizierten »Ein-Mann-Raketen« des Typs »STRELA« eingesetzt. Für eine Bordverwendung stand ein Vierfachstarter »FASTA–4« (später »FAM-4«) zur Verfügung. Die Raketen hatten einen Infrarot-Zielsuchkopf und erreichten eine Geschwindigkeit von rund 1,5 Mach. Ihre wirksame Einsatzreichweite lag bei 3000 bis 3500 m.

Zu den Raketenkräften der Volksmarine gehörten noch landgestützte Küstenraketen auf fahrbaren Startrampen. Zur ersten Generation gehörte die sowjetische Rakete »Sopka«, die noch über ein normales Luftstrahltriebwerk verfügte. Mit Funkmeß-Zielsuchanlage ausgerüstet, wurde diese Rakete von Marinefliegerkräften der sowjetischen Flotte eingesetzt.

Als Ablösetyp wurde ab 1983 der sowjetische Küstenraketenkomplex »Rubesh-Ä« eingeführt (Reichweite 80 km). Je zwei Raketen (»P21«, »P22«) konnten dabei aus einem schwenkbaren Hangar gestartet werden. Als Basisfahrzeug für diese Raketen diente der sowjetische Achtrad-Lkw »MAZ-543«.

Funkelektronische und maschinentechnische Ausrüstungen

Wie bereits bei den Typbeschreibungen erwähnt, waren die Schiffe und Boote der ersten und zweiten Generation weitestgehend mit in der DDR entwickelten funkelektronischen Anlagen ausgerüstet. Das betraf sowohl Funk- und Funkmeßanlagen (KSA-Typen, TSR) als auch erste hydroakustische Stationen. Bei der fortschreitenden Entwicklung und Spezialisierung der Funkelektronik (FuMeß-Waffenleit, FuMeß-Aufklärung u. ä.) konnte die DDR-Industrie hauptsächlich aus ökonomischen Gründen nicht mithalten. Wie bei der Bewaffnung

Mastkonstruktion auf den KS-Schiffen der Riga-Klasse mit Antennen der funkelektronischen Anlagen (FuMe, FFK, Fu, FuPe, FuMeWa).

und den Antriebsmaschinen war der militärische Schiffbau auch auf dem funkelektronischen Sektor ausschließlich auf sowjetische Lieferungen angewiesen. Das man dabei nicht auf neueste Entwicklungen der UdSSR zurückgreifen konnte, war für die Beschaffungsoffiziere und Werftspezialisten zwar oft ein Ärgernis, aber ein Umstand, mit dem man sich eben abfinden mußte. So löste z. B. die Bewaffnung und elektronische Ausrüstung der von der Peene-Werft für die UdSSR gebauten U-Jagdschiffe der Parchim II-Klasse (»133.1 M«) Diskussionen bei allen Dienstgradgruppen aus. Für viele war nicht verständlich, wieso diese Schiffe, obwohl unmittelbar im Anschluß an die VM-Serie gebaut, mit einer völlig anderen, moderneren Bewaffnung und Elektronik ausgerüstet wurden. Durch eine besondere Anweisung sollte klargemacht werden, daß die UdSSR ihre Schiffe mit selbstentwickelten neuen Waffen und elektronischen Anlagen bestückt, und die VM-U-Jagdschiffe später teilweise auf diese Ausrüstungen umgerüstet werden sollten.

Die Mehrzahl der bekannten sowjetischen Funkmeß- und Funkmeßwaffenleitanlagen waren – analog zur Bewaffnung – in einigen Fällen mehr als 20 Jahre lang ohne Modernisierung im Einsatz. Für das Bordpersonal, das keine Vergleichsmöglichkeiten weder mit neueren sowjetischen noch mit westlichen Anlagen hatte, stellten die verschiedenen Systeme auch nach zehn Jahren immer noch »neue Technik« dar, obwohl man ihre Leistungsgrenzen (Reichweiten, Auflösungsvermögen, Stör- und Betriebssicherheit) schon bald erkannte.

Da ein systematisches Kennenlernen neu eingeführter sowjetischer Anlagen anfangs nicht gegeben war, bedurfte es in der Regel großer Mühen und längerer Zeitspannen, bis eine fachgerechte Bedienung sowie eine ordnungsgemäße Wartung und Instandhaltung gewährleistet werden konnten. Bei der Einführung der sowjetischen RS- und TS-Boote unterstützten deshalb sowjetische Service-Ingenieure über mehrere Jahre hinweg die Ausbildungs- und Instandhaltungsfachleute in der DDR. Hinzu kam, daß die gesamte technische Dokumentation in russischer Sprache (versehentlich auch mal in arabischer) geliefert wurde. Es dauerte stets Jahre, bis man entsprechende deutsche Übersetzungen in Form von Bedienungsanleitungen und Dienstvorschriften erarbeitet hatte. Bei der Einführung neuer Schiffe und Boote wurden von den Besatzungen dann mit sehr viel Eigeninitiative seitenlange, handschriftliche Bedienungsanweisungen erarbeitet und Hunderte von Bedienungsschildern mit deutschsprachiger »Leukoplast-Kennung« überklebt. Erst bei der letzten Generation (KSS »1159«, KRS »1241«) gab es Baubelehrungen in sowjetischen Stützpunkten oder Werften für Bordoffiziere und Fähnriche/Unteroffiziere.

Eine Besonderheit stellten einige Eigenentwicklungen für Anlagen des »Funkelektronischen Kampfes« (FEK) dar. Aufklärungs- und Störstationen waren zwar ebenfalls sowjetischer Herkunft, aber auf dem Gebiet der funkelektronischen Täuschung wurden in den 80er Jahren Neuentwicklungen eingeleitet, für die auch andere Flotten des Warschauer Vertrages großes Interesse zeigten. Nachdem der sowjetische Düppelwerfer »PK 16« bereits in der DDR in Lizenz gefertigt wurde, war ab 1982 durch eine OTF die Entwicklung technischer Mittel des FEK eingeleitet worden. Der ursprünglich als Funkelektronisches Raketenabwehrsystem »FERAS« gedachte Komplex sollte eine Funkmeßaufklärungs- und Störstation, Düppelwerfer und Düppelgebläse sowie ein Führungspult umfassen. Bis 1989 wurde die Entwicklung der Düppelgeschosse und des Werfers »SGW–3« (32 Rohre) abgeschlossen. Die Entwicklung eines Düppelgebläses »SDG-1« wurde ebenfalls erfolgreich abgeschlossen und auf dem neuen RS-Boot Projekt »151« bereits technisch erprobt. Damit wurden einige für DDR-Verhältnisse anspruchsvolle Themen einschließlich der Entwicklung kleiner Nah- und Fern-Düppelraketen erfolgreich gelöst, die komplexe Entwicklung des Abwehrsystems jedoch 1990 abgebrochen.

Zur Ausrüstung mit Antriebsmaschinen und Energieerzeugungsanlagen wurde das Wesentliche bereits in den vorangegangenen Kapiteln gesagt. Für interessierte Leser bietet die nachfolgende Tabelle weitere technische Parameter und Details der auf VM-Schiffen und Booten eingesetzten Antriebsmotoren.

Antenne der Funkmeß-Waffenleitanlage MR-103 mit Schutzschirmen gegen HF-Strahlung auf einem UAW-Schiff der Parchim-Klasse.

Schiffsgeschoßwerfer »SGW–3« für Radar- und Infrarottäusch-Körper.

Hauptantriebsmotoren auf Schiffen und Booten der Volksmarine

Typ	Bauform	Zylinder	*D* mm	*H* mm	*V* l	E	*P* kW	n U/min	G kg	Anmerkung
Jumo 205 D	Zweitakt-Gegenkolbenmotor	6	105	2×160	16,6	16,2	441	2200	–	ehem. Flugzeugmotor
6 KVD 43 A	Viertakt-Reihen motor	6	350	430	249	–	882	550	15 000	MLR-Schiffe »Habicht« und »Krake«
6 NVD 26 A	Viertakt-Reihenmotor	6	180	260	39,7	14	198	750	3 250	R-Boote »Schwalbe« und KS-Boote/mod.
8 DV 136	Viertakt-Reihenmotor	8	240	360	130	–	294	500	8 600	Hilfsschiffe
30 D	Zweitakt-V-Motor	12	230	304	148	–	1323	800	8 150	U-Jäger »201-M«
40 D	Zweitakt-V-Motor	12	230	304	148	–	1618	750	9 750	aufgeladen
M 50-F 3	Viertakt-V-Motor	12	180	209	62,4	13,5	919	1850	1 700	Schnellboote
M 503 A	Stern-Reihenmotor	42	160	170	147,1	15	2942	2200	5 400	Schnellboote
68 B	Zweitakt-Gegenkolbenmotor	18	230	2×300	448,7	–	5884	900	42 000	Doppelreihenmotor
61 B	Zweitakt-Gegenkolbenmotor	16	230	2×300	398	–	4413	850	40 000	Doppelreihenmotor
M 504	Stern-Reihenmotor	56	160	170	191,4	–	3493	1950	7 500	–
M 520	Stern-Reihenmotor	56	160	170	191,4	–	3970	2000	7 500	Schnellboot 151

Unter neuen Flaggen

Wie bereits im Vorwort zur zweiten Auflage erwähnt, erfolgte nach der Vereinigung Deutschlands am 3. Oktober 1990 die schrittweise Auflösung der Volksmarine. Während alle für diesen Auflösungsprozeß nicht mehr benötigte Offiziere, Unteroffiziere und Matosen bereits am 29. und 30. September 1990 aus dem aktiven Dienst entlasssen wurden, verrichteten Schiffsbesatzungen, Angehörige und Zivilbeschäftige von Stützpunkten und Versorgungseinrichtungen nunmehr ihren Dienst unter dem Kommando der Bundesmarine. Was den Schiffsbestand der Volksmarine anbelangte, war vielen Fachoffizieren und Logistikern klar, daß eine längerfristige Weiternutzung durch die Bundesmarine zumindest mit erheblichen Schwierigkeiten verbunden, bzw. gänzlich ausgeschlossen war. Weniger die rein schiffbauliche Komponente, als vielmehr die völlig abweichende technische Ausrüstung und Bewaffnung einschließlich ihrer logistischen Sicherstellung verboten eine Weiternutzung fast von selbst.

Abtransport der 9 Kondor-II-Schiffe nach Indonesien mit dem russischen Schwerguttransportschiff Trans Shelf, August 1993.

Die nunmehr indonesische U-Jagdkorvette Untung Suropati (ex Ribnitz-Damgarten) beim Marsch durch den Nord-Ostsee-Kanal, 2. Okt. 1993.

Hinzu kam, daß eine Personalaufstockung der Bundesmarine in größerem Umfang – 1990 dienten in der Volksmarine 14200 Soldaten – einer geplanten Reduzierung der Bundeswehr völlig entgegen stand. Darüber hinaus liefen für die Bundesmarine eigene, längerfristige Beschaffungsmaßnahmen (Fregatte 123, U-Boot 212, Minenkampfboote, Tender usw.), die auf Kosten eines kaum vertretbaren Kompromisses sicher nicht storniert worden wären. Der folgerichtige Schritt war die Ausschreibung der meisten Volksmarine-Schiffe zum Verkauf, bzw. zur Abgabe, womit u. a. die Treuhandgesellschaft des Bundes (VEBEG) beauftragt wurde.

Mit 39 Schiffen (16 Parschim-Klasse, neun Kondor II-Klasse, zwölf Frosch I- und zwei Frosch II-Klasse) übernahm die Marine Indonesiens den größten Posten. Alle Schiffe erhielten vor der Überführung noch eine Hauptinstandsetzung, einige wurden demilitarisiert und teilweise umgebaut. Die Überführung der neun MAW-Schiffe (Kondor-II) erfolgte im Huckepack-Verfahren durch das russische Schwerguttransportschiff Trans-Shelf, wogegen die UAW-Korvetten (Parchim-Kl.) und ehemaligen Landungsschiffe (Frosch-Kl.)

in Gruppen mit eigener Kraft via Suez-Kanal nach Surabaya überführten. Sowohl bei der Ausbildung der indonesischen Besatzungen als auch bei der technischen Sicherstellung gaben zwei Besatzungen sowie technische Spezialisten der ehemaligen Volksmarine tatkräftige Unterstützung.

Gleiches galt für die Marine Uruguays, welche sechs Schiffe des Bestandes (u. a. auch das Bergungsschiff Otto von Guericke) übernahm (S. Tabl. 2). Auf Bitten der Marine Uruguays gewährleisteten vier Fachoffiziere noch eine viermonatige Ausbildung im Marinestützpunkt in Montevideo.

Von den Küstenschutzschiffen der Koni-Klasse wurde die Rostock für Anprengversuche durch die Wehrtechnische Dienststelle 71 genutzt. Die Halle und die Berlin, für sie fand sich weltweit kein Interessent, wurden als Ersatzteilspender (Elektronik) für die indonesische Schiffsgruppe freigegeben. Im Anschluß ist eine Verschrottung geplant.

Auch drei relativ moderne Raketenkorvetten der Tarantul-Klasse sehen dem gleichen Schicksal entgegen. Die Hiddensee (ex Rudolf Eglhofer) wurde für eine besondere Aufgabe vorgesehen. In Absprachen mit den USA wurde die Korvette per Schwerguttransportschiff in die USA überführt und dort durch die Naval Air Warfare Center Aircraft Division im Staat Maryland für umfassende Erprobungen und Versuche genutzt. Eine 20-köpfige Besatzung unter ihrem bisherigen Kommandanten unterstützte die US-Navy bei ihren Vorhaben. So wurden u. a. auch mehrere Raketenstarts mit ebenfalls überführten P-21 und P-22 Raketen durchgeführt. Übrigens wurde das Schiff mit der Registriernummer 185NS9201 bei der US-Navy, unter seinem Namen Hiddensee offiziell in Dienst gestellt. Somit ist es das einzige Schiff in der

Die Tarantul-Korvette Hiddensee in Patuxent River (MD) unter US-Flagge.

Bord-Cap der Uss Hiddensee für die deutsch-amerikanische Besatzung.

Das ehemalige MAW-Schiff Ueckermünde als Wachboot P 30 in Valetta, Malta.

Das BGS-Boot Neustrelitz (BG 22) nach Umbau des ehm. RS-Bootes Sassnitz.

Geschichte der US-Navy, das in der ehemaligen Sowjetunion gebaut, bei zwei deutschen Marinen im Dienst war und nun unter US-Flagge fährt.

Von den Schiffen und Booten der ehemaligen Grenzbrigade-Küste gingen kleinere Posten an verschiedene Mittelmeerländer, um dort ebenfalls als Küstenwachfahrzeuge weitergenutzt zu werden. Drei Kondor-I-Schiffe sowie vier GB-23 wurden 1994 noch beim BG-See gefahren (s. Tabl. 2).

Die sich bis 1990 noch im Zulauf befindlichen Raketenschnellboote des Projektes 151 (Balcolm-10) wurden für einen Umbau mit anschließender Nutzung beim BG-See vorgesehen. U. a. wurde durch die Peene-Werft Wolgast die Antriebsanlage auf zwei MTU-Motoren 12 V 595 TE 90 umgestellt, sowie neue Elektronik, Schiffsführungsanlagen und Bewaffnung eingebaut. Das erste umgebaute Boot stellte unter dem Namen Neustrelitz in Dienst. Ihm folgen noch die Boote 151.1 und 2, welche dann in den Bestand der geplanten »Küstenwache« eingehen.

Für die Hilfsschiffe aller Klassen fanden sich weltweit Abnehmer. Darunter auch zivile Schiffahrtsunternehmen, die Schlepper, Tanker, Versorger und Wohnschiffe weiternutzen. Das Aufklärungsschiff Jasmund ging nach Umbau auf der Roland-Werft Bremen an die spanische Marine und stellte hier unter den Namen Alerta am 30. Juni 1993 in Dienst.

Bis Redaktionsschluß zum Teil noch offen waren Abgaben aus dem Restbestand an die drei Baltischen Staaten. Während Lettland bereits im Juli 1993 zwei Kondor-II-Schiffe und drei demilitarisierte Osa-I-Boote zugesprochen bekam, waren für Estland und Litauen die zwei ehemaligen Aufklärungsschiffe Komet und Meteor sowie weitere Osa-I-Boote vorgesehen.

Begrüßenswert ist auch die Abgabe von zwei weiteren Fahrzeugen an neu gegründete Museen. So erhielt das Marinemuseum Dänholm in Stralsund das KTS-Boot 131.408 und das Museum in Peenemünde eine Tarantul-Korvette.

Aus dem Bestand der ehemaligen Marineflieger werden 1994 noch einige Hubschrauber weitergenutzt, wogegen die 23 Maschinen des Marinefliegergeschwaders 28 nicht übernommen wurden. Hierfür als auch für restliche Hubschrauber haben weltweit 106 Museen, die meisten aus Übersee, ihr Interesse angemeldet.

Damit ist nach knapp vier Jahren die endgültige Auflösung der »anderen deutschen Marine« im Wesentlichen abgeschlossen. Einige zum Teil traditionsreiche Dienststellen wie Parow und Warnemünde, werden nach Umbau, Erweiterung und Modernisierung neue Kapitel in der deutsche Marinegeschichte schreiben. Außer den übernommenen, jüngeren Berufssoldaten aus der ehemaligen Volksmarine versieht inzwischen eine weitere Generation von Seeleuten auch aus den neuen Bundesländern ihren Dienst auf Schiffen und in Dienststellen der Bundesmarine. Mit ihrer kameradschaftlichen Integration leistet die Bundesmarine einen nicht unwesentlichen Beitrag zur schrittweisen Herstellung der inneren Einheit des deutschen Volkes.

Tabelle 1: Taktisch-Technische Angaben

Projekt	Bau- werft	Depl. t	L m	B m	T m	Be- satz.	Bewaffnung Kal. mm	Geschw. sm/h	Antrieb	Leist. kW	Fahrst. sm	Anmerkungen
Wachfahrzeuge												
Küstenschutzboot »26 m Kutter«												
	YWB	72	26,8	4,6	1,4	20	3–20	22	3 DM Junkers	1200	400	Umrüst. 2 DM, 397 kW Bew. 4–12,7 oder 4–14,5
Küstenschutzboot »27,8 m Kutter«												
	YWB PWW	78	28,8	4,8	1,5	20	2–20	21	3 DM Junkers	1200	400	Umrüst. U-Jäger 12 WaBo, Grenze
Küstenschutzboot »KSL«												
	PWW	63	26,6	4,6	1,4	12	1–20	10	2 DM DMR	147	360	Schulboot
Reedeschutzboot »Delphin«												
	YWB	44	22,4	4,4	1,4	10	2–12,7	13	2 DM Junkers	441	130	Schulboot, mod. Grenze
Reedeschutzboot »Tümmler I und II«												
	YWB	38	22,4	4,4	1,28	9	4–12,7	16 11	I 2 DM II 2 DM	441 176	800	Schulboot, einige Grenze
Grenzboote und Kutter												
Streckenboot »S«												
	YWB	3,4	9,5	2,3	0,65	3	1–7,62	20	1 DM Maybach	220	120	Auch Kurierboot
Grenzkutter »SAS«												
	D.W. Kremer Sohn	90	21	5,5	2,8	7	–	9	1 DM	110	2500	ehem. Fischkutter
Grenzboot »GB-23«												
	YWB	38	23,1	4,7	1,37	6	–	17	2 DM	365	300	
Minenleger/Minensucher												
Räumboot »R-218«												
	Burm- ester Lesum	131	39,5	5,7	1,8	31	3–20	19	2 DM MWM	1830	730	ehem. deutsches R-Boot »43«. 1950 von UdSSR
Räumpinasse »Schwalbe«												
	SWB YWB	83	28,7	4,4	1,3	13	2–12,7 oder 2–20	11	2 DM	397	500	1., 2., 3. BA Einige Umbauten TF u. SHD
Minenleg- und -räumschiff »Habicht« (1. und 2. BA)												
1. u. 2. BA	VW	510	59,1	8,2	2,5	38	1–37, 4–25 mod.: 1–85, 8–25	18	2 DM	1765	3700	1. u. 2. BA
3. BA	PWW	670	65,1	8,2	2,5	38	1–85, 8–25 WaBo	17	2 DM	1765	3700	2 Schiffe mod.: 2–57
Minenleg- und -räumschiff »Krake«												
	PWW	642	66,1	8,4	2,52	38	1–85, 10–25 WaBo	16	2 DM	1765	2460	
Minensuch- und -räumschiff »89«												
89.0	PWW	266	47,2	7,8	1,9	18	2–25	18	2 DM	1984	1900	Erprobungsschiff
89.1	PWW	339	52,0	7,12	2,4	24	2–25	20	2 DM 40 D	2942	1900	1. BA
89.2	PWW	479	56,7	7,7	7,7	30	6–25	18	2 DM 40 D	2942	2000	2. BA

Projekt	Bau- werft	Depl. t	L m	B m	T m	Be- satz.	Bewaffnung Kal. mm	Geschw. sm/h	Antrieb	Leist. kW	Fahrst. sm	Anmerkungen
U-Bootjäger												
U-Bootjäger »201 M«												
	UdSSR	215	42,2	6,08	1,9	24	4–25 4–5 RBU 1200 WaBo	27	3 DM 30 D	4150	1500	
U-Bootjäger »Hai«												
12.1	PWW	250	49,1	6,02	2,0	11	1–45 (zeitw.) 4–25 4–5 RBU 1200	19	2 DM 40 D 1 DM 6KVD43	3383	1500	Nullschiff
12.4M	PWW	320	51,7	6,6	2,43	29	4–30 4–5 RBU 1200 WaBo	32	2 GT 1 DM	8970	1830	
Kleines U-Bootabwehrschiff »133.1«												
	PWW	792	75,2	9,8	2,73	59	2–57 2–30 2–4 FASTA 4-UAW TR, 2–16 RBU WaBo	24	3 DM M504	10473	2250	Zu KS-Schiffen umklassifiziert
Schnellboote												
Torpedoschnellboot »183«												
	UdSSR	67	25,4	6,24	1,24	14	4–25 2–533 TR WaBo	45	4 DM M50F3	3530	988	Holzboote
Torpedoschnellboot »Forelle«												
	RSW	65	27,7	7,16	1,05	12	2–25 2–12,7	38	2 DM (4 DM)	3676 3530	1000	Leichtmetallboot
Torpedoschnellboot »206«												
	UdSSR	145	34,6	6,8	2,78	24	4–30 4–533TR WaBo	46	3 DM M503A	8826	800	
Leichtes Torpedoschnellboot »Iltis«												
63.3	PWW	16,8	14,8	3,4	1,05	3	2–533TR	52	2 DM M50F	1765	230	Leichtmetallboot
Leichtes Torpedoschnellboot »Hydra«												
68.2	YWB	15,7	17,1	3,6	0,9	3	3–533TR Minen	50	2 DM M50F	1765	200	Holzboote in TR-, M- u. Tr.-Variante
Kleines TS-Boot »131«												
131.4	PWW	28	18,9	4,5	1,7	5	2–23 2–533TR Minen	48	3 DM M50F	2647	350	Leichtmetallboote, TR-, M- o. Tr.-Variante
Flugkörper-Schnellboote												
Raketenschnellboot »205«												
	UdSSR	209	39,6	7,6	2,9	28	4–30 4-FK P15	39	3 DM M503	8800	800	
Kleines Raketenschiff »1241 RÄ«												
	UdSSR	420	56,1	11,3	3,87	38	1–76 2–6-30 4-FK P21/22 1-FK FASTA4	44	4GT	22491	1400	
Kleines Raketenschiff »151«												
	PWW	347	48,9	8,6	2,2	33	1–76 1-6-30 1-FK FASTA4	35	3 DM M520	11910	1200	8 FK geplant, Patrouillenboot

Projekt	Bauwerft	Depl. t	L m	B m	T m	Besatz.	Bewaffnung Kal. mm	Geschw. sm/h	Antrieb	Leist. kW	Fahrst. sm	Anmerkungen
Fregatten												
Küstenschutzschiff »50«												
	UdSSR	1168	91,5	10,2	3,15	162	3–100 4–37 2–533 TR WaBo	28	2 DT	14710	1100	
Küstenschutzschiff »1159«												
	UdSSR	1499	96,4	12,5	3,48	110	4–76 4–30 2–2 FK 2–16 RBU	30	2 DM 1 GT	25750	4500	
Landungsfahrzeuge												
Landungsboot »46«												
	PWW	232	41,1	6,9	1,1	15	4–25	10	4 DM	794	540	Ladefläche: 76,5 m²
Mittleres Landungsschiff »Robbe«												
»47«	PWW	709	64	11,6	2,48	32	2–57 4–25	13	2 DM 40 D	3230	1060	Ladefläche: 343 m²
Mittleres Landungsschiff »108«												
	PWW	1744	90,7	11,1	3,4	42	4–57 4–30 2–122 Werfer (40 Rohre)	18	2 DM 61 B	9000	2000	
Schwimmende Stützpunkte												
Wohnschiff GROBIAN												
	Holland	580	57,8	10,5	1,1	8	–	–	–	–	–	
Schwimmender Stützpunkt »62«												
	PWW	1320	70,4	12,4	1,6	30	4–25	–	–	–	–	Einige Torpedoregelstellen
Schwimmender Stützpunkt »162«												
	PWW	2390	89,4	13,2	2,4	32	4–25 2–4 FASTA	6	2 DM	694	1000	
Wohnschiff »413«												
	YWB/BTE	138	37	5,3	0,82	3	–	–	–	–	–	Arbeits- u. Wohnschiff
Versorger												
Versorger Logger »236«												
	RSW	486	41,4	7,2	3,3	12	–	9	1 DM	220	2600	
Trockenleichter »505«												
	SWB	535	39,9	7,5	2,5	12	4–14,5 (Mob.)	9	1 DM	220	500	
Versorger TIMMENDORF												
»120«	SWL	750	47,9	8,4	2,8	12	–	9	1 DM	220	3200	
Hochseeversorger »109«												
	PWW	1530	90,7	11,1	3,4	35	4–57 4–25, Minen	18	2 DM 61 B	9000	2000	
Hochseeversorger »602«												
	NW	2290	76,2	12,4	4,15	16	6–25 (Mob.)	12	1 DM 40 D	1470	5000	
Tanker												
Tanklogger »235«												
	RSW	466	38,5	7,2	3,6	11	–	9	1 DM	220	3000	Umbau Bilgenwasser-Tanker
Tankleichter »50												
	SWB	560	39,9	7,5	2,7	11	4–14,5 (Mob.)	8	1 DM	220	1000	Umbau Wassertanker
Tanker »600«												
	PWW	1225	59,6	9,4	3,9	18	4–37 (Mob.)	15	2 DM	1760	1400	

Projekt	Bauwerft	Depl. t	L m	B m	T m	Besatz.	Bewaffnung Kal. mm	Geschw. sm/h	Antrieb	Leist. kW	Fahrst. sm	Anmerkungen
Binnentanker »G. Koenigs«												
	RSW	1010	67	8,2	2,18	6	–	8	1 DM	308	1400	
Hochseetanker »1545«												
	UdSSR Kertsch	2920	83,5	12	5,2	26	2–25 (Mob.)	13	1 DM	1635	5000	
Tankschute Oste												
	E. B. Duisburg	1400	75,1	9,5	2,1	3	–	–	–	–	–	Baujahr: 1928
Schlepper und Bergungsfahrzeuge												
Hochsee- und Bergungsschlepper Wismar												
	Staatswerft Kopenhagen	727	49,9	8,5	3,05	16	–	12	2 DM	617	1200	ex Lossen
Reedeschlepper »Seiner 501«												
	SWB	249	28,8	6,2	2,8	13	–	10	1 DM	220	1250	Seiner-Schlepper
Reedeschlepper »Scholle«												
	WW	198	28,7	6,5	2,4	13	–	10	1 DM	300	2630	Seiner-Schlepper
Reedeschlepper »270«												
	PWW	261	30,5	8,03	3,0	13	2–25 (Mob.)	10	1 DM	400	1420	
Binnenschlepper Hai												
	RSW	230	38,4	8,4	1,8	7	–	10	2 DM	617	1270	Projekt für Polen
Hochseeschlepper »700«												
	PWW	791	44,7	10,7	3,9	23	–	12	4 DM 2 EM	1300	2500	diesel-elektrisch
Bergungsschiff Otto von Guericke												
»570«	STP Danzig	1646	72,7	12	4	47	8–25 (Mob.)	16	2 DM	2650	3000	Typ »Piast«
Flugsicherungs- und Bergungsschiff Hugo Eckener												
	RSW	488	37,7	8,2	3	14	–	10	1 DM	415	1200	
Hochseereede- und Hafenschlepper Ummanz												
498	UdSSR	300	29,3	8,3	3,7	8	–	11	2 DM	882	1200	
Reedeschlepper »414«												
	YWB	286	30,8	8,7	2,7	8	4–23 (Mob.)	11	1 DM	530	800	
Schleppboot »Elbe«												
	YWB	18	14,2	3,2	0,9	3	–	10	1 DM	66	150	
Schleppboot »Warnow«												
	YWB	25	15,2	3,8	1	3	–	11	1 DM	77	150	
Aufklärungs- und Erprobungsschiffe												
Vermessungsschiff Hydrograph												
	VW	689	50,8	8,8	3,4	25	–	11	1 DM	400	2500	Mitteltrawler
Vermessungsschiff »65.2«												
	PWW	359	52	7,1	2,3	26	2–25 (Mob.)	19	2 DM	2942	2000	Pr. 89 mod.
Aufklärungsschiff Jasmund												
602	NW	2080	76,2	12,4	3,85	34	6–25	12	1 DM	1470	5000	Pr. Versorger mod.
Erprobungsschiff »Torpedologger« Rügen												
233	RSW	442	38,5	7,2	2,8	13	2–533TR (Erprobung)	9	1 DM	220	3500	
Erprobungsschiff Rügen II												
4329	VW	470	39,1	7,3	2,7	13	–	10	1 DM	294	3500	Logger, mod.

Projekt	Bau-werft	Depl. t	L m	B m	T m	Be-satz.	Bewaffnung Kal. mm	Geschw. sm/h	Antrieb	Leist. kW	Fahrst. sm	Anmerkungen
Schulschiffe												
Schulboote FÜRSTENBERG und PRENZLAU												
	Staatswerft Kopenhagen	199	28,8	6,3	2,7	12	1–37	12	2 DM	441	800	ex Minenkran
Schulschiff ERNST THÄLMANN												
»Dorsch«	Staatswerft Kopenhagen	1100	65,3	9,9	4,7	60	1–85 2–37 2–25 4–12,7	12	1 KDM	882	2500	ex dän. Fischerei-Schutzschiff HVIDBJÖRNEN
Schulboot »WB 26«												
	Kröger	80	27,5	5,1	1,4	11	2–20	12	2 DM JuMo	440	800	ex dt. FLB
Motorschulschiff WILHELM PIECK												
888	STP Danzig	1750	72	11,6	4	60	4–30 4–25	16	2 DM	2640	7800	
Taucherfahrzeuge												
Taucherboot LUMME												
		180	28,1	6,2	1,6	8	–	9	1 DM	220	300	ex KM-TF-Boot LOMMEL
Taucherboot TAUCHER 1 und 2												
24	PWW	177	28,7	7,2	2,5	14	–	10	1 DM	295	2500	
Taucherkutter												
	Dänemark	ca. 80	17	4,1	1,6	6	–	8	1 DM	147		ehem. Fischkutter
Torpedofangboote												
Torpedofangboot »Sperber«												
23	YWB	51	25,9	4,4	1,4	6	2–12,7 (Mob.)	15	1 DM	390	437	
Torpedofangboot »65.1«												
	PWW	380	52	7,1	2,4	18	2–25	20	2 DM	2942	1900	Proj. »89« mod.
Feuerlöschboote												
Feuerlöschboot BERGER I und II												
T2	(NW)	60	22,3	3,8	1,8	6	–	12	1 DM	183	300	ehem. KM-Flug.-Sich.-Boote
Feuerlöschboot »61«												
	YWB	93	29,4	5,6	1,6	8	–	12	2 DM	400	200	
Versuchsfahrzeuge												
Luftkissenfahrzeug												
1355	SWR	10	14	3,7	–	2	–	21	2 VKM	204	–	
Tragflächenboot »TF 10«												
1354	RSW	9,7	14,0	4,2	1,9	2	–	35	1 DM W–2	367	80	Transportboot
Verkehrsboote												
Verkehrsboot »55«												
	PWW	20,2	16,9	3,3	0,9	2	–	12	1 DM	147	50	1 Boot
Motorbarkasse »MB 12«, »MB 13«, »MB 14«												
MB 12	YWB	8,5	12,8	3	0,58	1	–	7	1 DM	30	20	Stahlboot
MB 13	YWB	14	1-13,4	3,1	0,68	2	–	9,5	1 DM	66	30	Holzboot
407	YWB	7,3	14,5	3,9	0,92	2	–	12	1 DM	1 02	130	
Yachten												
Motoryacht OSTSEELAND II (ex OSTSEELAND)												
582	WW	342	40,5	7,9	2,5	18	–	13	1 DM	970	2800	

Projekt	Bauwerft	Depl. t	L m	B m	T m	Besatz.	Bewaffnung Kal. mm	Geschw. sm/h	Antrieb	Leist. kW	Fahrst. sm	Anmerkungen
Motoryacht OSTSEELAND												
121	PWW	633	60,9	7,7	3,3	22	–	18	2 DM	3677	1000	Pr. 89 mod.
Segelyacht »S 80«												
	?						–	–	–	–	–	Vorkriegsyacht 80 m²
Segelyacht »S 150«												
	BWG						–	–	–	–	–	Schulyacht
Schwimmende Mittel												
Schwimmkran »35«												
	VW	270	20,3	10,3	1,9	8	–	2	2 DM 2 EM	74	–	diesel-elektr., 225 kN
Eimer-Kettenbagger »501«												
	RSW	261	26,8	7,5	1,9	16	–	–	ohne	–	–	
Klappschute												
	PWW	206	29,9	6,1	1,9	–	–	–	ohne	–	–	
Kl. Schwimmpfahlramme												
	?						–	–	ohne	–	–	elekt.-mech. Rammbär
Schwimmpfahlramme												
418	YWB/BTE	274	27,7	11	1,3	9	–	5	2 DM 2 EM	180	–	Z-Antrieb
Tankschute												
	PWW	121	18,2	6,03	1,3	–	–	–	ohne	–	–	
Trinkwasserschute												
32	YWB/NW (voll)	242	29	6,2	1,5	–	–	–	ohne	–	–	

Abkürzungen der Bauwerften:

BWG = Bootswerft Gehlsdorf
BTE = Betriebsteil Eisenhüttenstadt
NW = Neptun-Werft Rostock
PWW = Peene-Werft Wolgast
RSW = Roßlauer Schiffswerft
SWR = Schiffswerft Rechlin
STP = Stocznia Polnocna (Nord-Werft Gdansk)
SWB = Schiffswerft Brandenburg
SWL = Schiffswerft Laubegast
VW = Volkswerft Stralsund
WW = Warnow-Werft Warnemünde
YWB = Yachtwerft Berlin

Marinefliegerkräfte

MA/Typ		Mi-4 A	Mi-4 M	Mi-8 T	Mi-8 TB	Mi-14 PL/BT	Su-22 M-4
Länge ü. a.	(m)	25,02	25,01	25,28	25,28	25,32	18,75
Spannweite	(m)	–	–	–	–	–	10,00–14,00
Tragschraubendurchmesser	(m)	21,00	21,00	21,29	21,29	21,29	–
Leermasse	(kg)	4900	5365		7422	8275	10800
Startmasse	(kg)	7250	7290	11100	11564	13000	16300
V-max.	(km/h)	210	185	250	250	230	2300 (mit Nachbrenner)
Praktische Gipfelhöhe	(m)	5500	4000	4500	4500	4000	17000
Reichweite	(km)	440	370	650	650	800/1135	2500
Besatzung		3	3	3	3	4	1
Triebwerk/Art		ASch-82 W	Asch-82 W	TW–2-117 A	TW–2-117 A	TW–3-117 M	AL-21 F-3
Startleistung	(kW)	1250	1250	2×1105	2×1105	2×1620	110 kN – Startschub mit NB
Bewaffnung		1×12,7-mm-MG		4×16 57-mm-Raketen	1×12,7-mm-MG 6×PALR, 57-mm-Raketen oder WaBo	WaBo oder 6×32UAW-Torp.	2×30-mm-Kanone, 4000 kg Waffenzuladung

Tabelle 2: Schiffsliste 1950 bis 1990 (Redaktionsschluß-Verbleib: Mai 1994)

Typ – Proj.-Nr.:	Bau-Nr.	Name	i. D.	a. D.[1]	Bord-Nummern[2]	Verbleib Bemerkungen
Wachfahrzeuge						
KS-Boot »26 m SK«						
	1/50	Freundschaft	.12.50	01.10.66	111, G111, G-82, G-61	Ab 1952 Grenzfahrzeuge, als solche br.
	2/50	Pionier	.12.50	20.05.63	112, G112, G-641, G-61	
	3/50	Solidarität	.12.50	15.10.66	113, G121, G-68, G-65, G-41	
	4/50	ohne	22.05.51	10.07.65	114, G122, G-65	
	5/50	ohne	29.05.51	05.09.64	115, G131, G-352, G-72, G-61	
	6/50	ohne	03.06.51	20.04.67	116, G132, G-83, G-61, G-21, G-25	
KS-Boot »27,8 m SK«						
	1	ohne	. .	20.05.63	117, U-02, G-84	Ab 1952 Grenze, br.
	2	ohne	. .	01.11.67	118, G-78, G-77, G-65, G-61	
	3	ohne	. .	. .	121, 111	ab 3: Umrüstung als U-Jäger, später Grenze, br.
	4	ohne	. .	. .	112, G-81	
	5	ohne	. .	10.07.65	113, G-72, G-64, G-73	
	6	ohne	.01.52	20.05.63	114, S-01, S-21	
	7	ohne	.01.52	. .	115	
	8	ohne	.01.52	01.11.67	116, G-63, G-72, G-63, G-26	
	9	ohne	.01.52	. .	121, G-645, G-69, G-66	
	10	ohne	.01.52	. .	122, G-85	
	11	ohne	. .	. .	123, G-75, G-66, G-42, G-66, G-26	
	12	ohne	. .	. .	124, G-74, G-67, G-43	
	13	ohne	.01.52	. .	125, G-648, G-83, G-76	
	14	ohne	.01.52	. .	126, G-67, G-73, G-63, G-64, G-27	
	15	ohne	03.03.53	26.04.69	131, G-73, G-84, G-62, G-25	
	16	ohne	. .	15.12.65	132, G-86	
	17	ohne	03.03.53	20.06.64	133, S-02, S-22, G-84, S-31	
	18	ohne	03.03.53	01.10.64	134, S-03, S-23, G-62, G-71	
	19	ohne	21.03.53	01.11.67	135, G-64, G-66, G-74, G-23, G-65	
	20	ohne	. .53	01.10.64	136, G-71, G-62, G-22, G-63	
KS-Boot »KSL«						
	1	ohne	22.12.51	. .56	842	GST: Patriot, br.
Reedeschutzboot »Delphin«						
	1	ohne	16.11.53	17.05.69	821, G-131, G-55, G-13, G-33	später Grenze, alle br.
	2	ohne	16.11.53	15.12.65	822, G-132, G-56, G-42	
	3	ohne	16.11.53	05.03.65	823, G-133, G-52	
	4	ohne	13.07.54	25.04.69	824, G-134, G-58, G-25, G-11, G-31	
	5	ohne	24.07.54	01.10.66	825, G-135, G-54, G-12	
	6	ohne	13.07.54	15.10.66	826, G-44, G-45	
	7	ohne	13.07.54	01.10.64	831, G-421, G-42, G-41	
	8	ohne	13.07.54	01.11.67	832, G-53, G-41, G-24, G-14	
	9	ohne	13.07.54	17.05.69	833, G-43, G-44, G-12, G-32	
	10	ohne	13.07.54	01.10.66	834, G-57, G-14	
	11	ohne	13.07.54	01.10.66	835, G-51, G-11	
	12	ohne	13.07.54	22.12.64	836, G-56	
Reedeschutzboot »Tümmler I«						
	1	ohne	15.07.54	20.05.63	181, G-153, G-37	später Grenze, alle br.
	2	ohne	26.07.54	01.10.64	182, G-152, G-36, S-23, G-91	
	3	ohne	15.07.54	20.05.63	183, G-464, G-24	

Typ – Proj.-Nr.:	Bau-Nr.	Name	i.D.	a.D.[1]	Bord-Nummern[2]	Verbleib Bemerkungen
	4	ohne	26.07.54	30.10.65	184, S-26, S-23	Schulboot und Hako
	5	ohne	20.08.54	20.05.63	185, G-151, G-35	
	6	ohne	20.08.54	20.05.63	186, G-154, G-38	
Reedeschutzboot »Tümmler II«						
	7	ohne	30.08.56	20.05.63	G-111, G-31	Grenze, br.
	8	ohne	26.10.56	20.05.63	G-112, G-32	
	9	ohne	26.10.56	01.11.66	S-21	Schulboot und Hako
	10	ohne	27.11.56	30.10.65	S-22	
	11	ohne	27.11.56	30.10.65	S-24	
	12	ohne	27.11.56	22.12.64	S-25, G-92	
Grenzboote und Kutter						
Streckenboot »S«						
	1 bis 16	ohne	1950 bis 1951		Nur Boots-Nummern	auch für Binnengewässer, br. und Verkauf
Grenzkutter »SAS« ex						
	202	Braunschweig	13.09.65	30.05.88	G-91, G-60, G-761	br.
	204	Thüringen	12.10.65	12.09.86	G-92, G-61	br.
	206	Gross Berlin	20.10.65	30.09.88	G-94, G-62, G-762	1988 FPG Warnemünde WAR 50, Alter Strom
	207	Lübeck	13.09.65	28.06.86	G-93, G-63	br.
	208	Bremen	27.10.65	29.04.76	G-97	br.
	210	Hannover	13.09.65	24.04.85	G-95, G-64	br.
	211	Holstein	13.09.65	12.09.86	G-96, G-65	br.
Kutter	ohne	ohne	. .52	. .	824, 924, G-41	Grenze, br.
Kutter	ohne	ohne	. .50	. .56	G-50, G-951, G-601	Grenze, br.
Kutter	ohne	ohne	. .50	21.06.50	G-43	an WSA
Grenzboot GB-23 »1589«						
	03	ohne	27.11.71		G30, G730	1992 Jordanien
	04	ohne	27.11.71		G31, G731	1992 Jordanien
	05	ohne	27.11.71		G32, G732	1992 Tunesien
	06	ohne	27.11.71		G33, G733	1992 Malta
	07	ohne	17.03.72		G34, G734	BGS: BG 62
	08	ohne	17.03.72		G35, G735	BGS: BG 64
	09	ohne	17.03.72		G36, G736	1992 Tunesien
	10	ohne	17.03.72		G37, G737	1992 Tunesien
	11	ohne	17.03.72		G38, G738	1992 Tunesien
	12	ohne	17.03.72		G39, G739	1992 Tunesien
Minenleger/Minensucher						
Räumboot »R218«						
	R1	ohne	29.05.50	. .56	511, 811	br.
	R2	ohne	29.05.50	. .56	512, 812	br.
	R3	ohne	29.05.50	. .56	513, 813	br.
	R4	ohne	29.05.50	. .56	514, 814	br.
	R5	ohne	29.05.50	. .56	515, 815	br.
	R6	ohne	29.05.50	. .56	516, 816	GST: Freundschaft, br. 1958
Räumboot »Schwalbe«						
1. BA	508/1	ohne	16.11.53	10.09.68	411, D-14	br.
	508/2	ohne	16.11.53	15.09.71	412, B-62, B-72	br.
	508/3	ohne	16.11.53	26.03.71	413, B-63, B-73	br.
	508/4	ohne	19.05.54	30.09.68	414, D-42, D-41, D-20	br.
	508/5	ohne	19.05.54	10.04.67	415, B-64	br.
	508/6	ohne	19.05.54	19.05.71	416, B-65, B-61, B-71	GST, br.

Typ-Proj.-Nr.:	Bau-Nr.	Name	i.D.	a.D.[1]	Bord-Nummer[2]	Verbleib Bemerkungen
2. BA	7/1	ohne	01.06.55	04.11.68	421, D-13	SHD, br.
	8/2	ohne	01.06.55	30.11.67	422, D-12	SHD, br.
	9/3	ohne	01.06.55	31.03.66	423, D-41	SHD, br.
	10/4	ohne	01.06.55	02.12.68	424, D-16, D-15	SHD, br.
	11/5	ohne	17.06.55	20.06.64	425, D-15	SHD, br.
	12/6	ohne	01.06.55	28.10.71	426, V–72	br.
	13/7	AUE	01.06.55	01.12.68	431, 311	br.
	14/8	ZWICKAU	17.06.55	01.12.68	432, 312	br.
	15/9	FREIBERG	17.06.55	30.09.65	433, 313, 321	br.
	16/10	SENFTENBERG	17.06.55	16.10.86	434, 314, 322, 342, 511	Konserv., br.
	17/11	FORST	17.06.55	30.12.71	435, 315, S-14, 321, 341	br.
	18/12	WAREN	01.07.55	10.02.73	436, 335, S-13, 362, 322, G-17	br.
	19/13	MEISSEN	14.09.55	15.07.81	441, 331, 314, 311	br.
	20/14	GÖRLITZ	24.09.55	10.06.86	442, 332, 312	br.
	21/15	KAMENZ	14.10.55	02.11.70	443, S-11	br.
	22/16	PRENZLAU	26.10.55	15.06.66	444, 333, 341, 361, 321	Tansania: SALAAM
	23/17	EISENACH	16.11.55	02.11.70	445, S-12	br.
	24/18	GOTHA	01.12.55	10.06.86	446, S-13, 342, 362, 322	br.
	25/19	JENA	02.06.56	10.02.73	451, 334, 313, 333, 393, 377	Konserv. br. 1986
	26/20	GREIZ	02.06.56	19.05.81	452, 351, 331	br.
	27/21	PÖSSNECK	02.06.56	14.09.81	453, 352, 332	br.
	28/22	EISLEBEN	02.06.56	12.09.86	454, 353, V–89, V–79	WTZ: Wohnschiff, br.
	29/23	KÖTHEN	24.04.56	24.10.81	455, 354, 334	br.
	30/24	ZEITZ	24.04.56	01.12.68	456, 355, 314, 331	br.
3. BA	31/25	BORNA	26.06.56	22.04.71	325, G-31, G-11	Grenze, br.
	32/26	WURZEN	26.06.56	22.04.71	326, S-15, 345, G-32, G-12	Grenze, br.
	33/27	TORGAU	26.06.56	22.04.71	321, G-33, G-13	Grenze, br.
	34/28	CALBE	26.06.56	22.04.71	322, G-34, G-14	Grenze, br.
	35/29	STENDAL	12.07.56	22.04.71	323, G-35, G-15	Grenze, br.
	36/30	BURG	12.07.56	22.04.71	324, G-36, G-16	Grenze, br.
	37/31	WEISSWASSER	09.08.56	10.02.73	342, 335, 334, 314, 354	Konserv.
	38/32	WEIMAR	22.12.56	10.02.73	341, 333, 313, 353	Konserv.
	39/33	ANKLAM	22.12.56	15.10.64	622, S-14	br.
	40/34	LUCKENWALDE	05.02.57	21.08.74	343, 363, 323	br.
	41/35	BRANDENBURG	26.02.57	10.02.73	344, 374	Konserv. br. 1981
	42/36	NAUEN	20.03.57	30.12.71	345, S-15, 323, 343, 373	br.
	43/37	GÜSTROW	04.06.57	30.12.71	361, 324, 364, G-18	Grenze, br.
	44/38	STERNBERG	05.06.57	01.02.63	422	Kollis. br.
	45/39	HAGENOW	11.07.57	10.02.73	365, 361, 321, G-19	Grenze, br.
	46/40	ILMENAU	28.08.57	15.06.66	363, 362	Tansania: ARAKA
	47/41	MEININGEN	21.09.57	30.04.69	364, 363, 323, 363	br.
	48/42	SONNEBERG	17.01.58	21.08.74	365, 364, 324	Peene-Werft, br.
Minenleg- und -räumschiff »Habicht«						
	2001	SUHL	27.04.53	19.11.67	6–91, 611, 6–31, 331, 218, 213, 231, 213	br.
	2002	SCHWERIN	07.08.53	10.11.67	612, 6–32, 332, 740, 219, 214, 232, 214	br.
	2003	ohne	. .	01.10.68	613, 6–33, R-21	Rettungsschiff, GST: br.
	2004	NEUBRANDENBURG	08.12.53	10.12.65	614, 6–34, 334, 760, 210, 211, 251	br.
	2005	ohne	. .	28.10.70	615, 6–35, 335, R-11	Rettungsschiff br.
	2006	COTTBUS	02.02.54	27.02.65	616, 6–36, 336, 780, 217, 212	br.
3. BA	2007	BERGEN	02.08.55	15.10.68	621, 6–11, 216, 236, 272, 215, 213	br.
	2008	FRANKFURT/ODER	06.08.55	28.10.70	622, 6–12, 6–112, 214, 234, 212	br.
	2009	STRALSUND	12.09.55	28.10.70	623, 6–13, 213, 233, 211, S-91	Wohnschiff, br. 1974
	2010	SASSNITZ	15.11.55	10.12.65	624, 6–14, 232, 212, 232, 252	br.
	2011	WOLGAST	15.11.55	27.02.65	625, 6–15, 211, 231, 273	br.
	2012	GREIFSWALD	20.12.55	15.10.68	626, 6–16, 215, 235, 271, 216, 214	br.
Minenleg- und -räumschiff »Krake«						
	3001	BERLIN	16.08.57	13.10.76	6–91, 191, 227, 223, 245, S-13, S-11	Schulschiff, br.

Typ – Proj.-Nr.:	Bau-Nr.	Name	i.D.	a.D.[1]	Bord-Nummern[2]	Verbleib Bemerkungen
	3002	HALLE	21.09.57	14.10.72	220, 243, 224, 241, 221	ex LEIPZIG, br.
	3003	DRESDEN	09.11.57	26.10.73	221, 241, 223, 244, 225, S-11, S-12	Schulschiff, br.
	3004	ROSTOCK	28.11.57	16.10.73	223, 241, 221, 223	ex KARL-MARX-STADT, br.
	3005	GERA	20.12.57	14.10.72	224, 242, 222, 242	ex HALLE, br.
	3006	MAGDEBURG	06.03.58	14.10.72	229, 246, 262, 243, 223	br.
	3007	ERFURT	28.03.58	14.10.72	228, 245, 261, 245, 243	Wohnschiff, br.
	3008	KARL-MARX-STADT	14.05.58	25.10.76	225, 221, 241, 224, S-12	ex ROSTOCK, Schulschiff, br.
	3009	POTSDAM	08.07.58	26.10.73	222, 242, 243, 225, 244	br.
	3010	LEIPZIG	31.10.58	01.10.76	226, 222, 242, 222, S-13	ex GERA, Schulschiff, br.
Minensuch- und -räumschiff »89«						
	89.0	ohne	28.11.70	16.12.81	V–31, V–85	WTZ, br.
89.1	89.101	GREIFSWALD	29.05.69	02.04.90	301, 316, S-24, S-424, V–87, V814	Schulschiff, WTZ, br.
	89.102	BERGEN	29.05.69	20.05.81	302, S-21, S-29, S425	FAS WARNEMÜNDE
	89.103	ANKLAM	30.05.69	01.12.76	303, S-22, S-26, GST: E. THÄLMANN	Großbrit., Umbau Yacht
	89.104	UECKERMÜNDE	01.07.69		304, S-23, G-11, G411, GS01	1992 Malta: P 30
	89.105	DEMMIN	16.08.69		351, 331, G-12, G422, GS02	1992 Tunesien: RAS EL BLAD
	89.106	MALCHIN, ex KLÜTZ (I)	18.10.69		352, 332, G-13, G441, GS03	1992 Tunesien: RAS AJDIR
	89.107	ALTENTREPTOW	05.09.69		353, 333, G-14, G414, GS04	1992 Tunesien: RAS MAMMOURA
	89.108	PASEWALK	18.10.69		354, 334, G-15, G423, GS05	1992 Malta: P 31
	89.109	TEMPLIN	20.12.69		335, G-16, G442, GS06	1992 Tunesien: RAS EL DRECK
	89.110	NEUSTRELITZ	20.12.69	28.02.90	336, 316, G-41, G-12, G412	br.
	89.111	VITTE	18.02.70	06.02.90	341, G-21, G421	Kopenhagen, br.
	89.112	ZINGST	08.05.70	02.03.89	342, G-22, G444	br.
	89.113	PREROW	15.05.70	02.03.89	343, G-23, G413	br.
	89.114	GRAAL-MÜRITZ	25.05.70	20.10.89	344, G-24, G424	br.
	89.115	KÜHLUNGSBORN	03.06.70		345, G-25, G445, GS07	BG 32
	89.116	AHRENSHOOP	08.08.70		346, G26, G415, GS08	BG 33
	89.117	KIRCHDORF	19.09.70	15.08.90	351, 311, G-42, G425	br.
	89.118	BOLTENHAGEN	19.09.70		352, 312, G-43, G443, GS09	BG 31
	89.119	KLÜTZ	03.10.70	28.02.90	353, 313, G-44, G416	Sonderborg, br.
	89.120	RERIK	12.11.70	28.02.90	354, 314, G-45, G426	Sonderborg, br.
	89.121	BANSIN	24.12.70	28.02.90	315, G-46, G446	br.
89.2	89.222	WOLGAST	01.06.71	03.10.90	V32, V381, V811	1993 Indonesien: ROTE
	89.223	KAMENZ	24.07.71	01.12.81	S-24, S-21, S321	1993 Lettland
	89.224	STRALSUND	14.08.71	03.10.90	S-25, S-22, S322, 314	Auflieger, gepl. br.
	89.225	WITTSTOCK	11.09.71	20.04.90	S-26, S-23, S323, 315	br.
	89.226	KYRITZ	02.10.71	14.03.90	321	br
	89.227	NEURUPPIN	30.10.71	10.04.90	322, 345	br.
	89.228	STRASBURG	12.11.71	15.01.90	323, 346	br.
	89.229	RÖBEL	01.12.71	03.10.90	324	1993 Lettland
	89.230	PRITZWALK	22.12.71	03.10.90	325	1993 Indonesien: ROMANG
	89.231	RATHENOW	24.03.72	12.02.90	326	br.
	89.232	DESSAU	03.05.72	03.10.90	331	Auflieger
	89.233	BITTERFELD	26.06.72		332, M2672	1993 Indonesien: PULAU
	89.234	TANGERHÜTTE	30.06.72		333, 313, M2669	Auflieger
	89.235	GENTHIN	07.08.72	24.10.88	334, V382, V812	Auflieger
	89.236	ZERBST	07.08.72	03.10.90	335, 316	1993 Indonesien: RONDO
	89.237	ROSSLAU	12.09.72	03.10.90	V383, V813	Auflieger
	89.238	ORANIENBURG	30.09.72	03.10.90	341	1993 Indonesien: RUSA
	89.239	JÜTERBOG	01.11.72	03.10.90	342	1993 Indonesien: RANGSANG
	89.240	BERNAU	01.12.72		343, M2673	1991 Uruguay: FORTUNA
	89.241	EILENBURG	22.12.72		344, M2674	1991 Uruguay: VALIENTE
	89.242	RIESA	03.02.73	03.10.90	345, 322	1991 Uruguay: TEMERARIO
	89.243	WILHELM-PIECK-STADT-GUBEN	05.03.73	29.01.90	346, 323	Kopenhagen, br.
	89.244	SÖMMERDA	07.04.73		311, M2670	1993 Indonesien: RAIBU
	89.245	EISLEBEN	24.05.73		312, M2671	1991 Uruguay: AUDAZ

Typ – Proj.-Nr.:	Bau-Nr.	Name	i.D.	a.D.[1]	Bord-Nummern[2]	Verbleib Bemerkungen
	89.246	Gransee	30.06.73	03.10.90	313, 333	Auflieger
	89.247	Zeitz	11.07.73	01.12.81	314	Auflieger
	89.248	Hettstedt	09.08.73	01.12.81	315	1993 Indonesien: Raas
	89.249	Altenburg	11.09.73	02.04.90	316, 335	br.
	89.250	Schönebeck	29.09.73	20.03.90	327, 334	br.
	89.251	Grimma	10.11.73	03.10.90	336	1993 Indonesien: Rempang

U-Bootjäger

U-Bootjäger »201 M«

	201/01	Adler	07.12.59	29.04.72	454, G-15, G-21	Grenze, br.
	201/02	Sperber	07.12.59	20.05.75	413, 493, G-41, G-23, G-43, 421	Grenze, VM, br
	201/03	Falke	07.12.59	29.04.72	434, 452, G-16, G-22, G-41	Grenze, br.
	201/04	Habicht	07.12.59	03.10.75	414, 494, G-42, G-24, G-44, 422	Grenze, VM, br.
	201/05	Reiher	07.12.59	14.10.72	451, G-17, G-23, G-42	Grenze, br.
	201/06	Bussard	07.12.59	08.06.71	452, 412, 492, G-43	Grenze, br.
	201/07	Weihe	29.12.59	20.05.75	453, G-18, G-24, G-22, G-41, 423	Grenze, VM, br.
	201/08	Elster	29.12.59	29.04.72	431, 471, G-61, G-43	Grenze, br.
	201/09	Kranich	29.12.59	29.04.72	432, 472, G-62, G-44	Grenze, br.
	201/10	Möwe	29.12.59	14.10.72	433, 473, G-63, G-45	Grenze, br.
	201/11	Kormoran	15.08.60	03.10.76	411, 491, G-44, G-25, G-46, 424	Grenze, VM, br.
	201/12	Albatros	15.08.60	29.04.72	412, 434, 474, G-64, G-46	Grenze, br.

U-Bootjäger »Hai«

12.1	12.1	ohne	26.11.63	02.11.70	S-01	Schulboot, br.
12.3	12.3	Werdau	11.04,63	21.04.83	V–81, V–86	Versuchsschiff, br.
12.4M	12.401	Grevesmühlen	05.07.65	21.10.83	461, 434, 412, 212	Erprobung, br.
	12.402	Gadebusch	05.07.65	02.08.83	421, 411, 211	br.
	12.403	Wismar	05.07.65	02.05.80	422, 431, 452, 414, 214	br.
	12.404	Sternberg	05.07.65	28.02.84	423, 413, 454, 433, 215	br.
	12.405	Parchim	05.07.65	31.10.80	424, 432, 413, 213	br.
	12.406	Ludwigslust	01.12.65	01.11.82	431, 412, 434, 451, 215	br.
	12.407	Perleberg	08.01.66	03.04.81	414, 453, 241	br.
	12.408	Bad Doberan	08.01.66	29.12.81	451, 434, 242	br.
	12.409	Bützow	04.11.66	10.07.81	452, 431, 452, 243	br.
	12.410	Lübz	04.11.66	08.10.81	433, 454, 244	br.
	12.411	Ribnitz-Damgarten	04.11.66	15.06.83	453, 414, 431, 245, 214	br.
	12.412	Teterow	04.11.66	10.01.83	454, 413, 432, 246, 213	br.

Kleines U-Bootabwehrschiff »133.1«

	133.101	Wismar	09.07.81		241, P6170	1993 Indonesien Usman
	133.102	Parchim	09.04.81	03.10.90	242	Sutedi Senoputra
	133.103	Perleberg	19.09.81	03.10.90	243	Wiratno
	133.104	Bützow	30.12.81	03.10.90	244	Memet Sastrawiria
	133.105	Lübz	12.02.82		221, P6169	Cut Nyak Dien
	133.106	Bad Doberan	30.06.82	03.10.90	222	Sultan Thaha Syaifuddin
	133.107	Güstrow	10.11.82	03.10.90	223	Hasan Basri
	133.108	Waren	23.11.82	03.10.90	224	Nuku
	133.109	Prenzlau	11.05.83	03.10.90	231	Kapitan Patimura
	133.110	Ludwigslust	04.07.83	03.10.90	232	Pati Unus
	133.111	Ribnitz-Damgarten	29.10.83	03.10.90	233	Untung Suropati
	133.112	Teterow	27.01.84		234, P6168	Iman Bonjol
	133.113	Gadebusch	31.08.84		211, P6167	Cut Meutia
	133.114	Grevesmühlen	21.09.84	03.10.90	212	Teuku Umar
	133.115	Bergen	01.02.85	03.10.90	213	Tjiptadi
	133.116	Angermünde	26.07.85	03.10.90	214	Lambung Mangkurat

Typ – Proj.-Nr.:	Bau-Nr.	Name	i. D.	a. D.[1]	Bord-Nummern[2]	Verbleib Bemerkungen
Schnellboote						
Torpedoschnellboot »183«						
	183/1	Julius Adler	08.10.57	31.05.68	5–61, 803, 863, 821	br.
	183/2	Edgar André	08.10.57	01.11.67	5–62, 802, 862, 822, S-21, Z, Z-84	Umb. Z-Boot, 1971 br.
	183/3	Rudolf Breitscheid	08.10.57	14.10.68	5–63, 805, 865, 823, 842, R-71	Umb. Rett.-Boot, 1970 br.
	183/4	Rudi Arndt	08.10.57	01.11.67	5–64, 806, 866, 824	Umb. Z-Boot
	183/5	Herbert Balzer	08.10.57	01.11.67	5–65, 808, 868, 825	br.
	183/6	Willi Bänsch	08.10.57	14.10.68	5–66, 809, 869, 826, 844	gesunken: 31.08.68, br.
	183/7	Bernhard Bästlein	19.10.57	01.11.67	5–67, 807, 867, 827	br.
	183/8	Artur Becker	19.10.57	01.11.67	5–68, 801, 861, 828	Verk.: Tansania
	183/9	Fritz Behn	19.10.57	14.10.68	5–69, 804, 864, 829, 841, Z-83	Umb. Z-Boot, 1971 br.
	183/10	Hans Beimler	30.10.58	01.11.67	102, 822, 842, 862, G-81	Umb. Grenz-Boot, br.
	183/11	Hans Coppi	30.10.58	01.11.67	105, 823, 843, 863	Verk.: Tansania
	183/12	Hanno Günther	30.10.58	14.10.68	825, 845, 865, 846, G-82	Umb. Gr.-Boot, 1971 br.
	183/13	Fritz Heckert	30.10.58	01.11.67	826, 846, 866	Verk.: Tansania
	183/14	Adam Kuckhoff	30.10.58	14.10.68	109, 828, 848, 868, 845	br.
	183/15	Arvid Harnack	07.09.60	04.08.70	814, 824, 861, 841, 821	br.
	183/16	Bruno Kühn	07.09.60	04.08.70	815, 825, 862, 842, 822	br.
	183/17	Erich Kuttner	07.09.60	16.10.69	816, 826, 863, 843, 824, R-72	Umb. Rett.-Boot, 1975 br.
	183/18	Heinz Kapelle	07.09.60	12.10.70	817, 827, 864, 844, 823	br.
	183/19	Fritz Lesch	07.09.60	10.10.69	818, 828, 865, 845, 825, V41	Umb. Erprob.-Boot, 1973 br.
	183/20	Wilhelm Leuschner	07.09.60	21.10.70	819, 829, 866, 847, 826, 864, 824	br.
	183/21	Fritz Riedel	07.09.60	21.10.70	811, 821, 867, 847, 861, 827, 825	br.
	183/22	Josef Römer	07.09.60	10.10.69	821, 841, 861, 865, 829	br.
	183/23	Max Roscher	07.09.60	14.10.68	104, 824, 864, 843, G-83	Umb. Gr.-Boot, 1971 br.
	183/24	Fiete Schulze	07.09.60	31.07.69	827, 847, 867, 863	ex Willi Sachse, br.
	183/25	Anton Saefkow	07.09.60	05.09.70	812, 822, 868, 848, 862, 828, 826	br.
	183/26	Ernst Schneller	07.09.60	20.01.69	813, 823, 869, 849, 864	br.
	183/27	Wolfgang Thiess	07.09.60	31.07.69	829, 849, 869, 866	br.
Torpedoschnellboot »Forelle«						
	M0	ohne	Erpr. 1956	. .58	ohne	Versuchsboot, br.
	M5	ohne	13.08.63	10.07.65	G-01	Grenze, br.
	M6	ohne	13.08.63	10.07.65	G-02	Grenze, br.
Torpedoschnellboot »206«						
	206/1	Artur Becker	14.10.68	20.10.84	841, S-816, 816	br.
	206/2	Hans Coppi	09.11.68	01.09.84	842, 812	br.
	206/3	Bernhard Bästlein	14.12.68	01.09.84	843, S-814, 836	br.
	206/4	Edgar André	18.01.69	01.09.84	844, 811	br.
	206/5	Fritz Heckert	24.07.69	01.09.84	845, 834	br.
	206/6	Willi Bänsch	16.08.69	01.10.86	861, 831	br.
	206/7	Walter Husemann	19.09.69	20.10.86	862, S-815, 856	br.
	206/8	Adam Kuckhoff	15.10.69	15.09.84	863, 814	br.
	206/9	Wilhelm Florin	13.12.69	28.02.90	864, 815	br.
	206/10	Ernst Grube	16.07.70	28.02.90	865, 833	br.
	206/11	Rudolf Breitscheid	01.08.70	01.10.86	821, 852	br.
	206/12	Fritz Behn	05.09.70	01.10.86	822, 851	br.
	206/13	Ernst Schneller	12.10.70	28.02.90	823, 835, 851	br.
	206/14	Anton Saefkow	28.11.70	28.02.90	824, 853	br.
	206/15	Fiete Schulze	23.12.70	20.10.86	825, 854	br.
	206/16	Arvid Harnack	16.07.71	15.08.85	843, 813	br.
	206/17	Bruno Kühn	26.08.71	28.02.90	862, 832	br.
	206/18	Heinz Kapelle	06.10.71	28.02.90	841, 855, 811	br.
Leichtes Torpedoschnellboot »Iltis«						
63	63.1	ohne	09.06.61	. .	V–01	Versuchsboot, br.

Typ – Proj.-Nr.:	Bau-Nr.	Name	i. D.	a. D.[1]	Bord-Nummern[2]	Verbleib Bemerkungen
	63.2	ohne	31.07.62	1963/64		Versuchsboot, br.
	63.3	ohne	. .63	. .		Versuchsboot, br.
	63.31	ohne	30.08.63	31.03.66	V–01, 9015	Halbserie, Traditionsboot Wolgast
	63.32	ohne	15.10.63	05.11.69	V–05, V–11, 9011, 950, 973	br.
	63.33	ohne	07.09.63	05.11.69	V–06, V–12, 9012, 951, 974, 976	br.
	63.34	ohne	03.05.64	05.11.69	V–13, 9013, 952, 975	br.
	63.35	ohne	30.08.63	20.02.68	V–08, V–02, V–01	br.
	63.36	ohne	30.08.63	20.05.72	V–09, V–14, 9014, 953, 976, 964, 963	br.
63.3	63.301	ohne	25.07.64	01.12.73	911, 9010, V–02, V–01, V–11, 954	Serie, br.
	63.302	ohne	25.07.64	09.04.73	912, 922, 950, 990, 970, 980	br.
	63.303	ohne	25.07.64	09.12.74	913, 923, 951, 991, 990, 971, 981	br.
	63.304	ohne	05.09.64	31.03.77	914, 9001, 907, 952, 992, 991, 952, 962, 984	br.
	63.305	ohne	05.09.64	02.10.76	915, 908, 953, 993, 992, 953, 983	br.
	63.306	ohne	05.10.64	26.08.75	916, 917, 921, 9002, 909, 954, 950, 971, 994, 984	br.
	63.307	ohne	28.09.64	31.03.77	917, 916, 922, 901, 980, 951, 972, 995, 958, 987	br.
	63.308	ohne	20.11.64	10.05.76	918, 923, 9003, 902, 981, 952, 950, 980, 995	br.
	63.309	ohne	11.12.64	01.12.73	919, 924, 903, 953, 993, 981, 996	br.
	63.310	ohne	11.12.64	06.12.75	920, 925, 924, 955, 980, 982, 997	br.
	63.311	ohne	22.12.64	23.03.76	921, 9001, 931, 913, 983, 954, 994, 983, 989	br.
	63.312	ohne	22.12.64	17.03.76	922, 9002, 932, 904, 984, 981, 973, 984, 999	br.
	63.313	ohne	22.01.65	16.01.76	923, 9003, 933, 925, 985, 955, 995, 985, 950	Traditionsboot, Dranske
	63.314	ohne	22.01.65	14.07.73	924, 9004, 934, 905, 986, 956, 952, 986	br.
	63.315	ohne	05.06.65	09.12.76	925, 9009, 935, 906, 987, 957, 996, 987, 951	br.
	63.316	ohne	05.06.65	14.07.73	951, 9006, 911, 910, 989, 958, 997, 988	br.
	63.317	ohne	05.06.65	14.03.73	952, 9007, 921, 926, 956, 959, 953, 989	br.
	63.318	ohne	05.06.65	09.11.76	953, 9008, 914, 927, 957, 960, 954, 997, 988	br.
	63.319	ohne	05.07.65	05.01.77	954, 9009, 923, 928, 958, 961, 953, 990, 952, 981	br.
	63.320	ohne	05.07.65	29.08.75	955, 911, 9004, 911, 977, 982, 956, 991, 987	br.
	63.321	ohne	01.10.65	09.12.74	965, 931, 9005, 912, 978, 983, 957	br.
	63.322	ohne	01.10.65	23.09.75	957, 932, 9006, 929, 989, 984, 958, 998, 971	br.
	63.323	ohne	01.10.65	20.08.76	958, 933, 9007, 914, 959, 962, 959, 999, 972	br.
	63.324	ohne	01.10.65	18.06.76	959, 934, 9008, 915, 979, 963, 968, 993, 973	br.
	63.325	ohne	01.10.65	28.09.76	960, 935, 9009, 916, 960, 995, 961, 954, 974	br.
	63.326	ohne	01.12.65	04.06.76	941, 917, 971, 996, 974, 955, 975	br.
	63.327	ohne	01.12.65	. .	942, 918, 997, 976	br.
	63.328	ohne	01.12.65	23.12.75	943, 919, 963, 998, 974, 959, 977	br.
	63.329	ohne	08.01.66	31.03.77	944, 920, 964, 999, 998, 960, 978	br.
	63.330	ohne	08.01.66	06.12.75	945, 921, 965, 994, 999, 961, 979	br.

Leichtes Torpedoschnellboot »Hydra«

	68.1	ohne	1958/59	. .63	ohne	Versuchsboot, br.
	68.2	ohne	1959/60	1962/63	ohne	Versuchsboot, br.
68.2	68.201	ohne	03.01.66	15.01.67	W–13, 9021, 954	br.
	68.202	ohne	11.12.64	31.01.68	W–17, 931, 951	br.
	68.203	ohne	20.11.64	15.01.67	W–18, 932, 952	br.
	68.204	ohne			ohne	Erprobungsfahrt 1964, br.
	68.205	ohne	11.07.68	30.04.75	946, 995, 970, 980, 950, 990, 994	br.
	68.206	ohne	03.01.66	01.04.68	9022, 955, 947	br.
	68.207	ohne	03.01.66	01.04.68	954, 949	br.
	68.208	ohne	01.12.64	01.04.68	953, 948	br.
	68.209	ohne	11.12.64	15.01.67	936, 9024, 957	br.
	68.210	ohne	16.09.68	05.06.75	939, 996, 971, 981, 951, 953, 970	br.
	68.211	ohne				
	68.212	ohne	16.09.68	02.07.75	941, 997, 972, 982, 956, 991, 971	Museum Dresden
	68.213	ohne	21.12.67	01.07.70	930, 990, 973	Für Lehrzwecke an Land
	68.214	ohne	11.10.68	04.04.75	942, 991, 974, 983, 957, 992, 993	br.
	68.215	ohne	02.09.68	09.12.74	943, 992, 975, 976, 962	Wohnboot DIANA
	68.216	ohne	08.12.67	19.03.75	957, 931, 970, 976, 984, 973, 993	br.

Typ – Proj.-Nr.:	Bau-Nr.	Name	i. D.	a. D.[1]	Bord-Nummern[2]	Verbleib Bemerkungen
	68.217	ohne				Boot verworfen, br.
	68.218	ohne	08.12.67	14.07.73	958, 932, 971, 985, 972	br.
	68.219	ohne	20.12.67	20.05.72	933, 998, 977, 986, 958	br.
	68.220	ohne	21.12.67	28.02.74	934, 966, 978, 987, 974, 988	br.
	68.221	ohne	21.12.67	14.07.73	935, 967, 986, 988, 975	br.
	68.222	ohne	12.12.67	09.02.73	936, 999, 987, 977, 976	br.
	68.223	ohne	08.08.68	11.03.75	944, 993, 988, 978, 977, 994, 992	br.
	68.224	ohne	22.06.68	14.07.73	945, 994, 973, 979, 978	br.
	68.225	ohne	08.12.67	05.06.68	952, 937	Havarie, br.
	68.226	ohne	08.12.67	09.12.74	954, 938, 972, 979, 989, 979, 989	br.
81	81.	ohne	1959/60		ohne	Tragfl.-Versuchs-LTS-Boot, br.
58	58.0	Möwe	1958/59		ohne	GFP-Versuchsboot, br.
Kleines TS-Boot »131«						
	131.1	ohne	30.05.72			Versuchsboot, br.
	131.2	ohne	27.10.72			Versuchsboot, br.
	131.3	ohne	28.06.73			Versuchsboot, br.
	131.4	ohne	01.10.74	30.04.84	V–11, V–87, 956	Langzeiterprobung, br.
131.4	131.401	ohne	20.12.74	01.07.84	990, 911	br.
	131.402	ohne	03.02.75	01.07.84	991, 921	br.
	131.403	ohne	10.03.75	10.05.89	992, 912, 942	br.
	131.404	ohne	04.04.75	10.05.89	993, 922	br.
	131.405	ohne	30.04.75	24.07.89	994, 913, 943	br.
	131.406	ohne	05.06.75	24.07.89	995, 923	br.
	131.407	ohne	02.07.75	24.07.89	996, 914, 944	br.
	131.408	ohne	05.08.75	31.05.90	997, 924	Museum Dänholm
	131.409	ohne	23.08.75	01.07.84	998, 915	br.
	131.410	ohne	23.09.75	31.05.90	999, 925	Institut SMG, Hamburg
	131.411	ohne	28.10.75	10.05.89	980, 921	br.
	131.412	ohne	20.11.75	10.05.89	981, 941	br.
	131.413	ohne	23.12.75	01.07.84	982, 932	br.
	131.414	ohne	16.01.76	01.07.84	983, 942	br.
	131.415	ohne	17.03.76	01.07.84	984, 933	br.
	131.416	ohne	23.03.76	01.07.84	943	br.
	131.417	ohne	09.04.76	01.07.84	934	br.
	131.418	ohne	10.05.76	01.07.84	944	br.
	131.419	ohne	04.06.76	01.07.84	935	br.
	131.420	ohne	18.06.76	16.10.89	945, 965	br.
	131.421	ohne	25.07.75	30.06.86	951	Kollision, br.
	131.422	ohne	20.08.76	24.07.82	961	br.
	131.423	ohne	28.09.76	16.10.89	952, 964	Museumsboot, Rostock
	131.424	ohne	02.10.76	16.10.89	962	br.
	131.425	ohne	09.11.76	01.07.84	953	br.
	131.426	ohne	09.11.76	16.10.89	963	Museum Dresden
	131.427	ohne	05.11.77	01.07.84	954	br.
	131.428	ohne	31.03.77	01.07.84	964	br.
	131.429	ohne	31.03.77	01.07.84	955	br.
	131.430	ohne	31.03.77	01.07.84	965	br.
Flugkörper-Schnellboote						
Raketenschnellboot »205«						
	205/01	Max Reichpietsch	20.11.62	01.10.90	701, 711, 732, S-31, S-711, 751	1994 gepl. Estland
	205/02	Albin Köbis	26.11.62	22.09.81	702, 712, S-33, S-32, S-712	br.
	205/03	Rudolf Eglhofer	14.01.64	26.11.81	713, 751	br.
	205/04	Richard Sorge	14.01.64	01.10.90	714, S-32, S-33, S-713, 713	1994 gepl. Estland
	205/05	August Lüttgens	24.09.64	01.10.90	731, 732	1994 gepl. Estland
	205/06	Paul Eisenschneider	16.10.64	06.11.81	732, 711, 752, 713	br.
	205/07	Karl Meseberg	24.10.64	01.10.90	733, 751, 733	1994 gepl. Estland

Typ – Proj.-Nr.:	Bau-Nr.	Name	i.D.	a.D.[1]	Bord-Nummern[2]	Verbleib Bemerkungen
	205/08	Walter Krämer	05.12.64	01.10.90	734, 754, 734, 712	1994 gepl. Estland
	205/09	Paul Schulz	24.12.64	01.10.90	751, 733, 711, 752	1994 gepl. Estland
	205/10	Paul Wieczorek	24.09.65	01.10.90	752, 733, 754	1994 gepl. Litauen
	205/11	Fritz Gast	29.11.65	01.10.90	753, 714	1994 gepl. Litauen
	205/12	Albert Gast	23.12.65	01.10.90	754, 734, 754, 734	1993 Lettland
	205/13	Heinrich Dorrenbach	03.09.71	01.10.90	732, 711	1994 gepl. Litauen
	205/14	Otto Tost	28.09.71	01.10.90	714, 731	1993 Lettland
	205/15	Josef Schares	06.10.71	01.10.90	712, 753	1993 Lettland
Kleines Raketenschiff »1241 RÄ«						
1241	1241/1	Albin Köbis	31.10.84	03.10.90	771, 571	1994 gepl. br.
	1241/2	Rudolf Eglhofer	16.01.85		772, 572, P6166, Hiddensee	USA, Erprobung
	1241/3	Fritz Globig	05.10.85	03.10.90	773, 573	1994 gepl. br.
	1241/4	Paul Eisenschneider	12.02.86	03.10.90	774, 574	1994 gepl. br.
	1241/5	Hans Beimler	28.10.86	03.10.90	775, 575	Museum Peenemünde
Kleines Raketenschiff »151«						Ab 1991 Umbau BGS-See
151	151.0	Sassnitz	31.07.90		591, P6165	BG 22 Neustrelitz
	151.1	Ostseebad Sellin	befristet		ohne	BG
	151.2	Ostseebad Binz	befristet		ohne	BG
	151.3	ohne	1988 Bau	begonnen		5 weitere Schiffskörper, beziehungsweise auf Kiel. Weiterentw. Patroullenboot Pr. »153«
Fregatten						
Küstenschutzschiff »50«						
	50/1	Ernst Thälmann	15.12.56	29.08.77	1–61, 101, 121, 141	br.
	50/2	Karl Marx	15.12.56	31.08.76	1–62, 102, 122, 142	Wohnschiff, 1977 br.
	50/3	Karl Liebknecht	10.10.59	01.10.68	103, 123	br.
	50/4	Friedrich Engels	10.10.59	10.10.69	104, 124, 123	br.
Küstenschutzschiff »1159«						
	1159/1	Rostock	25.07.78	18.04.91	141, F224	Erprobung WTD 71
	1159/2	Berlin	10.05.79	03.10.90	142	1994 gepl. br.
	1159/3	Halle	28.01.86		143, F225	1994 gepl. br.
Landungsfahrzeuge						
Landungsboot »46«						
	46.0	ohne	10.10.62	22.11.76	601, 671, 635	br.
	46.1	ohne	16.06.62	22.11.76	602, 672, 636	br.
	46.2	ohne	05.07.62	22.11.76	603, 673, 655	br.
	46.3	ohne	05.07.62	22.11.76	604, 674, 656	br.
	46.4	ohne	05.07.62	24.10.77	605, 651, 631, 657	br.
	46.5	ohne	05.07.62	22.11.76	606, 652, 632, 634	br.
	46.6	Gerhard Prenzler	10.10.62	24.10.77	607, 653	br.
	46.7	Rolf Peters	11.10.62	24.10.77	608, 654, E-30	1981 Weiße Flotte: Transporter Neuendorf
	46.8	Heinz Wilkowski	13.11.62	24.10.77	609, 631, 651, 631, 658	br.
	46.9	ohne	30.11.62	24.10.77	610, 632, 652, 632, 659	br.
	46.10	ohne	14.12.62	24.10.77	611, 633, 651, 655	br.
	46.11	ohne	14.12.62	24.10.77	612, 634, 652, 656	br.
Mittleres Landungsschiff »Robbe«						
47	47.0	Schwedt	10.04.64	03.02.78	V–71, 501, 511, 611, 650	br.
	47.1	Eisenhüttenstadt	20.05.64	06.10.78	502, 512, 513, 512, 612, 618	br.
	47.2	Grimmen	20.05.64	06.10.78	503, 515, 615, 619	br.
	47.3	Lübben	15.08.64	22.11.76	504, 516, 616	br.
	47.4	Hoyerswerda	15.08.64	23.08.75	505, 513, 512, 513, 613	Schw.-Lager, br.
	47.5	Eberswalde	20.10.64	22.11.76	506, 514, 614	br.

Typ – Proj.-Nr.:	Bau-Nr.	Name	i.D.	a.D.[1]	Bord-Nummern[2]	Verbleib Bemerkungen
Mittleres Landungsschiff »108«						1993 Indonesien
	108.01	Hoyerswerda	12.11.76	01.10.90	611	Kri Teluk Gilimanuk
	108.02	Hagenow	01.12.76	01.10.90	612, 632	Kri Teluk Celukan Bawang
	108.03	Frankfurt/Oder	02.02.77	01.10.90	613	Kri Teluk Cendrawashi
	108.04	Eberswalde/Finow	28.05.77	01.10.90	614, 634	Kri Teluk Berau
	108.05	Lübben	15.03.78	01.10.90	631	Kri Teluk Pelang
	108.06	Schwerin	19.10.77	01.10.90	632, 612	Kri Teluk Sibolga
	108.07	Neubrandenburg	28.12.77	01.10.90	633	Kri Teluk Manado
	108.08	Cottbus	26.05.78	01.10.90	634, 614	Kri Teluk Hading
	108.09	Anklam	14.07.78	01.10.90	635	Kri Teluk Parigi
	108.10	Schwedt	07.09.79	01.10.90	636	Kri Teluk Lampung
	108.11	Eisenhüttenstadt	04.01.79	01.10.90	615	Kri Teluk Jakarta
	108.12	Grimmen	15.06.79	01.10.90	616	Kri Teluk Sangkulirang
Schwimmende Stützpunkte						
Wohnschiff Grobian						
	–	Grobian	08.10.58	18.09.81	H-01, S-92	br.
Schwimmender Stützpunkt »62«						
	62/0	ohne	29.03.61	31.10.86	H-64, H-94, H-92, H-12	br.
	62/1	ohne	10.05.61	15.05.90	H-02, N-82, N-62, N-82	Verkauf an Mawia GmbH
	62/2	ohne	30.09.61	20.09.90	H-62, H-92, H-96, H-52	br.
	62/3	ohne	05.04.62	07.12.87	H-66, H-96, H-94, H-32, N-82	br.
	62/4	ohne	30.05.62	. .91	H-67, H-97, H-71, H-91, N-61	Abgabe Stadt Rostock
	62/5	ohne	05.07.62	10.05.90	H-68, H-13, H-98, N-01, N-81	Verkauf an BBB
	62/6	ohne	27.07.63	. .91	H-61, H-91, H-11, N-41	Umb. Asylantenschiff
	62/7	ohne	08.08.63	12.02.90	H-63, H-93, H-31, N-91	VW-Stralsund Umb. Asylantenschiff
	62/8	ohne	13.09.63	27.11.84	H-65, H-95, H-51	Peene-Werft: Wohnschiff Maria 1991 Umbau
Schwimmender Stützpunkt »162«						
	162.01	Vogtland	05.09.84		H-71, Y890	Bundesmarine
	162.02	Altmark	24.10.84		H-11, Y891	Bundesmarine
	162.03	Harz	04.06.85		H-31, Y895	Bundesmarine: Wische
	162.04	Havelland	01.08.85		H-51, Y892	1992 Verk. Stralsund
	162.05	Börde	01.10.85		H-72, Y894	1994 Verk. Singapore
	162.06	Uckermark	08.01.86		H-91, Y893	Bundesmarine
	Wohn-schiff 413	ohne	12.09.86	03.10.90	V-88, N-88	1992 Verk. Cuxhaven
Versorger						
Logger und Trockenleichter						
Logger	236	Ruden	01.04.52	29.10.71	931, E-61, E-79	GST: Artur Becker
Trocken-leichter	505/1	ohne	14.11.53	16.05.83	932, E-11, E-18	br.
	505/2	ohne	02.04.54	22.06.83	933, E-21, E-44	br.
Versorger Timmendorf						
	120	Timmendorf	14.07.62	14.06.83	E-62, E-81, E-61	br.
Hochseeversorger »109«						1993 Indonesien
	109.01	Nordperd	03.10.79	03.10.90	E-35, E-171	Kri Teluk Cirebon
	109.02	Südperd	26.02.80	03.10.90	E-36, E-172	Kri Teluk Sabang
Hochseeversorger »602«						
	602.131	Darss	27.01.83		E-41, E441, A1432	1991 Norwegen: Eide Rescue I
	602.132	Mönchgut	23.03.83		E-11, E111, A1431	1991 Norwegen: Eide Rescue II
	602.133	Wittow	16.06.83		E-61, E661, A1430	1991 Norwegen: Eide Rescue III

Typ – Proj.-Nr.:	Bau-Nr.	Name	i. D.	a. D.[1]	Bord-Nummern[2]	Verbleib Bemerkungen
	602.134	KÜHLUNG	28.10.83		P-41, P441, A1433	1991 Norwegen: EIDE RESCUE IV
	602.135	GRANITZ	09.12.83		D41, V85, P816	1991 Norwegen: EIDE RESCUE V
	602.136	WERDAU	25.01.84		V815, A1434	1991 Norwegen: EIDE RESCUE VI
Tanker						
Tanklogger und Leichter						
Tanklogger						
	235	VILM	01.04.52	03.10.90	941, C-11, C15, C112	1992 Umbau zur Brigg ROALD AMUNDSEN
Tankleichter						
506	506/1	ohne	27.07.56	03.10.90	C-21, C41, C443	1992 Abu Dhabi: ALI I
Tanker »600«						
	600/1	RIEMS	10.12.60	03.10.90	C-62, C76, C75, C61, C661	1992 Malte: XMUN
	600/2	POEL	02.03.61	15.01.90	C-24, C43, C442	br.
	600/3	HIDDENSEE	18.01.62	15.05.90	C-61, C75, C77, C37, C-11, C111	Verkauf an DSR Umbau für Niederlande
Binnentanker »GUSTAV KOENIGS«						
	2852	ohne	20.04.60	03.10.90	C-13, C17, C12	Verk. Niederlande
	2853	ohne (KÖLPINSEE)	20.04.60	. .93	C-12, C16, C11, Y1652	Verk. Duisburg
	2854	ohne	03.06.60		C-25, C44, C40, Y1657	Bundesmarine: FLEESENSEE
	2855	ohne	15.07.60	03.10.90	C-63, C77, C76, C63, C60	Verk. Nautica
	2856	ohne	15.07.60	03.10.90	C-64, C78, C77, C61	Verk. Niederlande
Hochseetanker »1545«						
	1545	USEDOM	12.01.66	03.10.90	C-27, C42, C441, A1484	1992 Abu Dhabi: ALI VII
Tankschute						
		OSTE	. .57	30.11.81	C-23, C43	br.
Schlepper und Bergungsfahrzeuge						
Hochsee- und Bergungsschlepper WISMAR						
		WISMAR (ex LOSSEN)	30.05.53	01.11.62	925, H-12, H-33, D-22	br.
Reedeschlepper »Seiner 501«						
	501/1	ohne	08.11.52	01.12.76	926, A63, A73	Mai 1977 an DSR als DORSCH
Reedeschlepper SCHOLLE						
		SCHOLLE	26.10.56	30.11.76	A21	An DSR
Reedeschlepper »270«						
	270/1	ohne	14.07.59	03.10.90	A12, A112	1991 Norwegen: EIDE GUARD I
	270/2	ohne	14.07.59	03.10.90	A11, A111	1992 Niederlande
	270/3	ohne (HAVEL)	10.09.59	. .93	A22, A45, A442, Y1654	1993 Niederlande
	270/4	ohne (ZINGST)	10.09.59	.10.91	A23, A44, A443, Y1655	1991 Uruguay: BANCO ORITZ
	270/5	ohne (ODER)	21.10.59	03.10.90	A61, A71, A61, A661, Y1659	1991 Norwegen: EIDE GUARD II
	270/6	ohne (SAALE)	21.10.59	03.10.90	A62, A72, A62, A662, Y1660	1991 Norwegen: EIDE GUARD III
Binnenschlepper						
		HAI	04.11.61	03.08.90	A13, A11	Auflieger, Verkauf GB (?)
		ROBBE	04.11.61	03.10.90	A14, A64, A74, A73, A63, A61	1991 Verk. Niederlande
Hochseeschlepper »700«						
	17	THALE	30.09.63		A15, A14, A113, A1459	1992 Verk. Niederlande
Bergungsschiff OTTO VON GUERICKE						
	570	OTTO VON GUERICKE	29.12.76	03.10.90	A46, A441	1991 Uruguay: VANGUARDIA

Typ – Proj.-Nr.:	Bau-Nr.	Name	i. D.	a. D.[1]	Bord-Nummern[2]	Verbleib Bemerkungen
Flugsicherungs- und Bergungsschiff HUGO ECKENER						
	256	HUGO ECKENER	08.02.71	03.10.90	U-33, A15, A114	30.9.91 Niederlande
Hochseereede- und Hafenschlepper						
	498	ohne	30.08.83		A16, A10, Y1650	Bundesmarine: UMMANZ
Reedeschlepper »414«						
	414/1	ZANDER	25.05.89		A45, Y1656	Bundesmarine: WUSTROW
	414/2	KORMORAN	12.12.89	03.10.90	A68	Bundesmarine: DRANSKE
	414/3	DELPHIN	29.06.90		A08, Y1651	Bundesmarine: KOOS
	414/4	HAI				Übergabe erfolgt (nicht i. D.)
Schleppboote »Elbe« und »Warnow«						
»Elbe«	2.204	12 Boote	1964–1966			
»Warnow«	1344	20 Boote	1969–1974			einige 1991 an Finnland
Aufklärungs- und Erprobungsschiffe						
Vermessungsschiff HYDROGRAPH						
	401	HYDROGRAPH	28.11.61	27.05.83	D-21, D-41	br.
Vermessungsschiff »65.2«						
	65.201	KOMET	09.03.72	03.10.90	D-43, D42, K42	1994 gepl. Estland
	65.202	METEOR	03.05.72	03.10.90	D43, K43	1994 gepl. Estland
Aufklärungsschiff JASMUND						
	602.137	JASMUND	15.05.85	03.10.90	D41, K41	1992 Spanien: A 111 ALERTA
Erprobungsschiff »Torpedologger« RÜGEN						
	233	RÜGEN	15.06.52	15.11.74	843, V–71, V–84	GST: FREUNDSCHAFT, Verkauf Griechenland
Erprobungsschiff RÜGEN II						
	4329	RÜGEN II (ex METEOR)	06.11.74	29.06.86	V–84	br.
Schulschiffe						
Schulboote FÜRSTENBERG und PRENZLAU						
	123	FÜRSTENBERG (ex QUINTUS)	.04.52	. .59	844	GST: FREUNDSCHAFT
	130	PRENZLAU (ex SIXTUS)	.04.52	. .59	845	br.
Schulschiff ERNST THÄLMANN						
Dorsch	147	ERNST THÄLMANN (ex HVIDBJÖRNEN)	26.11.52	30.09.61		Wohnschiff, 1963 br.
Schulboot »WB 26«						
WB 26		ex AVISO	15.09.52	10.10.56	841	GST: 1976 br.
Motorschulschiff WILHELM PIECK						
	888	WILHELM PIECK	06.07.76	03.10.90	S61, S41	Auflieger
Taucherfahrzeuge						
Taucherboot LUMME						
		LUMME (ex LOMMEL)	01.05.50	08.02.71	923, K61, U11, U33	auch Flugsicherung, br.
Taucherboot TAUCHER 1 und 2						
	24	TAUCHER 1	22.07.59	12.03.81	K-11, K19	br.
		TAUCHER 2	12.08.59	03.10.90	K-21, K47, K74, K61, A60	Okt. 1991 Verkauf; Freest

Typ – Proj.-Nr.:	Bau-Nr.	Name	i. D.	a. D.[1]	Bord-Nummern[2]	Verbleib Bemerkungen
Taucherkutter						
	17 m	ohne	07.01.50	. .	G41, K22, 924	auch Schulkutter, Wrack Dranske
Torpedofangboote						
Torpedofangboot »Sperber«						
	23	SPERBER 1	25.08.58	10.12.63	F-1, B61, D-10, D-57	SHD, br.
		SPERBER 2	25.08.58	15.07.68	F-2, B62, D-11	SHD, Weiße Flotte: HAFFTOURIST
		SPERBER 3	25.08.58	30.06.69	F-3, B63, D-27, D-48	br.
		SPERBER 4	25.08.58	15.07.68	F-4, B64, D-28	Weiße Flotte: GELLEN
Torpedofangboot »65.1«						
	65.101	STRELASUND	30.03.71	16.03.90	B73, B61, V–661	Kopenhagen, br.
	65.102	LIBBEN	30.03.71	. .90	B74, B62, V–662	Auflieger, gepl. Baltische Staaten
Feuerlöschboote						
Feuerlöschboote BERGER I und II						
	T2	BERGER I	. .52	. .58	921, F-11, F-31	Übergabe Hafen-FW, br.
		BERGER II	. .52	15.10.71	922, F-12	br.
Feuerlöschboot »61«						
	61/1	ohne	11.11.59	05.04.90	F-12, F32, F131	br.
	61/2	ohne	20.04.60	03.08.89	F-21, F-45, F440	br.
	61/3	ohne	20.04.60	17.10.83	F-22, F-46, F31, F11	br.
	61/4	ohne	27.05.60	16.05.89	F-61, F-82, F-61, F661	br.
	61/5	ohne	27.05.60	25.11.83	F-62, F-83, F-62	br.
Versuchsfahrzeuge						
Luftkissenfahrzeuge						
	1355	ohne	1963 Erprobung		ohne	Museum Potsdam, br.
Tragflügelboot						
	1354/1	ohne	1961	1963	TF10–1	Weiße Flotte, br.
	1354/2	ohne	1961	1963	TF10–2	Weiße Flotte, br.
Verkehrsboote						
Motorbarkassen						
MB12	538	ohne 12 Boote	1956	1965	Boots-Nummern	br.
MB13	590	ohne 40 Boote	1960	1990	Boots-Nummern	Verkauf und br.
MB14	407	ohne 49 Boote	1976/81	03.10.90	Boots-Nummern	Auflieger, einige an Mühlheim
Verkehrsboot						
	55	ohne	1952	. .	Boots-Nummer	br.
Reedeverkehrsboot						
	066	ohne 2 Boote	. .68	03.10.90	Boots-Nummern	1 Verk. Travemünde
Yachten						
	582	OSTSEELAND II ex OSTSEELAND	01.05.61	01.04.90		Weiße Flotte, 1991 verk.: Holland
	121	OSTSEELAND	01.07.71	01.07.90		verkauft an schwed. Eigner/Malta: ANIARA
Segelyacht						
	S80	IRONDEL	. .	. .85	Boots-Nummer	Parow, br.

Typ – Proj.-Nr.	Bau-Nr.	Name	i. D.	a. D.[1]	Bord-Nummern[2]	Verbleib Bemerkungen
	S 150	Horst Liebig ex E. Schneller ex E. Thälmann	. .	. .		GST, br.
Schwimmende Mittel						
Schwimmkran						
	35	ohne	15.01.53	03.10.90	M-11, M-34, M-11	24.9.91 Niederlande
Eimerkettenbagger						
	501	ohne	09.11.63	31.12.76	M-21, M-48	Ab 1970 verchartert BBB: Wismar
Klappschute						
	133	ohne	15.04.64	31.12.76	M-22	An BBB: Butt
	134	ohne	15.04.64	31.12.76	M-23	An BBB: Stint
	135	ohne	15.04.64	31.12.76	M-24	An BBB: Stör
Schwimmpfahlramme						
	418	Der Bock	20.01.89	03.10.90	M-91	Verkauf Fa. Petram
Tankschute						
	100 t	ohne	25.08.56	03.10.90	C-22, C-42, C-39, C-45, C 14	Auflieger
Trinkwasserschute						
	32	ohne	23.07.57	03.10.90	C 79, C 66, C 63	Auflieger

[1] Bei Schiffen und Booten, die bis zum 3. Oktober 1990 noch nicht durch Befehl außer Dienst gestellt waren, wurde dieses Datum als Existenzschluß eines Volksmarine-Schiffes gesetzt. Einige Schiffe (z. B. Versorger A 1432) wurden, obwohl nicht auf der offiziellen Liste der von der Bundesmarine übernommenen Fahrzeuge erfaßt, weiterhin unter neuer Kennung eingesetzt, anschließend durch die VEBEG zum Verkauf ausgeschrieben. Nicht zum Verkauf ausgeschriebene Fahrzeuge wurden zur Verschrottung empfohlen.

[2] Die Bordnummern wurden chronologisch aufgeführt, soweit sie durch Befehl nachweisbar waren. Für die Jahre 1957 bis 1961 ist der Nachweis bei einigen Typen (TS-Boote) noch unvollständig.

Ausrüstungsvariante eines MSR-Schiffes »89.2« mit 36 Wasserbomben WB-1.

Tabelle 3: Studien und Projekte nicht realisierter Bauvorhaben

Projekt-Nr.:	Typ/Projekt	Zeitraum	Ergebnis
6	Mutterschiff »Drache«, 1500 t	1951–54	Technisches Projekt
7	Schwimmdock	1951–55	Technisches Projekt
9	Schulschiff »Wal«	1952–54	
10	Küstenschutzschiff »Falke«	1952–57	Technisches Projekt
13	Projektvarianten A, B, C, D, E		
26			
29			
11	Leichtmetallräumboot »Schwalbe«	1953	Entwicklung
14	Feuerschiff »Uhu«, Ersatz: »Adlergrund«	1955	Entwicklung
16	Schnellboot »Lachs«	1952–57	Technisches Projekt
22	U-Boot-Reko »Stichling« (U 1308)	1953–54	Projektunterlagen
25	Grenzschiff »Skorpion«	1953–54	Technisches Projekt
28	Kleinsttauchboot	1954	Entwicklung
33	Sprengboot	1955	Studie
37	Lazarettschiff	1956–57	Entwicklung
38	Werkstattschiff	1956–57	Entwicklung
41	Munitionstransporter	1956	Untersuchung
42	Eisbrecher	1956	Untersuchung
54	Kanonenboot	1957	Untersuchung
57	TS-Boot »Seeteufel«		Typskizze
59	Geleitschiff	1959–60	Entwicklung
74	Großer U-Jäger »Adler«	1958–63	Entwicklung
75	Taucherhilfsmittel »THM«	1959–60	1 Versuchsfahrzeug
84	Tragflügelboot »TF-50«	1960–61	annulliert
85	Tragflügelboot »TF-15«	1960	Entwicklung
88	TS-Boot »100 t«	1959–60	Untersuchung
91	Begleitschiff	1963	Entwicklung
96	Leichtes Schnellboot		annulliert
97	Versorger	1963	Untersuchung
100	Schneller Artilleriejäger »SAT«	1963	Untersuchung
141.1	KL. RS-Boot »Wiesel«	1978	Studie
141.2	KL. AS-Boot »Nerz«	1978	Studie
155	Küstenwachboot, 230 t	1988–90	Skizzenprojekt
189	MAW-Schiff	1988	Untersuchung
289	MAW-Schiff, Typ »G« und »K«	1989–90	
410	Grenzboot	1980	Skizzenprojekt
415	Reedeminenabwehrboot, GUP	1983–89	Vorprojekt
	Variante 416 – M-Jagdboot		
	Variante 417 – Lenkboot für Sperrbrecher		
422	Küstenwachboot, 198 t	1985–89	Entwicklung

Fernzündungsmine UDM (oben rechts)

Gezurrte Fernzündungsminen KMD 1000 auf MSR-Schiff »89.2«.

Verzeichnis der Abkürzungen

BA	Bauausführung
BFEK	Bataillon-Funkelektronischer-Kampf
BGS	Bundesgrenzschutz
DSRK	Deutsche Schiffs-Revision und -Klassifikation
F/E	Forschung/Entwicklung
FEK	Funkelektronischer Kampf
FFK	Freund-Feind-Kennung
FRG	Fernräumgerät
FuMe	Funk-Meß
FVAS	Forschungs- und Versuchsanstalt
GST	Gesellschaft für Sport und Technik
GUP	Glasfaserverstärktes ungesättigtes Polyesterharz
HFG	Hohlstab-Fernräumgerät
HSBD	Hilfschiffs- und Bergungsdienst
IB	Instandsetzungs-Basis
ISW	Institut für Schiffbautechnik, Wolgast
JBG	Jagdbomben-Geschwader
KRA	Küstenraketen-Abteilung
KRR	Küstenraketen-Regiment
KSK	Kampfschwimmer-Kommando
KVR	Küstenverteidigungs-Regiment
LSK/LV	Luftstreitkräfte/Luftverteidigung
LTSA	Leichte-Torpedoschnellboots-Abteilung
MAB	Metallaufbereitungs-Betrieb
MAW	Minen-Abwehr
MBP	Manöverbasierungs-Punkt
MFG	Marineflieger-Geschwader
MHG	Marinehubschrauber-Geschwader
MIVG	Minen-Identifizierungs- und Vernichtungsgerät
Mob.	Mobilmachung
NR	Nachrichten-Regiment
OTA	Operativ-Taktische-Aufgabenstellung
OTF	Operativ-Taktische-Forderung
RD	Rückwärtiger Dienst
RSA	Raketen-Schnellboots-Abteilung
RSB	Raketen-Schnellboots-Brigade
RTSA	Raketen-Torpedo-Schnellboots-Abteilung
RTSB	Raketen-Torpedo-Schnellboots-Brigade
SDG	Scherdrachengerät
SHD	Seehydrographischer Dienst
TSA	Torpedo-Schnellboots-Abteilung
TSB	Torpedo-Schnellboots-Brigade
TTA	Taktisch-Technische-Aufgabenstellung
UAW	U-Bootabwehr
VDS	Variable Deep Sonar
VEBEG	Treuhandgesellschaft des Bundes
VSA	Vermessungsschiff-Abteilung
VSB	Verwaltung Schiffbau
WTZ	Wissenschaftlich-Technisches Zentrum

Literaturnachweis

Rechliner Schiffbauer einst und heute. Teile 1 bis 3. – 1981.

Kramer, R.: Schiffsbergungen an der Küste der DDR (Manuskript). – Rostock, 1984.

Kramer, R.; Stahl, J.: Neubeginn durch Wiedergutmachung. Reparationsleistungen der Neptun-Werft für die UdSSR 1945/46 bis 1953. – In: Deutscher Marinekalender 91, S. 146–156.

Mehl, H.; Schäfer, K.; Israel, U.: Vom Küstenschutzboot zum Raketenschiff. – Berlin 1989.

Müller, W.: Die Anfänge des Bergungsdienstes der Volksmarine. – In: Panorama maritim, H. 24 (1989), S. 22–30.

Naumann, K. (Hrsg.): NVA-Anspruch und Wirklichkeit. Berlin; Bonn; Herford: Mittler, 1993.

Rieschke, H. G.: Erinnerungen an die Anfangsjahre des bewaffneten Schutzes der DDR zur See. – In: Panorama maritim, Mitteilungsblatt des DDR-Arbeitskreises für Schiffahrt- und Marinegeschichte, H. 24 (1989), S. 13–22.

Röseberg, M.: Entwicklung und Bauprogramme 1963–1990, Teil I u. II. Technisch-ökonomischer Abriß (unveröffentlicht).

Schreckenbach, R.: Materialsammlung und Dokumente zur Entwicklung des militärischen Schiffbaus der DDR (unveröffentlicht).

Strobel, D.; Kramer, R.; Kramer, W.: Schiffbau im Zeichen des Potsdamer Abkommens. – In: Seewirtschaft, H. 17 (1985), S. 217–224.

Studien, Projekte und Konstruktionsunterlagen der Peene-Werft Wolgast, der Verwaltung Schiffbau und des Instituts für Schiffbautechnik Rostock, (unveröffentlicht)

Verzeichnis der Schiffsnamen

Bildquellenverzeichnis

Archiv der Autoren (79); Archiv Strobel, D. (1); Bär, G. (1); Becker, F.W. (1); Flohr, D. (6); Heinemann, E. (2); Hübner, Ch. (2); IST (2); Kramer, R. (6); Kramer, W. (2); Mehl, H. J. (1); Menz, W. (1); Peenewerft Wolgast (17); Popp, E. (1); Rosentreter, R. (4); Rusch (6); Schmelzkopf, R. (1); Seemann, P. (12); Spitzer, O. (1); Stavorinus, G. (1); Thierfelder, L. (1); Volkswerft Stralsund (1); Warnow-Werft (1); WTZ (2).

Flotten-Parade
Klassen und Typen

Volkmar Kühn
Schnellboote im Einsatz 1939–1945
Dies ist die Dokumentation über den Einsatz der Schnellboote während des Krieges und zugleich die Entwicklungsgeschichte dieser Torpedoträger, die auf allen europäischen Meeren eingesetzt wurden.
236 Seiten, 100 Abb., geb.
DM/sFr 39,– / öS 304,–
Bestell-Nr. 10450

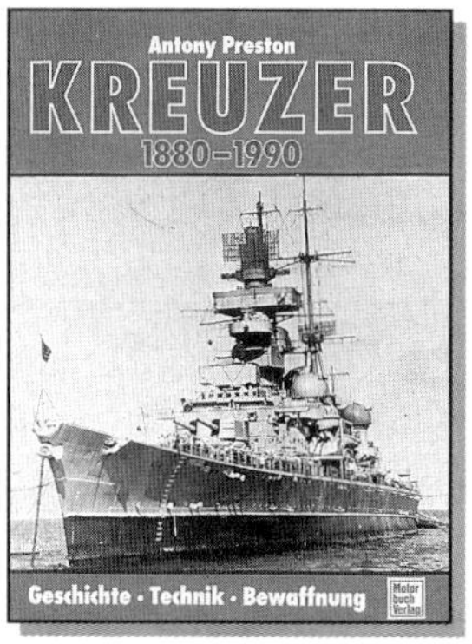

Antony Preston
Kreuzer 1880–1990
Geschichte, Entwicklung und Technik der wegweisenden Kreuzer-Konstruktionen der letzten 100 Jahre. Dazu eine Analyse der Einsätze und See-Gefechte, bei denen die leichten und schweren Kreuzer eine wesentliche Rolle spielten.
192 Seiten, 228 Abb., geb.
DM/sFr 49,– / öS 382,–
Bestell-Nr. 01322

David Miller
Die Seestreitkräfte der Welt
Das großformatige Werk schildert die Entwicklungsgeschichte aller wichtigen Seestreitkräfte, beschreibt ihre Schiffe, Boote und Nationalflaggen – von der riesigen US-Flotte bis zu den Küstenschutzeinheiten Islands.
150 Seiten, 200 Farb-Abb., Karten und Flaggen, gebunden
DM/sFr 68,– / öS 531,–
Bestell-Nr. 32070

Antony Preston
Berühmte Kriegsschiffe 1914 bis heute
Dieses Buch erinnert an die schweren Überwasser-Streitkräfte im 20. Jahrhundert und begleitet sie vom Stapellauf bis zu ihrem Ende. Im Zeitalter der Atom-U-Boote gelten die grauen Kriegsschiff-Giganten schon fast als Relikte eines vergangenen Jahrhunderts.
120 Seiten, 140 teils farbige Abbildungen, gebunden
DM/sFr 39,– / öS 304,– Bestell-Nr. 01218

René Greger
Schlachtschiffe der Welt
Alle Großkampfschiffe des Ersten und Zweiten Weltkrieges werden detailliert beschrieben. Fotos und Rißzeichnungen stellen die jeweilige Einheit vor, der fundierte Text informiert über Entwurf, Technik, Ausrüstung, Einsatz und Verbleib der Typen.
260 Seiten, 295 Abb., geb.
DM/sFr 78,– / öS 609,–
Bestell-Nr. 01459

M.J. Whitley
Zerstörer im Zweiten Weltkrieg
Alle Schiffstypen, sowohl der am Krieg beteiligten wie auch der neutralen Mächte werden detailliert beschrieben: Technik, Bewaffnung, Geschichte, Indienststellung, Registriernummer und Verbleib der einzelnen Einheiten.
320 Seiten, 475 Abb., geb.
DM/sFr 88,– / öS 687,–
Bestell-Nr. 01426

Christopher Chant
Schnelle Angriffsboote
Die Entwicklung des »Fast Attack Craft« (FAC), des schnellen Angriffsbootes seit 1876 bis heute, seine Bedeutung während der beiden Weltkriege und in der Zeit nach 1945. Klassen, Typen, Ausstattung und Bewaffnung.
240 Seiten, 97 Abb., geb.
DM/sFr 59,– / öS 460,–
Bestell-Nr. 01599

Änderungen vorbehalten

Motor buch Verlag

DER VERLAG FÜR ZEITGESCHICHTE
Postfach 10 37 43 · 70032 Stuttgart
Telefon (07 11) 2 10 80-14/22
Telefax (07 11) 2 36 04 15